中等职业教育“十三五”规划教材

计算机应用基础

（Windows 7+Office 2010）（第2版）

主　编　杨巨恩　韦燕菊

主　审　赖秀云

電子工業出版社

Publishing House of Electronics Industry

北京·BEIJING

内 容 简 介

本书是中等职业教育课程改革国家规划新教材，根据教育部“中等职业学校计算机应用基础教学大纲”编写而成，针对中等职业教育教学改革和计算机技术的快速发展的新需求，围绕计算机应用基础课程教学目标，强调实用性和操作性，采用主题引导、任务驱动的编排方式，体现“做中学，做中教”的教学理念，适合计算机机房教学。

本书以 Windows 7 为操作系统平台，以 Office 2010 为办公软件来编排内容，采用模块化教学，内容包括计算机基础知识、Windows 7 操作系统、文字处理软件 Word 的应用、电子表格处理软件 Excel 的应用、演示文稿 PowerPoint 的应用、多媒体软件的应用以及因特网（Internet）的应用 7 个模块，适合中等职业学校的学生作为教材使用。

图书在版编目（CIP）数据

计算机应用基础：Windows 7+Office 2010 / 杨巨恩，韦燕菊主编. —2 版. —北京：电子工业出版社，2017.8

ISBN 978-7-121-31940-2

Ⅰ. ①计… Ⅱ. ①杨… ②韦… Ⅲ. ①Windows 操作系统－职业教育－教材②办公自动化－应用软件－职业教育－教材 Ⅳ. ①TP316.7②TP317.1

中国版本图书馆 CIP 数据核字（2017）第 139719 号

策划编辑：祁玉芹
责任编辑：张瑞喜
印　　刷：中国电影出版社印刷厂
装　　订：中国电影出版社印刷厂
出版发行：电子工业出版社
　　　　　北京市海淀区万寿路 173 信箱　邮编　100036
开　　本：787×1092　1/16　印张：16.5　字数：402 千字
版　　次：2015 年 8 月第 1 版
　　　　　2017 年 8 月第 2 版
印　　次：2022 年 2 月第 9 次印刷
定　　价：35.00 元

凡所购买电子工业出版社图书有缺损问题，请向购买书店调换。若书店售缺，请与本社发行部联系，联系及邮购电话：（010）88254888，88258888。

质量投诉请发邮件至 zlts@phei.com.cn，盗版侵权举报请发邮件至 dbqq@phei.com.cn。

本书咨询联系方式：qiyuqin@phei.com.cn。

编委会名单

主　编　杨巨恩　韦燕菊

主　审　赖秀云

副主编　梁　国　黄崖荣　苏炳银　刘学谦

编　委　赵　焉　刘冬琼　刘　敏　赵　海

刘善富　何　禹　覃玖恒

前　言
preface

本书是中等职业教育课程改革国家规划新教材，根据教育部“中等职业学校计算机应用基础教学大纲”编写而成。本教材以能力培养为目标，采用模块化教学法，围绕计算机应用基础课程来教学，强调实用性和操作性。在“知识准备”中了解需要掌握的基础知识，在“任务操作”中解决问题，从而提高学生在实际工作中的应用能力。

本书的创新在于通过主题引导、任务驱动的方式，体现“做中学，做中教”的教学理念，按照教学规律和学生的认知特点进行内容编排，把理论单元的知识进行系统融合、连接，围绕实际任务操作展开知识点教学，使学生在实际工作任务的驱动下去积极地学习计算机知识与技能。

本书系统地介绍了计算机基础知识、Windows 7 操作系统、Internet 应用、Word 2010 文字处理软件、Excel 2010 电子表格制作软件、PowerPoint 2010 电子演示文稿制作软件、多媒体软件应用等内容。全书共分 7 个模块，模块 1 计算机基础知识，模块 2 Windows 7 操作系统，模块 3 文字处理软件 Word 的应用，模块 4 电子表格处理软件 Excel 的应用，模块 5 演示文稿 PowerPoint 的应用，模块 6 多媒体软件的应用，模块 7 因特网（Internet）的应用。每个模块中都包含若干个任务，每个任务又分为知识准备和任务操作两个部分，以保证知识的系统性和完整性。

为了使本书更好地服务于授课教师的教学，我们为本书配了教学教案、教学课件、参考答案和书中用到的素材，同时本书还配有与本书知识点和案例同步的教学视频，方便读者结合图书和视频进行学习，使读者能够快速掌握相关知识和操作技巧。此外，读者还可以通过手机微信扫描书中的二维码来观看教学视频。

本书由杨巨恩、韦燕菊主编，赖秀云主审，梁国、黄崖荣、苏炳银、刘学谦副主编，参加编写的人员还有赵焉、赵海、刘冬琼、刘敏、刘善富、何禹、覃玖恒老师。由于编写时间仓促，书中难免有疏漏和不妥之处，欢迎广大读者批评指正，衷心希望广大使用者尤其是任课教师提出宝贵的意见和建议，以便再版时修订完善。

请使用本书作为教材授课的教师，如果需要本书的教学软件，可到华信教育资源网 www.hxedu.com.cn 下载。如有问题，可与我们联系，联系电话：（010）68253127。

编　者

2017 年 5 月

目　录

contents

模块 1

计算机基础知识

计算机是人类最伟大的科学技术发明之一，目前已深入到人类生活的方方面面，人们生活、学习、工作都离不开它。要用好计算机，首先要了解计算机的基础知识。

项目 1.1　了解计算机

由于计算机可以快速准确地处理各种复杂信息，因此被迅速普及开来，成为办公自动化最重要的工具和人类不可缺少的助手。

通过本项目的学习，您将掌握以下内容：

◆ 计算机的应用领域。

◆ 计算机的发展、特点和分类。

任务 1.1.1　计算机应用领域

【知识准备】

在现代人类生活中，计算机的应用无处不在，简单来说，计算机主要应用在以下领域中：

（1） 科学计算。

一些无法用人工解决的大量复杂的数值计算，使用计算机可以快速而准确地进行解决。

（2） 数据处理。

也叫信息处理，是计算机应用中最广泛的领域。

（3） 自动控制。

计算机加上感应检测设备及模/数转换器，就构成了自动控制系统。目前被广泛用于操作复杂的钢铁工业、石油化工业和医药工业等生产过程。在国防和航空航天领域中也起着决定性的作用，如无人驾驶飞机、导弹、人造卫星和宇宙飞船等飞行器的控制。

（4） 辅助设计和辅助教学。

计算机辅助设计简称CAD，是指借助计算机的帮助，人们可以自动或半自动地完成各类工程设计工作。目前 CAD 技术已应用于飞机设计、船舶设计、建筑设计、机械设计和大规模集成电路设计等。

计算机辅助教学简称CAI，是指用计算机来辅助完成教学计划或模拟某个实验过程。CAI不仅能够减轻教师的负担，还能激发学生的学习兴趣。

（5） 人工智能。

人工智能是计算机应用的一个新领域，这方面的研究和应用正处于发展阶段。在医疗诊断、定理证明、语言翻译、机器人等方面，已有显著的成效。

（6） 多媒体技术应用。

多媒体是指把文本、动画、图形、图像、音频、视频等各种媒体综合起来的一种技术。

（7） 计算机网络。

计算机网络是现代计算机技术与通信技术高度发展和密切结合的产物，它利用通信设备和线路将地理位置不同、功能独立的多个计算机系统互连起来，以功能完善的网络软件实现网络中资源共享和信息传递的系统。

【任务操作】

了解计算机在生产生活中的应用（上网搜索实例），将结果填写在表1-1中。

表1-1 我所了解的计算机在生产生活中的应用

应用领域	使用的软件	实际应用
科学计算		
数据处理		
辅助设计与制造		
教育信息化		
电子商务		
人工智能		
网络通信		

任务1.1.2 计算机的发展、特点和分类

【知识准备】

1. 计算机的发展

1946年，美国诞生了第一台计算机ENIAC（埃尼阿克），此后，计算机科技便进入了

飞速发展的阶段。按照计算机所采用的电子器件的不同，可将其发展历程划分为以下 4 个阶段：

发展阶段	电子器件	软　件	应用领域
第一代（1946—1958 年）	电子管	机器语言、汇编语言	军事与科研
第二代（1959—1964 年）	晶体管	高级语言、操作系统	数据处理和事务处理
第三代（1965—1970 年）	中、小规模集成电路	多种高级语言、完善的操作系统	科学计算、数据处理及过程控制
第四代（1971 年至今）	大规模、超大规模集成电路	数据库管理系统、网络操作系统等	人工智能、数据通信及社会的各领域

目前，计算机正朝着微型化、网络化、智能化和巨型化的方向发展。

（1）　微型化。有台式电脑、笔记本电脑、掌上电脑、平板电脑、嵌入式计算机等。

（2）　网络化。互联网（Internet）将世界各地的计算机连接在一起，人们通过互联网进行沟通、信息共享等，如 QQ、微博、电子邮件、信息搜索、商品选购、网络论坛、网络聊天室、银行信用卡的使用等。

（3）　智能化。有机器人、医疗诊断仪、定理证明、智能检索、语言翻译、模式识别等。

（4）　巨型化。超高速度、超大存储容量和超强功能的超级计算机，其主要应用于尖端科学技术和军事国防系统。

2.　计算机的特点

（1）　运算速度快，可达到每秒亿次以上。

（2）　计算精确度高，可达到千分之几到百万分之几。

（3）　具有记忆和逻辑判断能力，不仅能进行计算，而且能把参加运算的数据、程序以及计算结果保存起来，供用户随时调用，此外，还可以对各种信息（如文本、图形图像、音频和视频等）通过编码技术进行算术运算和逻辑运算，甚至进行推理和证明。

（4）　具有自动控制能力，可以根据人们事先编好的程序自动控制进行，整个过程无需人工干预。

3.　计算机的分类

根据计算机的用途、外观、性能等标准，我们常见的计算机大概可以分为个人计算机、平板电脑、一体机、服务器、大型计算机、超级计算机等。

个人计算机为我们平常使用的计算机，俗称电脑。有台式机、笔记本电脑、平板电脑等形式，可以运行类型广泛的应用软件，如文字处理、电子表格、多媒体技术处理、网络浏览等，也可以满足日常工作和娱乐的需要。

大型计算机和超级计算机体积庞大、价格昂贵，数据处理能力强大，一般应用于企业、政府和科研部门。

【任务操作】

了解我们周围有哪些地方在使用计算机？其用途是什么？将结果填写在表 1-2 中。

表 1-2　我身边使用计算机的场所和用途

场　所	用　途

项目 1.2　认识微型计算机

微型计算机的样式很多，如台式机、笔记本电脑、一体机等，本书中所说的微型计算机主要是指台式机。

通过本项目的学习，您将掌握以下内容：

◆ 了解微型计算机的结构组成。
◆ 了解微型计算机的主要部件及其作用。

任务 1.2.1　微型计算机的组成

【知识准备】

计算机系统的组成包括硬件系统和软件系统两大部分，硬件系统是指我们能够看到的实体部分，软件系统则是支持计算机运行的系统和程序，两个系统相互依存，缺一不可。下面我们可以通过图表的方式来理解微型计算机系统的组成，如图 1-1 所示。

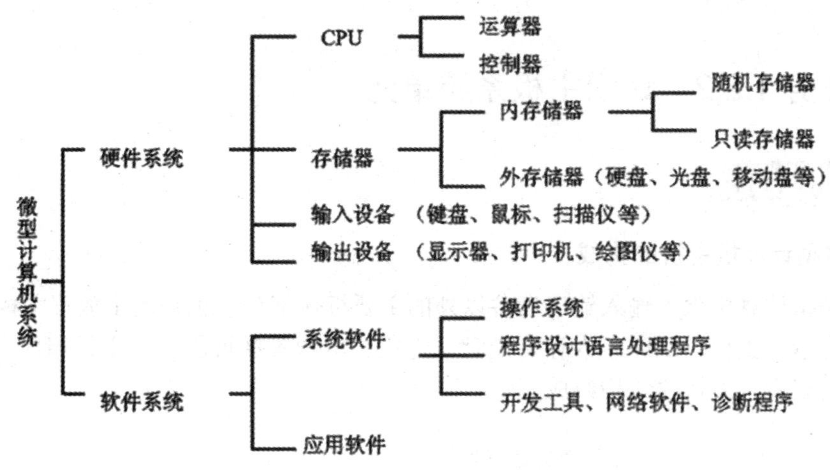

图 1-1　微型计算机系统的组成

【任务操作】

如图 1-2 所示的是一套基本的微型计算机硬件系统，请按标号将各部件的名称及其作用填写在表 1-3 中。

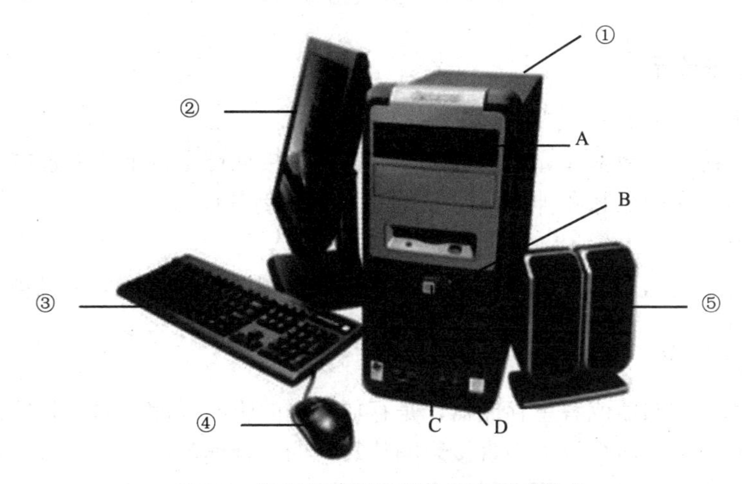

图 1-2　微型计算机系统的基本组成部件

表 1-3　微型计算机的部件名称和作用

序　号	名　称	作　用	序　号	名　称	作　用
①	主机箱	主机的外壳，用于固定和保护主机的各个部件	A	光驱	用于读取和播放光盘
②		通过文字或图形图像输出计算机产生的结果	B		该插孔可用来连接数据线，以输入和输出数据
③		向计算机中输入信息	C		该按钮用于启动计算机
④		进行光标定位和某些特定的输入	D		用于连接音箱
⑤		通过声音输出计算机处理的结果			

任务 1.2.2　认识主板系统单元

【知识准备】

1. 微型计算机主机的构成

主机是指计算机除去输入输出设备以外的主要机体部分，也是用于放置主板及其他主要部件的容器。主板、CPU、内存、硬盘、光驱、电源等都被固定在主机箱内，如图 1-3 所示简明地表述了主机的结构组成。

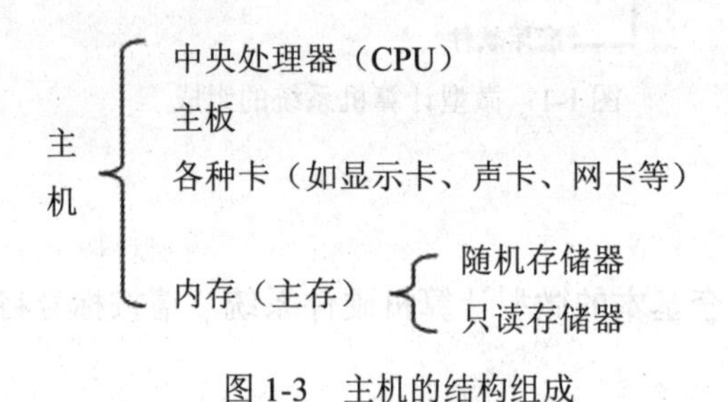

图 1-3　主机的结构组成

2. 主板系统单元

（1） 主板

主板又叫系统板，微型计算机的各个部件都要直接插在主板上或通过电缆连接在主板上，其作用相当于人的血脉和神经，CPU 通过它来控制其他部件。

（2） CPU

CPU 又叫中央处理器，它的作用犹如人的大脑，用于控制、管理微机系统各部件协调一致地工作。

（3） 内存

内存又称为内存储器或者主存储器，是存放数据的临时仓库。内存条插在主板上的内存插槽上，其质量好坏与容量大小直接影响计算机的运行速度。

内存的容量单位为 Byte，即字节。每个字节由 8 位二进制数组成，即 8bit（比特，也称“位”）。按照计算机的二进制方式，1Byte=8bit；1KB=1024Byte；1MB=1024KB；1GB=1024MB；1TB=1024GB。具体换算方式如下：

1KB=1024B=1024 Byte；

1MB=1024KB=1,048,576 Byte；

1GB=1024MB=1,073,741,824 Byte；

1TB=1024GB=1,099,511,627,776 Byte；

1PB=1024TB=1,125,899,906,842,624 Byte；

1EB=1024PB=1,152,921,504,606,846,976 Byte；

1ZB=1024EB=1,180,591,620,717,411,303,424 Byte；

1YB=1024ZB=1,208,925,819,614,629,174,706,176 Byte。

【任务操作】

打开主机箱盖板，观察主机箱中各部件，找到主板，将主板上各部件的名称填写在如图 1-4 所示中的空白标注框内。

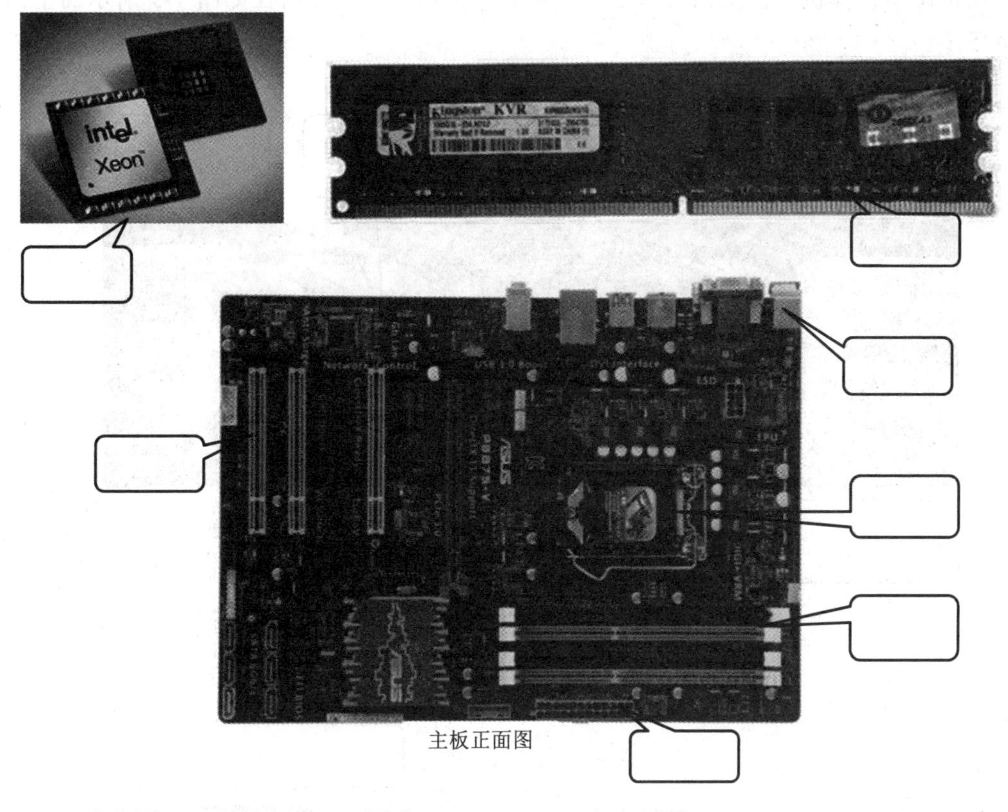

A. 电源接口　　B. CPU 插座　　C. 内存插槽　　D. CPU
E. 内存　　F. 外部设备接口　　G. 扩展卡插槽

图 1-4　认识主板系统单元

任务 1.2.3　认识主板与外部设备的接口

【知识准备】

1. 微型计算机接口

微型计算机接口的作用是使微型计算机的主机系统与外部设备、网络等建立有效连接，从而进行数据交换和信息交换，如用于连接显示器的显示器接口、用于连接音箱的音频接口、用于连接网络的网卡接口等。由于主板是电脑的系统中心，因此这些接口都位于主板上。

2. USB 接口

USB 接口是近几年流行的一种新型的接口技术，最新生产的计算机外部设备（如鼠标、键盘等）几乎都有 USB 接口。USB 接口支持热拔插、标准统一、携带方便，因此被广泛使用。

【任务操作】

观察微型计算机主板上的接口结构，将对应接口的名称填写在如图 1-5 所示的空白标准框内。

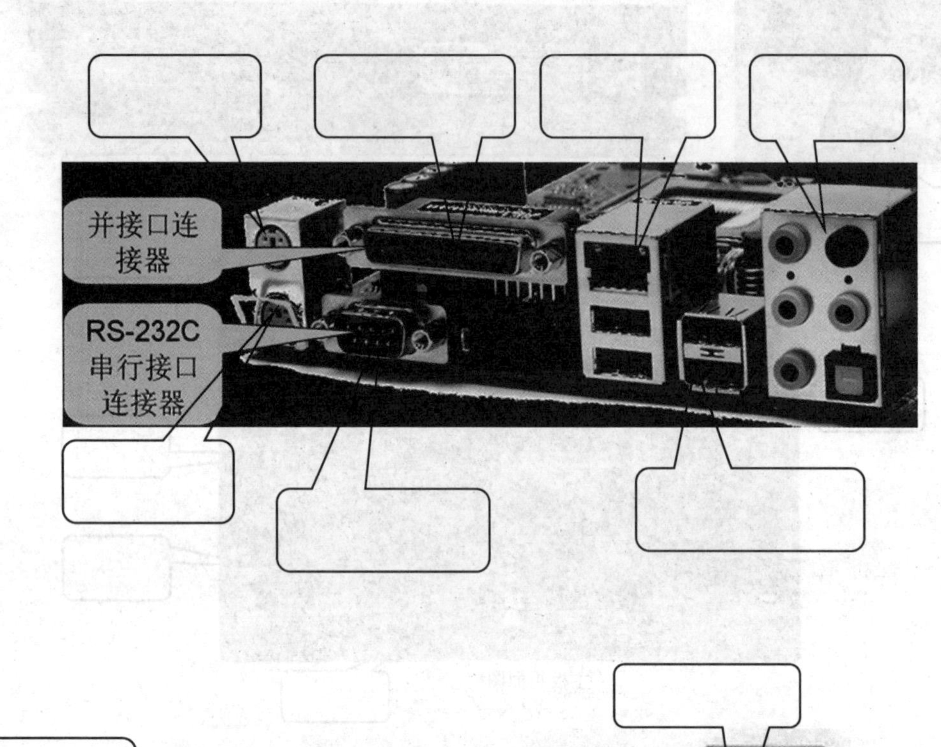

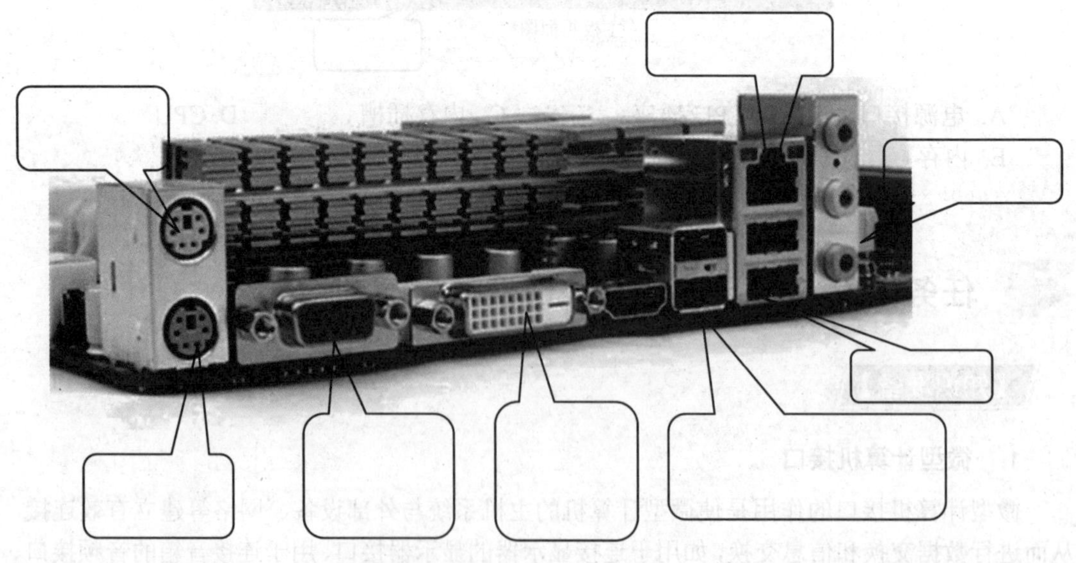

A. 打印机接口　　B. 显示器接口　　C. 鼠标接口　　D. 键盘接口
E. 网卡接口　　F. USB 接口　　G. 音频接口

图 1-5　主板上的接口

任务 1.2.4　认识外存储器

【知识准备】

外存诸器又称外存或辅存，用来存放长期使用的系统文件、应用程序、用户数据文件等。常见的外存储器有，硬盘驱动器、光盘驱动器、移动存储器等。

（1）　硬盘

硬盘与硬盘驱动器封装在一起，是计算机必不可少的存储设备。硬盘的主要性能指标有容量、读写速度、接口类型、数据缓存、转速等，硬盘的性能越好，可存放的数据越多，读取速度越快。

（2）　光盘

光盘需要放在光盘驱动器中进行读取。光盘的存储容量大，价格便宜，保存时间长，适合保存大量的数据，如声音、图像、动画、视频信息、电影等多媒体信息，常作为大型软件的存储载体。

（3）　U 盘

U 盘也称优盘或闪存，是一种可移动的存储设备。U 盘使用 USB 接口，即插即用、存取速度较快、且体积小巧、便于携带，所示深受用户喜爱。

（4）　移动硬盘

移动硬盘也是一种即插即用、便于携带的移动存储设备，但其体积和容量都比 U 盘要大。移动硬盘采用 USB、IEE1394 等电脑外设标准接口，其数据的读写模式与标题 IDE 硬盘相同。

【任务操作】

在微机主机箱中找到硬盘，观察其外形和接口，并根据日常生活和学习中的经验将如图 1-6 所示中的外存储器及相关设备的名称填写在空白标注框内。

图 1-6　常用的外存储器及相关设备

【拓展任务】

拟定一份计算机配置方案，配置一台适合自己的计算机。

提示：可到市场或网络上了解最新行情，了解各部件的功能。

电脑配置单

配　置	品牌型号	单　价	备　注
主板			
CPU			
CPU 散热器			
硬盘			
光驱			
内存			
键鼠套装			
显示器			
音箱			
机箱			
电源			
显卡			
声卡			
合计			

项目 1.3　微型计算机的输入/输出设备

微型计算机的输入和输出设备是人机交流的主要装置，计算机用户可以通过输入设备向计算机中输入信息，并通过输出设备接收计算机处理后的信息。

通过本项目的学习，您将掌握以下内容：

- 常用输入设备及其使用方法。
- 常用输出设备及其使用方法。

任务 1.3.1　认识输入设备

【知识准备】

输入设备是向计算机中输入信息的设备，要包括键盘、鼠标、扫描仪、数码相机/摄像机、触摸屏等。

（1）　键盘

键盘是计算机最基本的输入设备之一，标准键盘的布局分三个区域，即主键盘区、副键盘区和功能键区。主键盘区共有 59 个键，包括数字、符号键（22 个）、字母键（26 个）、控制键（11 个）。副键盘区共有 30 个键，包括光标移动键（4 个）、光标控制键（4 个）、算术运算符键（4 个）、数字键（10 个）、编辑键（4 个）、数字锁定键、打印屏幕键等。功能键共有 12 个，包括 F1～F12，如图 1-7 所示。

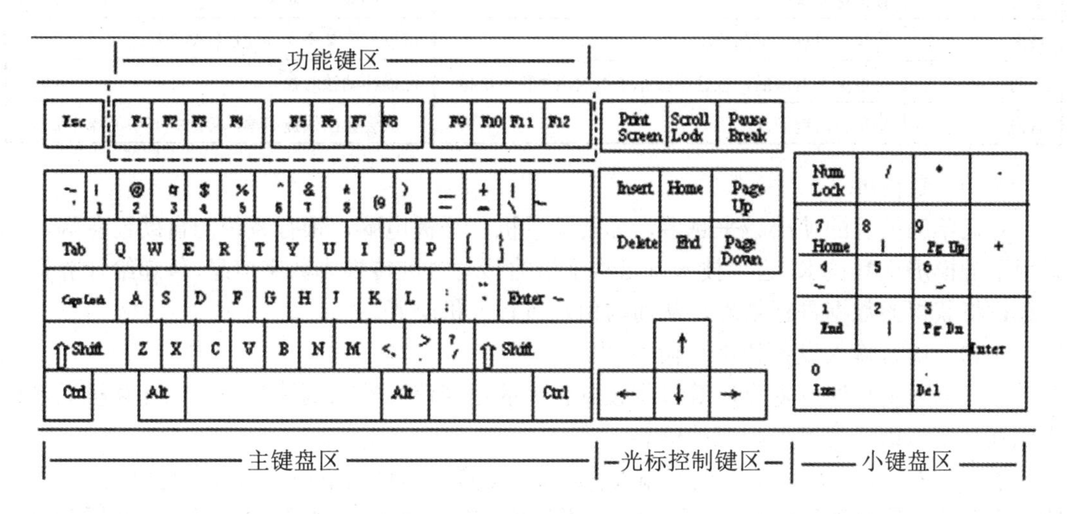

图 1-7　键盘布局

表 1-4 列出了键盘常用键的功能。

表 1-4　键盘常用键的功能

键　位	功　能
“Back space”退格键	删除光标左边的一个字符。主要用来清除当前行输错的字符
“Shift”换挡键	要输入大写字母或“双符”键上部的符号时按此键
“Ctrl”控制键	常用符号“^”表示。此键与其他键合用，可以完成相应的功能
“Esc”强行退出键	按此键后屏幕上显示“\”且光标下移一行，原来一行的错误命令作废，可在新行中输入正确命令
“Tab”制表定位键	光标将向右移动一个制表位（一般 8 个字符）的位置。主要用于制表时的光标移动
“Enter”回车键	按此键后光标移至下一行行首
“Space”空格键	输入一个空格字符
“Alt”组合键	它与其他键组合成特殊功能键或复合控制键
“PrintScreen”打印屏幕键	用于把屏幕当前显示的内容全部打印出来

（2）　鼠标

鼠标是另一种计算机最基本的输入设备，从外观上来看分为有线鼠标和无线鼠标两种。它与显示器相配合，可以方便、准确地移动显示器上的光标，并通过点击鼠标键选取光标所指的内容。

表 1-5 列出了鼠标的常用操作方法及相应功能。

表 1-5　鼠标的常用操作方法及功能

操作名称	操作方法	功　能
指向	将鼠标指针移动到屏幕的某一位置	可以指向某个对象
单击	按鼠标左键一次	可以选取某个对象
双击	连续按鼠标左键两次	可以打开某个文件或执行某个程序
拖动	选取某个对象后，按住鼠标左键不放，并移动鼠标	可以移动该对象
右击	按鼠标右键一次	一般会弹出快捷菜单，可选择其中的操作命令

（3）　触摸屏

近几年触摸屏的使用越来越多，如智能手机、平板电脑、银行系统的自助设备等，都采用了触摸屏交互技术。这种技术可以将手指的移动轨迹转换为数字信息，传递给计算机，计算机将获得的数据进行处理，从而与用户进行人机交互。

（4）　语音输入设备和手写输入设备

语音输入是指通过麦克风等音频设备将人的语音信息输入到计算机中，计算机通过语音识别系统将语音转换为相应的信息。

手写输入设备通常由手写板和输入笔组成，用户使用输入笔在手写板上写出文字，手写输入设备即会读取手写板上的笔迹信息，并匹配字符中相应的字符，将其输入到计算机中。

（5）　扫描仪

常见的扫描仪有平板式扫描仪、手持式扫描仪、滚筒式扫描仪等，用于将图片、文稿或其他各类文件以图片的形式输入到计算机中。

（6）　数码相机和数码摄像机

数码相机和数码摄像机可以直接将拍摄的照片或视频转换为数字信息，并可直接传输到计算机中。

【任务操作】

◆　利用搜索引擎查找以下常用输入设备的图片及作用，并填写表 1-6。

表 1-6　常用输入设备的图片及作用

名　称	图　片	特点、用途
鼠标		
键盘		
扫描仪		

（续表）

名　　称	图　　片	特点、用途
触摸屏		
条码阅读仪		
数码相机		
数码摄像机		
摄像头		
语音输入设备		

任务 1.3.2　认识输出设备

【知识准备】

输出设备主要包括显示器、音箱/耳机、打印机等，它们可以将计算机中储存的数字化信息以图像、声音或字符方式呈现出来。

（1）　显示器

显示器是微型计算机必不可少的输出设备，它可以将计算机内存储的数据转换成直观的字符或图像显示在屏幕上，供用户阅读和观看。目前流行的显示器是液晶显示器。

（2）　音箱/耳机

音箱或耳机用于输出声音数据，是多媒体计算机不可或缺的输出设备。目前一些耳机还同麦克风集成在一起，更加方便用户的使用。声音的采集与播放需要声卡的支持。

（3）　打印机

打印机可以通过数据线连接到计算机，从而将计算机中的文件输出到纸张、胶片或其他材质上。近几年出现的 3D 打印机还可以使用无机或有机材料打印出立体的物体，如建筑物、日用品等。

【任务操作】

◆ 利用搜索引擎查找以下常用输出设备的图片及作用，并填写表 1-7。

名　称	图　片	特点、用途
阴极射线管显示器		
液晶显示器		
等离子体显示器		
喷墨打印机		
激光打印机		
针式打印机		
绘图仪		
投影仪		
音箱或耳机		

项目 1.4 计算机软件及其使用

软件是指程序、数据和相关文档的集合。其中程序是指，计算机可以识别和执行的操作表示的处理步骤；文档是指用自然语言或者形式化语言所编写的用来描述程序的内容、组成、设计、功能规格、开发情况、测试结构和使用方法的文字资料和图表，如程序设计说明书、流程图、用户手册等。软件是支持计算机运行和应用不可或缺的工具。

通过本项目的学习，您将掌握以下内容：

- ◆ 了解软件的分类与功能。
- ◆ 了解知识产权与版权保护。

任务 1.4.1 认识软件

【知识准备】

从第一台计算机上第一个程序出现到现在，计算机软件已经发展成为一个庞大的系统。从应用的观点看，软件可以分为三类，即系统软件、支撑软件和应用软件，如图 1-8 所示。

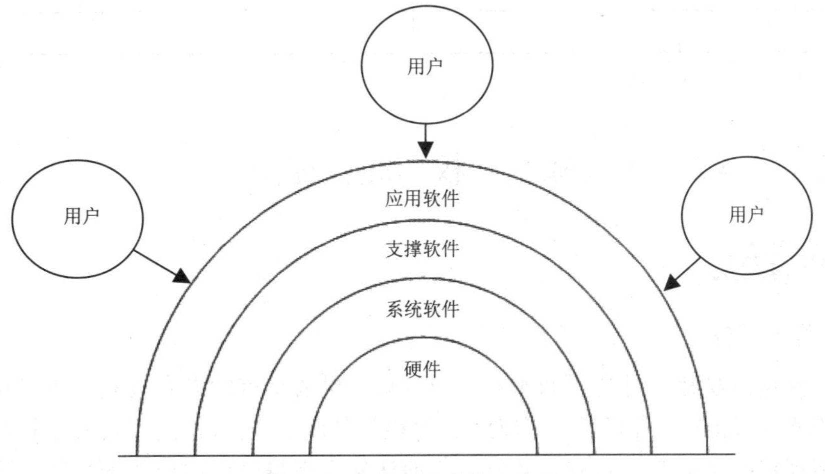

图 1-8 软件系统结构示意图

（1） 系统软件

系统软件是支持计算机运行的基本软件，主要功能是对计算机硬件和软件进行管理，以充分发挥这些设备的效力。系统软件一般包括操作系统、语言处理程序、数据库管理系统等。

（2） 支撑软件

支撑软件是支持其他软件的编制和维护的软件。随着计算机应用的发展，软件的编制和维护在整个计算机系统中所占的比重已远远超过硬件。支撑软件主要包括环境数据库和各种工具，例如测试工具、编辑工具、项目管理工具、数据流图编辑器、语言转换工具、界面生成工具等。

（3） 应用软件

应用软件是为计算机在特定领域中的应用而开发的专用软件，例如文字处理软件、表格处理软件、绘图软件、各种管理信息系统、飞机订票系统、地理信息系统、CAD 系统等。应用软件包括的范围是极其广泛的，可以这样说，哪里有计算机应用，哪里就有应用软件。我们将在模块 4 介绍文字处理软件 Word 2010、在模块 5 介绍表格处理软件 Excel 2010、在模块 6 介绍演示文稿制作软件 PowerPoint 2010 的使用。

【任务操作】

利用搜索引擎查找以下常用软件的类型、最新软件版本和功能，并填写表1-8。

表1-8　认识软件

软件名称	软件类型	最新软件版本	软件功能
Windows XP			
Photoshop			
QQ			
迅雷			
Word Excel			
3D MAX			

任务 1.4.2　了解知识产权与版权保护

【知识准备】

1. 软件的版权

知识产权是指权利人对其所创作的智力劳动成果所享有的专有权利，软件的版权属于知识产权的著作权范畴，在法律上称为“计算机软件版权”。软件的版权属于软件开发者所有，除特别规定的情况及使用方式之外，其他任何人不得以任何形式侵犯软件开发者的版权。购买软件的计算机用户只能按照软件规定的特定方式使用软件。

一般情况下，软件购买者享受以下权利：

（1） 允许购买者为了安装软件从光盘复制到计算机的硬盘上。

（2）允许购买者为防止软件被删除或损坏而制作用于备份的副本。

（3） 允许购买者出于教学目的而复制或分发软件的部分内容。

2. 软件的许可证

软件许可证是一种由软件作者与用户签订的格式合同，也被称为许可协议，用于规定和限制软件用户使用软件的权利以及软件作者应尽的义务。通常用户在安装软件时即会显示安装协议，用户需阅读协议内容并通过单击“确认”、“接受”或“我同意”等按钮来表明接受协议内容，否则将不予安装。如图1-9所示的是QQ音乐的协议签订方式与服务许可协议内容。

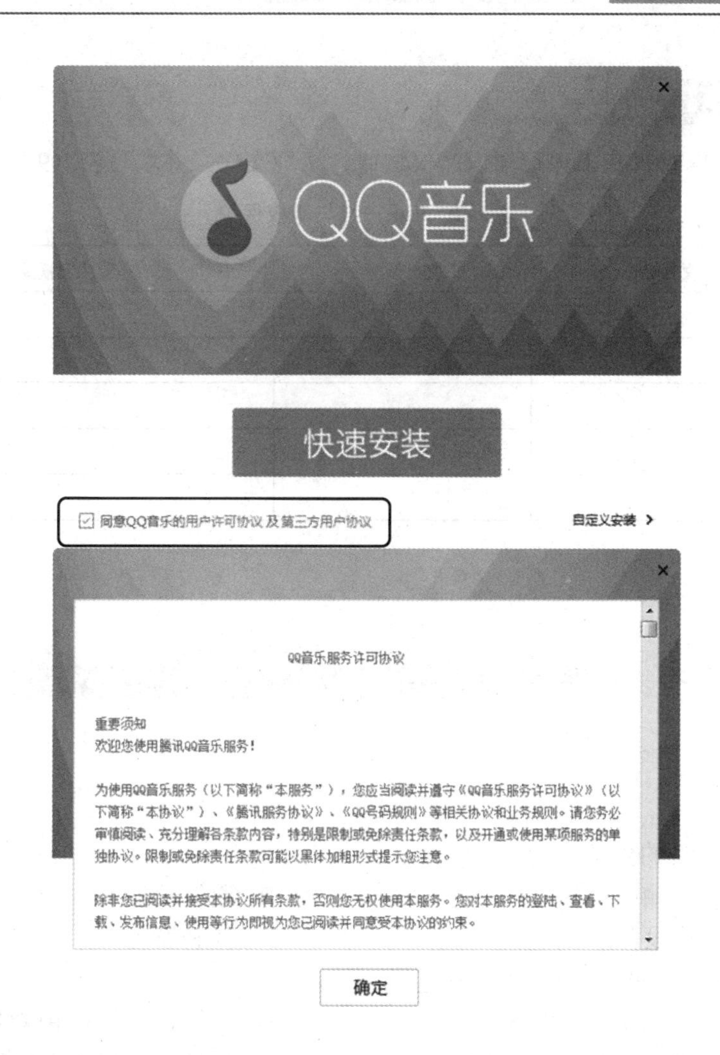

图 1-9　QQ 音乐的服务许可协议

3. 不同类型软件的分发规定

软件按其用户使用协议，可分为商业软件、共享软件、免费软件、公共领域软件等多种类型，不同类型的软件有不同的分发规定。

（1） 商业软件：只能在许可协议规定范围内使用，如只能在家里或办公室里安装并使用，如 Windows 操作系统软件。

（2）共享软件：允许用户在购买前免费试用，试用期过后如果想要继续使用该软件，就必须付费购买，如 Microsoft Office 程序。

（3） 免费软件：允许使用、复制或传播，但不允许对软件进行修改或出售，如美图秀秀。

（4） 公共领域软件：没有版权，可以被自由复制、分发甚至再销售，但不能再去为它申请版权，如 linux 操作系统。对于这些开放资源的软件，电脑程序员们可能观看并修改源代码，或者是程序内部设计。

【任务操作】

利用搜索引擎查找我国保护知识产权法律、法规文件，并填写表 1-9。

表 1-9　知识产权与版权保护

序　号	文件名称	文 件 号	内容摘要

思考与练习

1. 选择题

（1） I/O 设备的含义是________。

A. 输入输出设备　　B. 通信设备

C. 网络设备　　D. 控制设备

（2） 一个完整的计算机系统包括________。

A. 计算机及外部设备　　B. 系统软件和应用软件

C. 主机、键盘和显示器　　D. 硬件系统和软件系统

（3） 第四代计算机所采用的主要逻辑元件是________。

A. 电子管　　B. 晶体管

C. 集成电路　　D. 大规模和超大规模集成电路

（4） 完整的计算机存储器应包括________。

A. 软盘、硬盘　　B. 磁盘、磁带、光盘

C. 内存储器、外存储器　　D. RAM、ROM

（5） 我们通常使用的计算机属于________。

A. 巨型机　　B. 小型计算机

C. 工作站　　D. 微型计算机

（6） 计算机软件系统包括________。

A. 操作系统和网络软件　　B. 系统软件和应用软件

C. 客户端应用软件和服务器端系统软件　D. 操作系统、应用软件和网络软件

（7） 微型计算机的微处理器包括 ________。

A. 运算器和主存　　B. 控制器和主存

C. 运算器和控制器　　D. 运算器、控制器和主存

（8）在微机中，访问速度最快的存储器是________。

A. 硬盘　　B. 软盘

C. 光盘　　D. 内存

（9）下列软件中，________是系统软件。

A. 工资管理软件

B. 用 C 语言编写的求解一元二次方程的程序

C. 用汇编语言编写的一个练习程序

D. Windows 操作系统

（10）键盘上的 F5 键属于________键。

A. 符号键　　B. 编辑键

C. 功能键　　D. 控制键

（11）键盘上的________键可用来与其他键组合使用完成大写字母的输入。

A. Caps Lock　　B. Shift

C. Alt　　D. Ctrl

（12）按照分发规定，Microsoft Office 属于________。

A. 商业软件　　B. 共享软件

C. 免费软件　　D. 公共领域软件

（13）下列设备中属于输入设备的有________。

A. 扫描仪、录像机、照相机　　B. 键盘、鼠标、显示器

C. 触摸屏、扫码仪、耳机　　D. 音箱、投影仪、打印机

（14）下列设备中属于输出设备的有________。

A. 扫描仪、录像机、照相机　　B. 键盘、鼠标、显示器

C. 触摸屏、扫码仪、耳机　　D. 音箱、投影仪、打印机

（15）________允许使用、复制或传播，但不允许对软件进行修改或出售。

A. 商业软件　　B. 共享软件

C. 免费　　D. 公共领域软件

2. 填空题

（1）________年________月，第一台现代电子计算机 ENIAC 在________诞生，其中文全称为________。

（2）简单地说，计算机是一种能够自动进行________和________的电子机器。

（3）计算机是由____________________五大部件组成的，缺一不可。

（4）中央处理器简称为________________。

（5）随机存储器简称为________________。

（6）计算机语言可分为________、________和________三类，计算机能够直接执行的是：________。

（7）在微型计算机中常用的西文字符编码是________________等。

（8）在计算机工作时，内存储器的作用是________________。

（9） 常用 ASCII 码采用________位编码，最多可表示________个字符。

（10） 内存储器分为________和________两类。

（11） 存储容量的基本单位是________。

3. 判断题

（1） 内存储器是计算机的主要存储器，用于存放正在运行的程序、数据。（　　）

（2） 计算机的内存储器包括随机存储器、只读存储器和硬盘。（　　）

（3） 微型计算机主要应用于尖端科学技术和军事国防系统。（　　）

（4） 显示器和扫描仪是输入设备。（　　）

（5） 主板是输入输出的接口电路，相当于人的血脉和神经。（　　）

（6） Word 2010 是应用软件，Windows 7 是操作系统软件。（　　）

（7） 标准键盘的布局分三个区域，即主键盘区、副键盘区和功能键区。（　　）

（8） 微型计算机的接口都位于主板上。（　　）

（9） 网络软件属于应用软件，比如腾讯 QQ。（　　）

（10） 软件的许可协议是一种软件作者与用户签订的格式合同，用户在使用某一软件时，如果不认同协议内容，可以不接受该协议。（　　）

4. 简答题

（1） 计算机主要应用在哪些领域中？举例说明。

（2） 计算机的发展经历了哪几个阶段？我们日常生活中使用的计算机属于哪个阶段？有什么特点？

（3） 简述计算机的分类，计算机的特点。

（4） 计算机硬件系统由哪几个部分构成？各部分的作用是什么？

（5） 什么是系统软件？什么是应用软件？各举出两个例子说明。

（6） 什么是计算机软件产权保护？

模块 2

Windows 7 操作系统

操作系统是支持计算机运行的基础软件，目前流行的计算机操作系统是美国微软公司的 Windows 操作系统。虽然目前 Windows 操作系统的版本已经升级到了 Windows 10，但由于种种原因，Windows 7 依然为大多数用户所用。本模块将以 Windows 7 版本为基础介绍 Windows 操作系统的基本知识及应用。只要熟悉了 Windows 操作系统的基本操作，以后不管使用何种版本都容易上手。

项目 2.1　Windows 7 入门

Windows 7 具有强大的兼容性和个性化设计，运行速度快，界面亲和易用。Windows 7 相比于上一个长寿版本 Windows XP 来说，界面更加美观，有一种华丽感，视觉效果更好，且系统性能稳定，无论是开机速度还是处理数据的速度都更快。在视频、娱乐方面的性能也更加突出，比如看电影时，画质比 Windows XP 要更加柔和一些。

通过本项目的学习，您将掌握以下内容：

- 了解 Windows 7 操作系统的基础知识。
- 学会设置桌面。
- 认识操作窗口与对话框。

任务 2.1.1　认识 Windows 7 操作系统

【知识准备】

1. Windows 操作系统的特点

（1） 单用户桌面操作系统。操作系统按照不同的标准可分为多种类型，例如，若按所支持的用户数量来进行分类，操作系统可分为单用户操作系统和多用户操作系统；若按照应用领域来进行分类，则操作系统可分为桌面操作系统、服务器操作系统、嵌入式操作系统。Windows 操作系统是一种单用户桌面操作系统。

（2）图形用户界面。Windows 操作系统是一种面向对象的图形用户界面，包括图标、窗口、菜单、按钮等。用户只需点击鼠标就可以实现与计算机的交互。

（3）窗口化的程序操作。在 Windows 操作系统下，任何一个需要人机交互的程序都会打开一个该程序特有的“程序窗口”，一般关闭程序窗口就关闭了程序。不同的程序窗口具有基本相同的特征，其操作方法也基本类似。

（4）多任务并行操作。在 Windows 操作系统下可以同时运行多个应用程序，如一边听音乐一边编辑文档。所有启动的程序图标都会显示在任务栏中，可以通过点击相应图标来切换已启动的程序。

2. Windows 7 的工作界面

Windows 7 采用了 Aero 界面，这是一种透明的玻璃式设计的视觉外观，具有立体感和透视感，当用鼠标指向任务栏上的某个已打开的窗口图标时，会显示其缩略图，指向缩略图可以预览该窗口的内容，如图 2-1 所示。

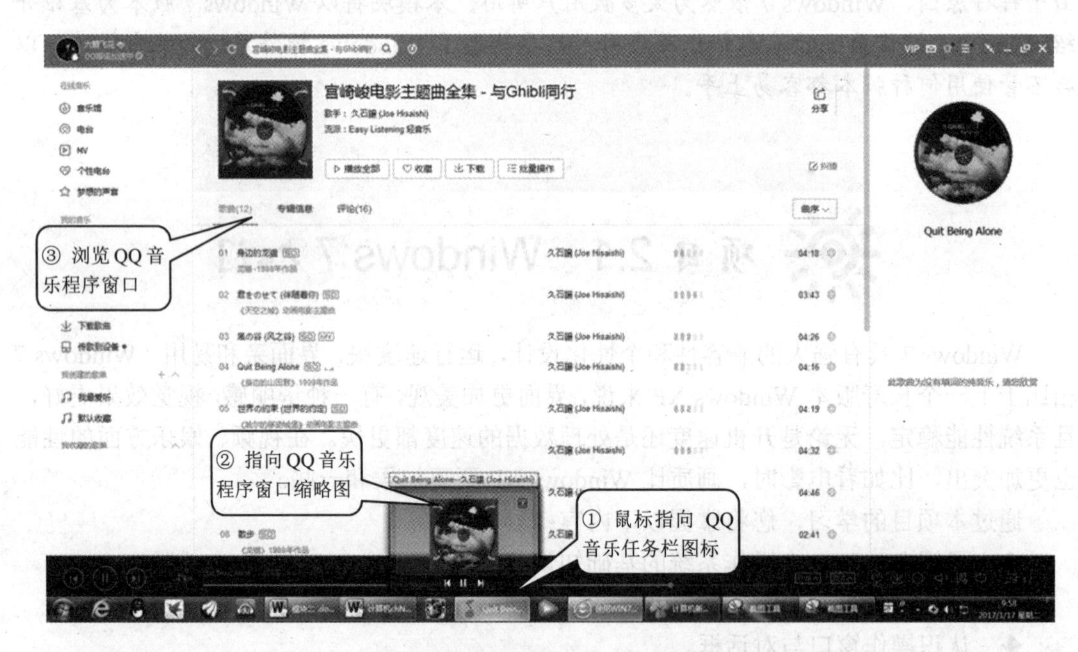

图 2-1　通过 QQ 音乐缩略图预览 QQ 音乐程序窗口内容

【任务操作】

1. 启动计算机

按下计算机主机上的电源开关，系统将会进入自检状态。自检结束后，如果计算机中只设置了一个账户，且没有设置启动密码，启动后会自动进入 Windows 7 操作界面。如果计算机中设置了多个账户，则登录界面将显示多个用户账户的图标，单击某个账户图标即可进入该用户的登录界面；如果用户账户设置了登录密码，选择账户后还需输入正确的密码才可以进入操作系统，如图 2-2 所示。

图 2-2　需输入密码的登录界面

2. 认识 Windows 7 桌面

（1） Windows 7 的操作界面中主要包含桌面图标、桌面背景、“开始”按钮、任务栏。双击某一桌面图标即可启动或打开它所代表的项目。思考一下，将对应的名称填写在如图 2-3 所示的空白标准框内。

A. 桌面图标　　　B. 桌面背景　　　C. “开始”按钮　　　D. 任务栏

图 2-3　Windows 7 桌面

（2） 观察任务栏，将对应的名称填写在如图 2-4 所示的空白标注框内。

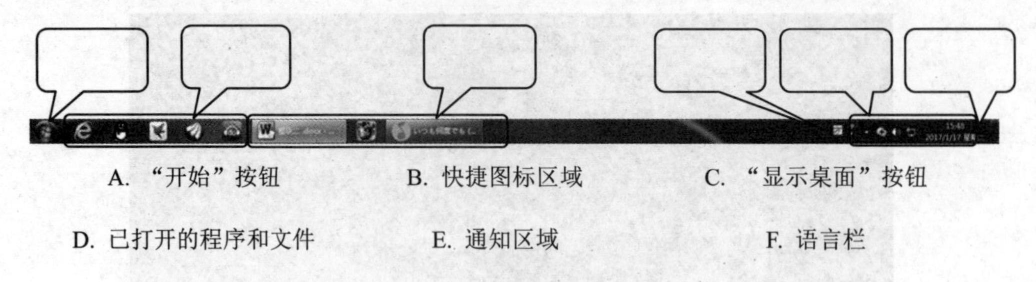

图 2-4　任务栏的组成

（3）点击“开始”按钮，打开“开始”菜单，并进行观察，如图 2-5 所示。

图 2-5　“开始”菜单

3. 关闭计算机

在 Windows 7 中，可以通过“关机”按钮来关闭计算机或重新启动计算机，如图 2-6 所示。

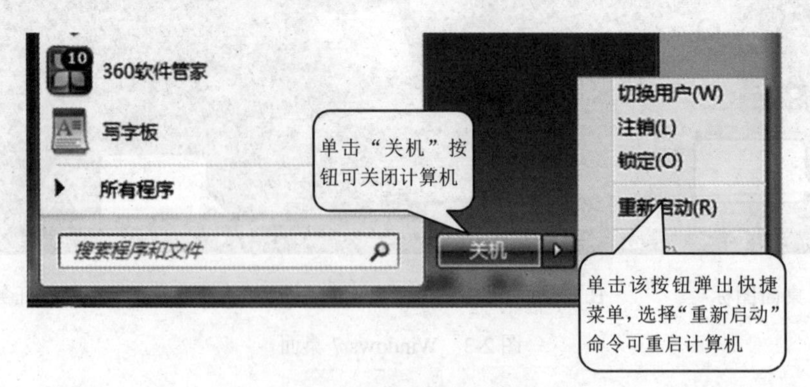

图 2-6　关闭或重启计算机

任务 2.1.2 设置桌面

【知识准备】

1. 快捷菜单

快捷菜单是 Windows 中经常使用的一个元素。右击各种对象，通常都会弹出一个相应的快捷菜单，其中列出关于选中对象的相关操作命令，如图 2-7 所示。

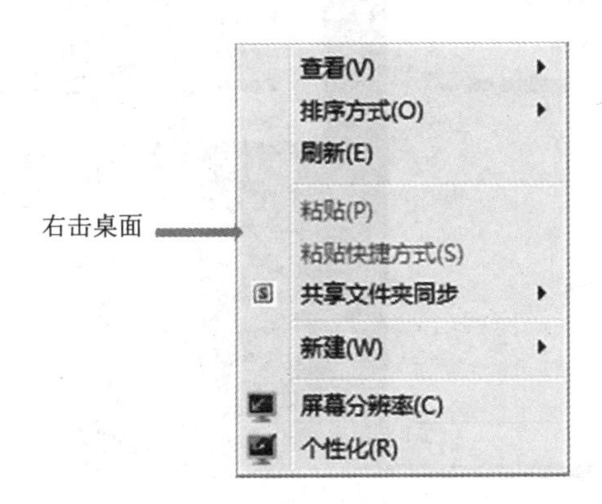

图 2-7 桌面快捷图标

2. 任务栏的通知区域

通知区域位于任务栏的右端，显示系统日期和时间、音量、网络状态、当前运行的程序等信息，如图 2-8 所示。

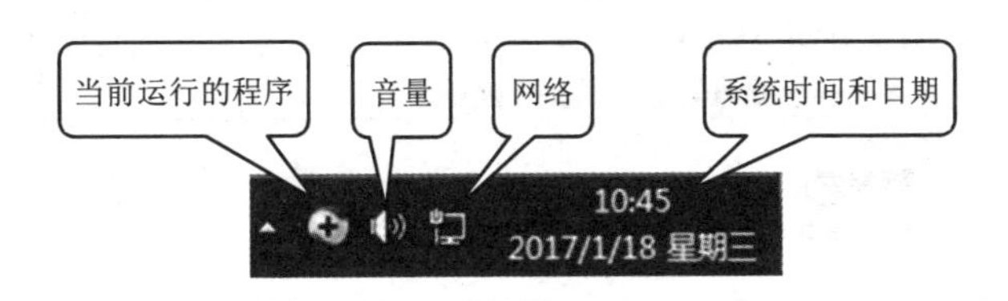

图 2-8 通知区域

【任务操作】

1. 在桌面上添加图标

默认情况下，初始安装 Windows 7 时，桌面上只有一个“回收站”图标，用户可以根据需要在桌面上添加图标，操作方法如图 2-9 所示。

2. 更换桌面背景

桌面背景也称为壁纸，用户可将自己喜欢的图片设置为桌面背景，如图 2-10 所示。

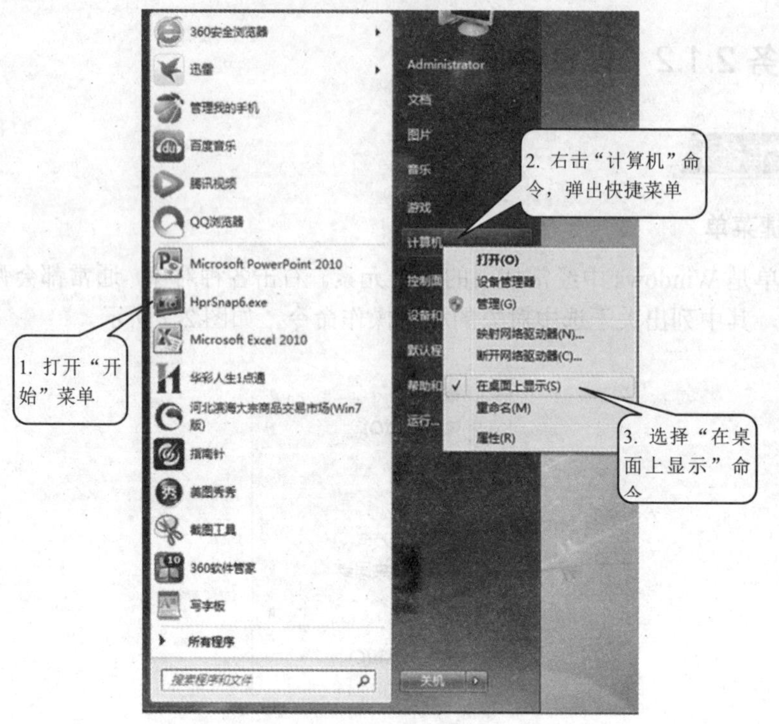

图 2-9　在桌面上添加“计算机”图标

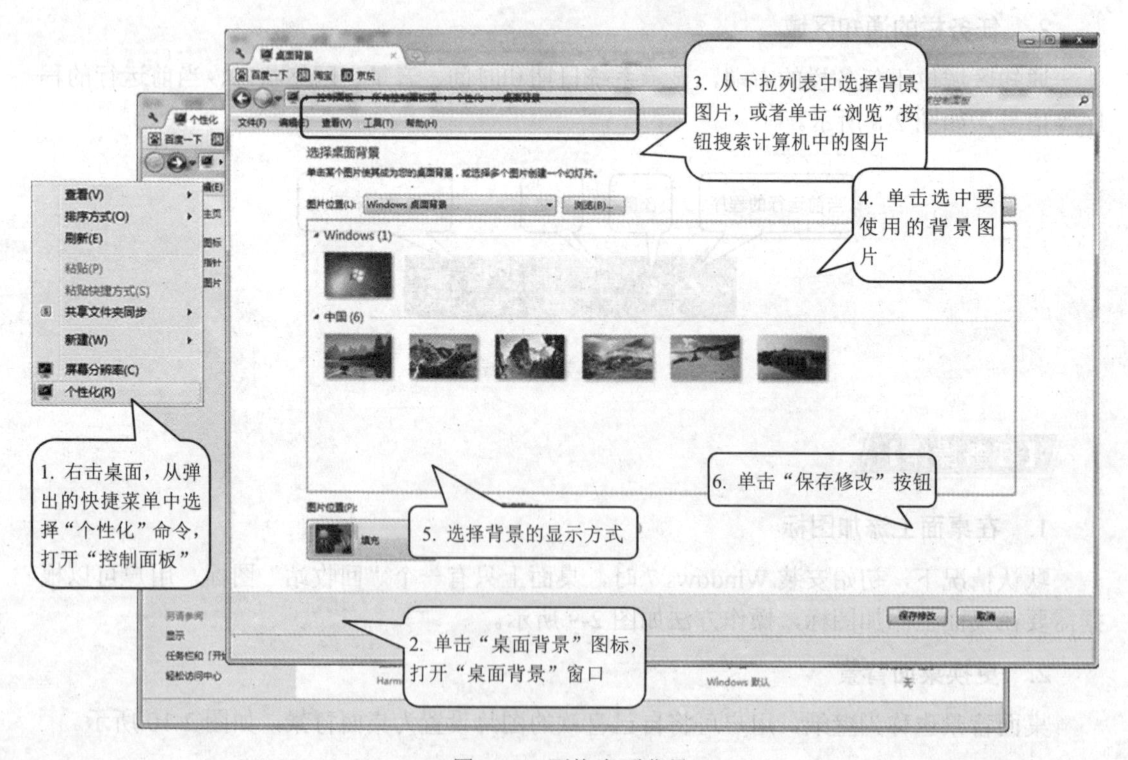

图 2-10　更换桌面背景

【拓展任务】

艺术排列桌面图标，按照自己的需要进行图标的增删和自由排列，更改个性化图标。

任务 2.1.3　认识窗口与对话框

【知识准备】

1. 窗口

在 Windows 7 中，所有窗口的外观基本都相同，对其操作的方法也都一样。这使得用户可以方便地管理自己的工作。

◆ 窗口的类型

（1） 文件夹窗口。文件夹窗口是 Windows 7 管理文件夹时所用的一种特殊窗口，用于显示一个文件夹的下属文件夹和文件的主要信息。Windows 7 将文件夹窗口和 Internet Explorer（IE）浏览器窗口格式统一起来，通过浏览器可以浏览本机的文件夹信息，从文件夹窗口也可以直接浏览网页。

（2） 程序窗口。运行任何一个需要人机交互的程序都会打开一个该程序特有的“程序窗口”，一般关闭程序窗口就关闭了程序。

（3） 文档窗口。文档窗口是隶属于应用程序的子窗口。有些应用程序可以同时打开多个文档窗口，称为多文档界面。

◆ 窗口的组成

（1） 标题栏：位于窗口的最顶端，其左端标明窗口的名称，右端有“最小化”按钮▬，“最大化”按钮□及“关闭”按钮✕。在 Windows 7 中可以同时打开多个窗口，但只有一个是活动窗口，只有活动窗口才能接收鼠标和键盘的输入。活动窗口的标题栏呈高亮度显示，默认颜色为蓝色。如果标题栏呈灰色，则该窗口是非活动窗口。

（2） “前进”与“后退”按钮：用于快速访问下一个或上一个浏览过的位置。单击“前进”按钮右侧的小箭头，可以显示浏览列表，以便于快速定位。

（3） 菜单栏：位于标题栏的下方，其中通常有“文件”、“编辑”、“查看”、“工具”、“帮助”等菜单项，这些菜单几乎包含了对窗口操作的所有命令。

（4） 工具栏：通常位于菜单栏的下面，以按钮或下拉列表框的形式将常用功能分组排列出来，使用鼠标单击按钮便能直接执行相应的操作。

（5） 地址栏：显示当前访问位置的完整路径。在地址栏中输入一个地址，然后单击“转到”按钮，窗口将转到该地址所指的位置。另外，Windows 7 利用地址栏将文件夹窗口与浏览器（IE）连接起来，在文件夹窗口的地址栏输入网页地址（URL），文件夹窗口就可显示网页内容，作为浏览器使用。

（6） 搜索框：在搜索框中输入关键字后，就可以在当前位置使用关键字进行搜索，凡是文件内部或文件名称中包含该关键字，都会显示出来。

（7） 导航窗格：以树形图的方式列出一些常见位置，同时该窗格中还根据不同位置的类型，显示了多个结点，每个子结点可以展开或合并。

（8）库窗格：库是Windows 7中新增的功能，库窗格中提供了一些与库有关的操作，并且可以更改排列方式。如果希望隐藏该位置的库窗格，可以单击“组织”按钮，从下拉菜单中选择“布局”/“库窗格”命令。

（9） 文件窗格：列出了当前浏览位置包含的所有内容，例如文件、文件夹以及虚拟文件夹等。在文件窗格中显示的内容，可以通过视图按钮更改显示视图。

（10） 预览窗格：如果在文件窗格中选定了某个文件，其内容就会显示在预览窗格中。单击窗口右上角的“显示预览窗格”按钮即可将该窗格打开。

（11） 细节窗格：在文件夹窗格中单击某个文件或文件夹后，细节窗格中就会显示该对象的属性信息，显示内容与所选对象有关。

2. 对话框

对话框是一种特殊的窗口，其大小一般是固定的，通常提供一些参数选项供用户设置，当执行某操作命令，如果需要用户输入执行此命令的参数或条件，都会出现相应的对话框，以便接收用户的输入。

对话框通常包含标题栏、选项卡、复选框、单选按钮、文本框和列表框等。对话框中的标题栏与窗口中的标题栏相似，给出了对话框的名字和关闭按钮。对话框中的选项呈黑色表示为可用选项，呈灰色时则表示为不可用选项。对话框中各主要元素的功能如下。

（1） 选项卡：当对话框中包含多种类型的选项时，系统将会把这些内容分类放在不同的选项卡中。单击任意一个选项卡即可显示出该选项卡中包含的选项。

（2） 文本框：用于接收输入的信息。含有下拉按钮的文本框也叫做下拉列表框，可通过单击下拉按钮，在弹出的下拉列表中选择系统提供的可用文本信息。含有微调按钮的文本框也叫微调框或数值框，用于改变文本框中的数值。

（3） 列表框：用于将所有的选项显示在列表中，以供用户选择。

（4） 复选框：一般成组出现，可以一次选中多个复选框。被选中的复选框中将出现对号，再次单击一次可取消选择。

（5） 单选按钮：一般成组出现，一次只能选中一个单选按钮。当一个单选按钮被选中后，同组的其他单选按钮将自动被取消选择，被选中的单选按钮中出现一个圆点，再次单击一次可取消选择。

（6） “确定”按钮：用于确认并执行对各种选项的设置。

（7）“取消”按钮：用于关闭对话框并取消各项设置。在有些情况下当执行了某些不能取消的操作后，“取消”按钮变为“关闭”按钮。单击“关闭”按钮可关闭对话框，但设定被执行。

（8） 附加按钮：单击此类按钮将打开另一个对话框，从而对该命令进行进一步设置。

（9） 预览框：用于观察设定的效果。

【任务操作】

1. 认识窗口

在桌面上双击“计算机”图标，观察打开的窗口，如图2-11所示。

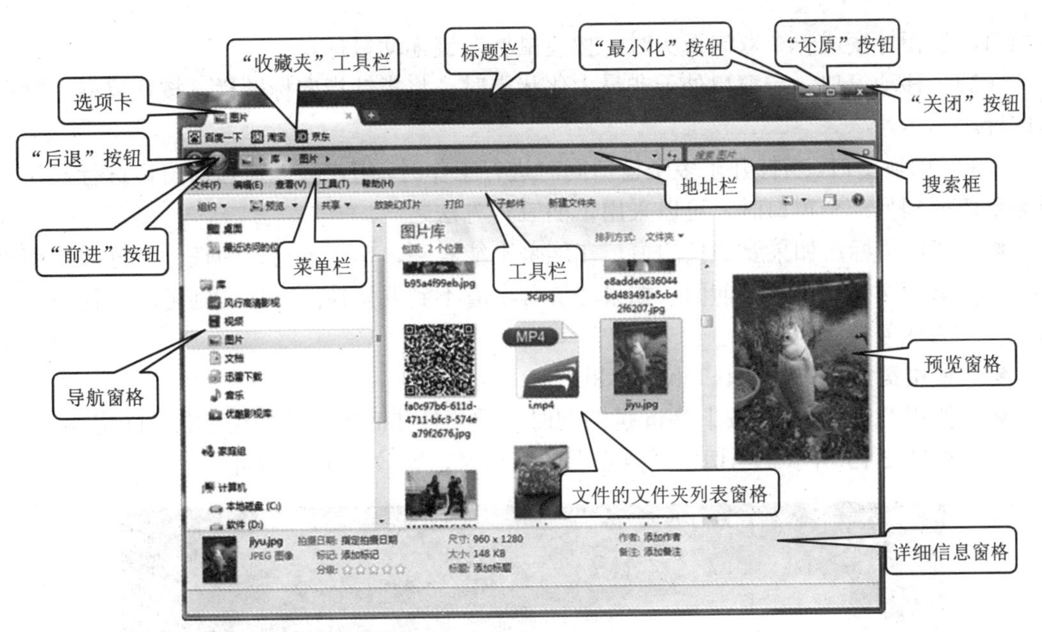

图 2-11　Windows 7 中的窗口

2. 认识对话框

右击任务栏，从弹出的快捷菜单选择“属性”命令，打开“任务栏和「开始」菜单属性”对话框，观察认识其中的元素，如图 2-12 所示。

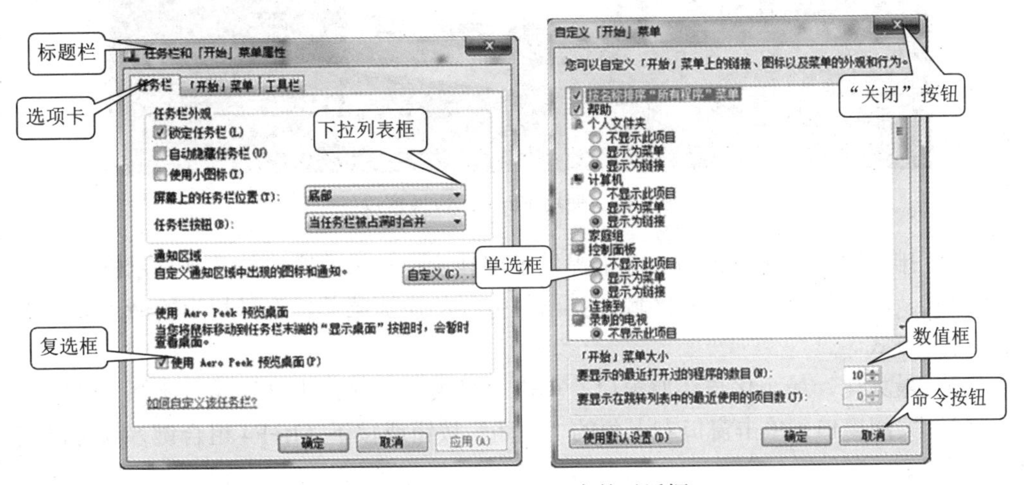

图 2-12　Windows 7 中的对话框

任务 2.1.4　操作窗口与对话框

【知识准备】

1. 窗口的基本操作

（1） 调整窗口大小。在窗口处于非最大化的状态下，将鼠标指针指向窗口的边框或者顶角，当指针变成一个双向箭头时，按住鼠标左键拖动鼠标。

（2）移动窗口。当窗口处于非最大化状态时，将指针指向标题栏，按住鼠标左键拖动鼠标。

（3）切换窗口。当打开了多个窗口同时进行工作时，用户只能对当前窗口进行操作，当需要切换到另一个窗口时，可以采用下面三种方法之一。

- 使用鼠标：如果要切换的窗口在屏幕上能看到，单击该窗口的任一部分即可将该窗口切换到屏幕最前面；如果在屏幕上看不到要切换的窗口，则可单击任务栏中的任务按钮。
- 使用键盘：按下 Alt+Tab 组合键。
- 使用 Flip 3D：在按下 Win 键的同时，重复按 Tab 键即可使用 Flip 3D 切换窗口，如图 2-13 所示。当切换到要查看的窗口时，释放 Win 键即可。

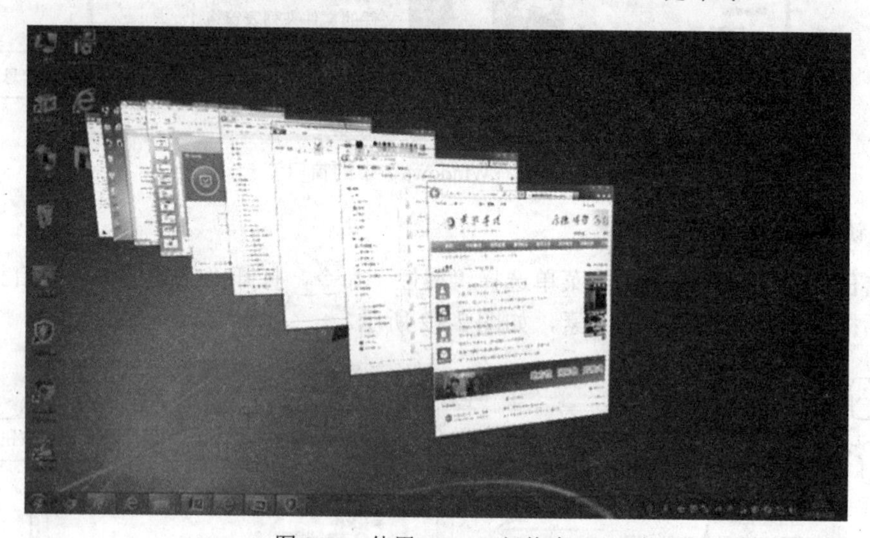

图 2-13　使用 Flip 3D 切换窗口

（4）排列窗口。在 Windows 7 中提供了层叠窗口、堆叠窗口与并排显示窗口 3 种窗口排列方式。右击任务栏的空白区域，弹出任务栏的快捷菜单，选择相应的命令即可更改窗口的排列方式。

（5）最大化、最小化与还原窗口。单击“最大化”、“最小化”或“还原”按钮。

（6）关闭窗口。单击窗口右上角的“关闭”按钮或按下 Alt+F4 组合键，都可以关闭当前窗口。

2. 对话框的基本操作

（1）打开对话框。选择了菜单中带有“…”的菜单命令或程序运行过程中需要用户输入的某些参数时，都会弹出对话框。

（2）对话框元素的定位。可以通过鼠标或键盘来实现：

- 鼠标操作：直接单击。
- 键盘操作：按下 Tab 键、Shift+Tab 组合键移动光标。

【任务操作】

从控制面板中选择“鼠标”选项，打开“鼠标属性”对话框，更改鼠标的指针设置，如图 2-14 所示。

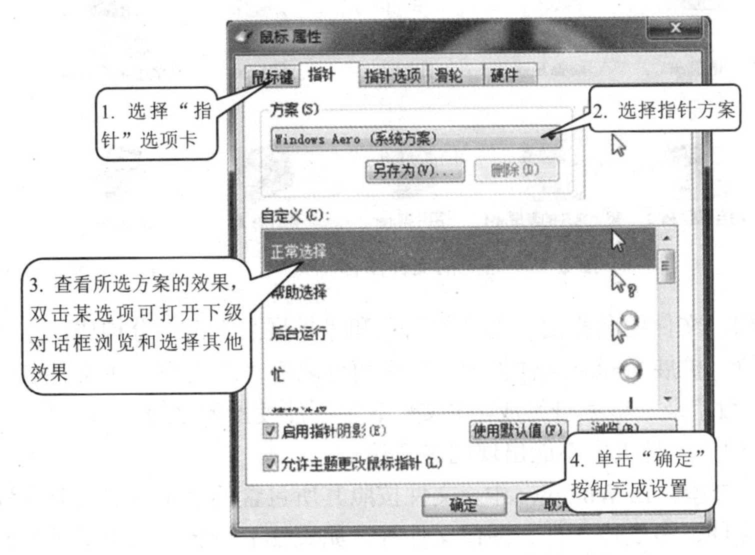

图 2-14 设置鼠标指针属性

项目 2.2 文件管理

电脑中的数据大多数以文件的形式存储在磁盘上。为了便于管理这些文件，可以将文件集中存放在文件夹中。文件夹是磁盘中文件的集合，用于存放文件或其他文件夹。

通过本项目的学习，您将掌握以下内容：

◆ 使用资源管理器对文件资源进行管理。

◆ 了解文件和文件夹的概念与作用，并掌握文件和文件夹的基本操作方法。

任务 2.2.1 资源管理器的使用

【知识准备】

1. 认识文件

（1） 文件的概念。文件是数据的基本存储单位，每个文件都是一个数据集合。文件的类型是根据文件存储内容的不同而分的，可以是文字、图形、图像、声音等。不同类型文件，其显示的图标也不同。常见的文件图标如图 2-15 所示。

图 2-15　常见的文件图标

（2）　文件的结构。文件的名称由“主文件名”和“扩展名”两部分构成，主文件名最长不超过256个字符，扩展名标志文件类型，中间用分隔符“.”分开。主文件名即文件的名称，由英文字符、数字及一些字符组成，主文件名中不能使用的字符有 ？ * / \ | “ ” ： < > ，在同一文件夹中不能出现同名文件。

（3）　常见的文件类型。在 Windows 中，文件按照其所包含的信息主要可分为程序文件、支持文件、文档文件、多媒体文件、图像文件等。如表 2-1 所示，列出了常见的扩展名对应的文件类型。

表 2-1　常见的扩展名对应的文件类型

扩　展　名	文件类型	扩　展　名	文件类型
.com	命令程序文件	.bak	备份文件
.exe	可执行文件	.doc 或.docx	Word 文档
.bat	批处理文件	.bmp	图形文件
.sys	系统文件	.hlp	帮助文件
.txt	文本文件	.inf	安装信息文件
.dbf	数据库文件	.xls 或,xlsx	电子表格文件

2.　认识文件夹

文件夹是图形用户界面中用于放置程序和文件的容器，在屏幕上用一个个文件夹图标表示，如图 2-16 所示。文件夹中既可包含文件，也可包含其他文件夹。

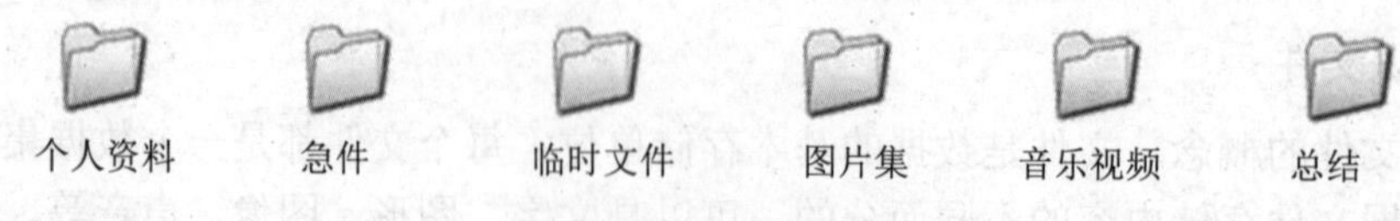

图 2-16　文件夹图标

3. 认识磁盘

微型计算机的外存储器一般以硬盘为主，为了便于管理，使用硬盘前会先对其进行分区，划分为多个逻辑盘。硬盘的盘符从 C 开始顺序给出，依次表示为“C:”、“D:”、“F:”等，每个分区都可以像单独的驱动器一样被访问。

4. 文件的路径

文件的路径是指文件存放的位置，表示一个文件的完整路径的方法为：驱动器\文件夹\文件名。例如，存放在 D 盘下的“学生成绩”文件夹中的“期中成绩.doc”文件的完整路径表示为“D:\学生成绩\期中成绩.doc”。

【任务操作】

1. 使用资源管理器管理文件

资源管理器是 Windows 提供的资源管理工具，用资源管理器打开 H:盘下的“A1”文件夹，将视图方式改为“超大图标”，然后选择一幅图片，在预览窗格中预览该图片，如图 2-17 所示。

图 2-17 使用资源管理器

2. 使用库管理文件

Windows 7 中的资源管理器引入了“库”的概念，使用库可以方便地组织和访问文件，而不用管它实际保存在什么位置。默认状态下，库中包含了“视频”、“图片”、“文档”、“音乐”4 个常用文件类型的库，用户可以将常用的文件或文件夹放置到库中，以避免每次使用时都需要寻找路径，如图 2-18 所示。

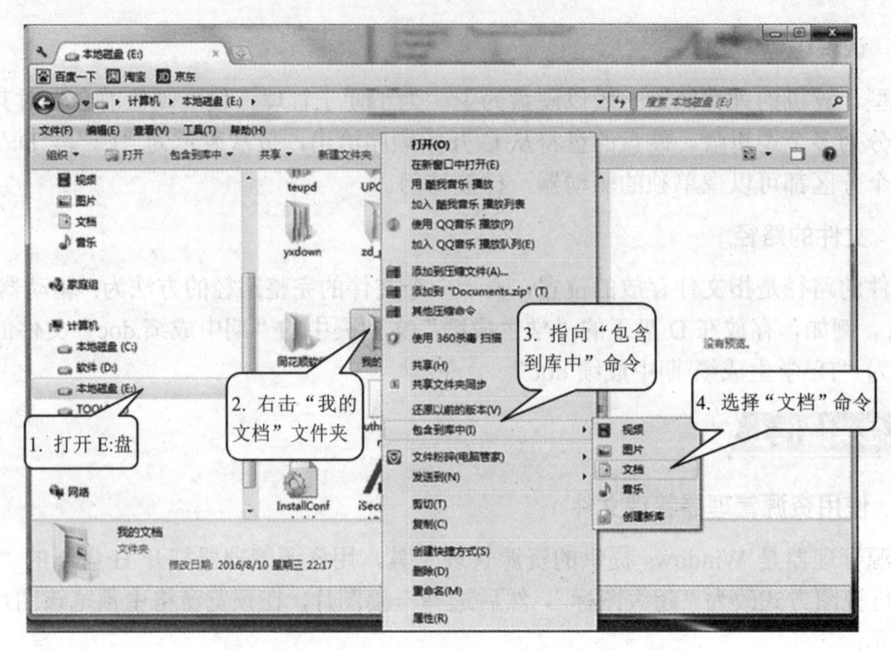

图2-18　将常用文件夹包含到“文档”库中

任务2.2.2　文件及文件夹操作

【知识准备】

1. 选择文件或文件夹

（1）选择单个文件或文件夹：单击该文件或文件夹。

（2）选择多个相邻的文件或文件夹：按住Shift键，单击要选择的第一个文件或文件夹，再单击要选择的最后一个文件或文件夹。

（3）选择多个不相邻的文件或文件夹：按住Ctrl键，分别单击所有需要选择的文件或文件夹。

2. 移动文件或文件夹

（1）移动文件或文件夹的一般方法：先选定要移动的文件或文件夹，选择“编辑/剪切”命令，或按下Ctrl+X组合键，再打开目标盘或目标文件夹，选择“编辑/粘贴”命令或按下Ctrl+V组合键。

（2）在同一驱动器之间的移动：用鼠标按住要移动的非程序文件或文件夹，直接拖到目标位置。注意，在同一驱动器上拖动程序文件是建立文件的快捷方式，而不是移动文件。

（3）在不同驱动器之间的移动：先选定要复制的文件或文件夹，按住Shift键的同时，拖动要移动的文件或文件夹到目标位置。

3. 复制文件或文件夹

（1） 复制文件或文件夹的一般方法：先选定要复制的文件或文件夹，选择“编辑/剪切”命令，或按下 Ctrl+C 组合键，再打开目标盘或目标文件夹，选择“编辑/粘贴”命令或按下 Ctrl+V 组合键。

（2） 在同一驱动器之间的复制：按住 Ctrl 键，用鼠标按住要移动的非程序文件或文件夹，直接拖到目标位置。

（3） 在不同驱动器之间的移动：选定要复制的文件或文件夹，直接拖动要移动的文件或文件夹到目标位置。

4. 删除和恢复文件或文件夹

（1） 删除文件或文件夹：选中文件或文件夹，按 Delete 键即可将其删除。

（2） 恢复被删除的文件或文件夹：为了避免不可挽回的错误，删除的文件或文件夹并没有完全从计算机中清除，而是被存放在“回收站”中，如果发现文件或文件夹被误删除，可以打开“回收站”，从中进行恢复，如图 2-19 所示。

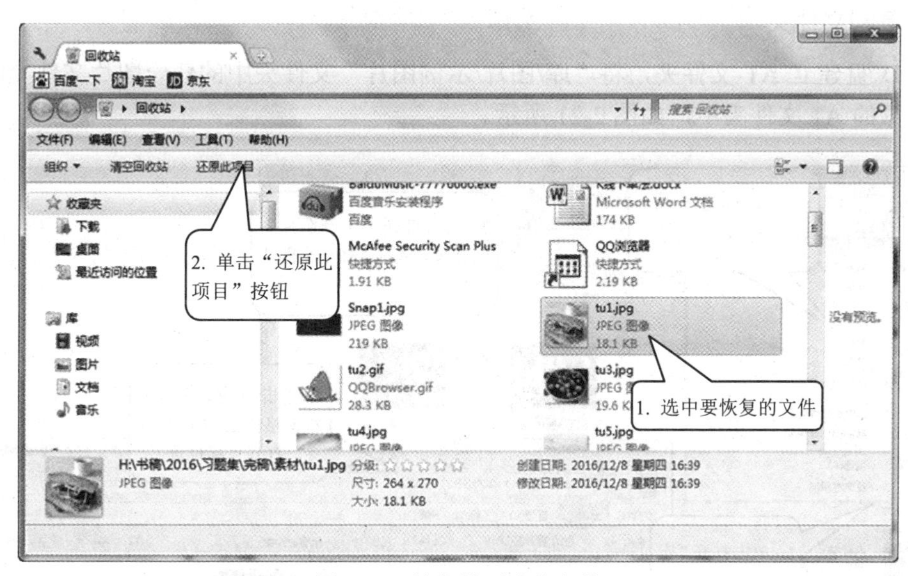

图 2-19 恢复被删除的文件

（3） 清空回收站：在“回收站”的工具栏上单击“清空回收站”按钮，可以将“回收站”中的项目彻底从计算机中清除。

5. 重命名文件或文件夹

先单击选中要改名的文件或文件夹，再单击其名称，使其进入编辑状态，直接输入新的名称，按 Enter 键确认即可。

【任务操作】

1. 新建和重命名文件夹

在文档库中新建一个文件夹，将其更名为“我的最爱”，如图 2-20 所示。

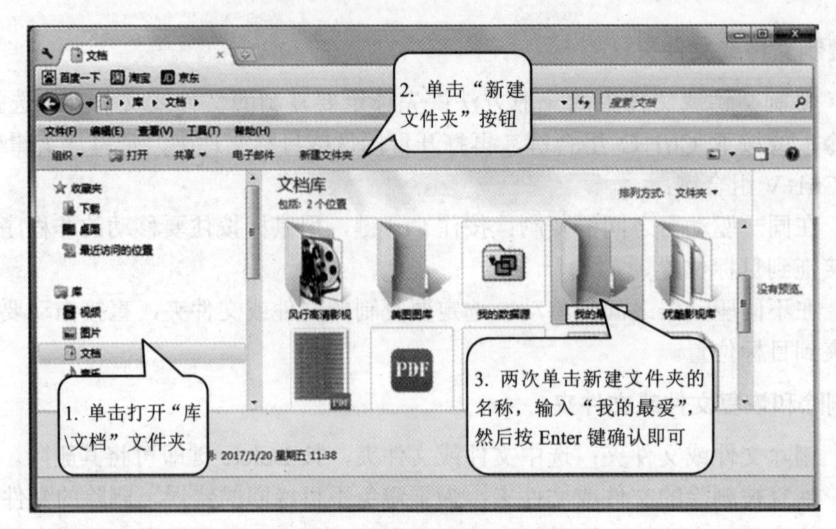

图 2-20　新建并重命名文件夹

2. 复制文件夹

在 D 盘建立 A1 文件夹，将“库/图片/示例图片”文件夹中的任一图片文件复制、粘贴到 D 盘的 A1 文件夹中，如图 2-21 所示。

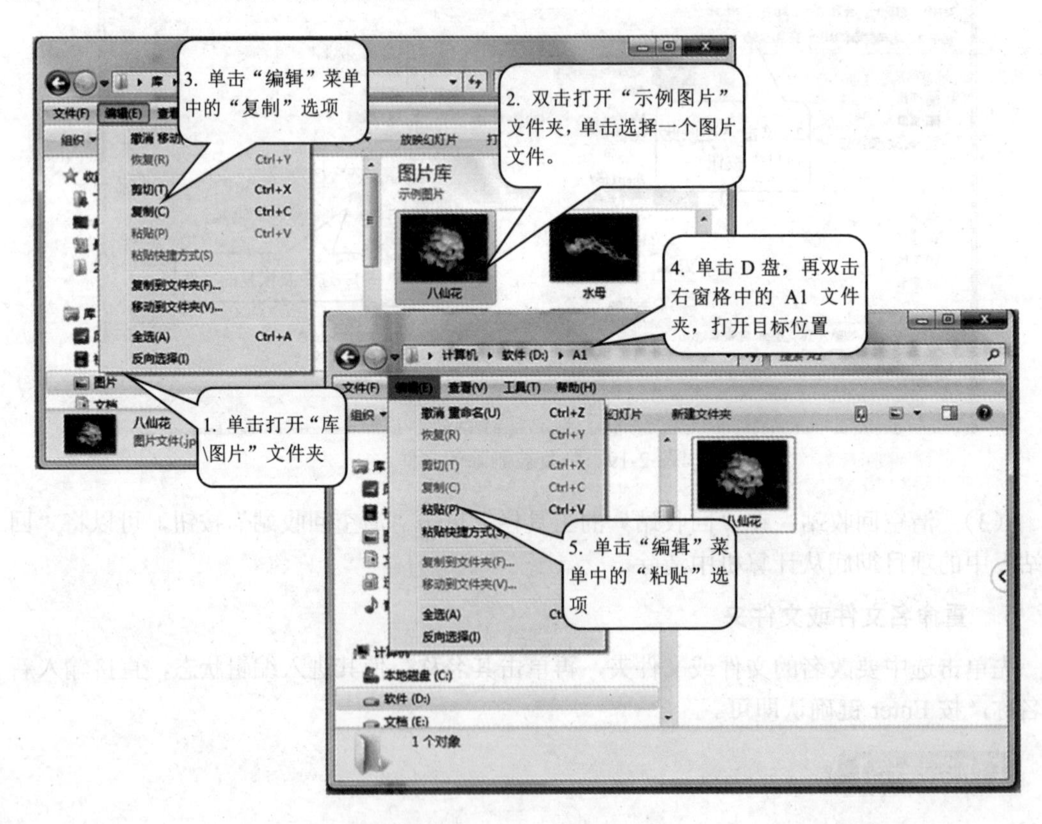

图 2-21　复制和粘贴文件夹

项目 2.3　管理与应用 Windows 7 系统

Windows 用“控制面板”来进行系统设置和设备管理的工具，使用这些工具可以对计算机的软硬件及操作系统本身进行所需的设置。

通过对本项目的学习，您将掌握以下内容：

- ◆ 了解控制面板。
- ◆ 掌握附件中常用工具的使用方法。

任务 2.3.1　使用控制面板

【知识准备】

1. 打开“控制面板”窗口

打开“控制面板”的方法如图 2-22 所示。

图 2-22　打开“控制面板”窗口

2. 控制面板的主要功能

控制面板的主要功能如表 2-2 所示。

表 2-2　控制面板的主要功能

项　　目	主要功能
操作中心	查看最新消息，并查看计算机的问题
网络和共享中心	查看网络状态，更改网络设置，并为共享文件和打印机设置首选项
备份和还原	备份并还原文件和系统
程序和功能	卸载或更改计算机上的程序
用户账户	更改共享此计算机的用户的账户设置和密码
个性化	更改此计算机的图片、颜色或声音
区域和语言	自定义语言、数字、货币、时间和日期和显示设置
轻松访问中心	为视觉、听觉和移动能力的需要调整计算机设置，并可以语音识别控制计算机，从而使计算机更易于使用

【任务操作】

利用控制面板设置计算机的系统日期和时间，如图 2-23 所示。

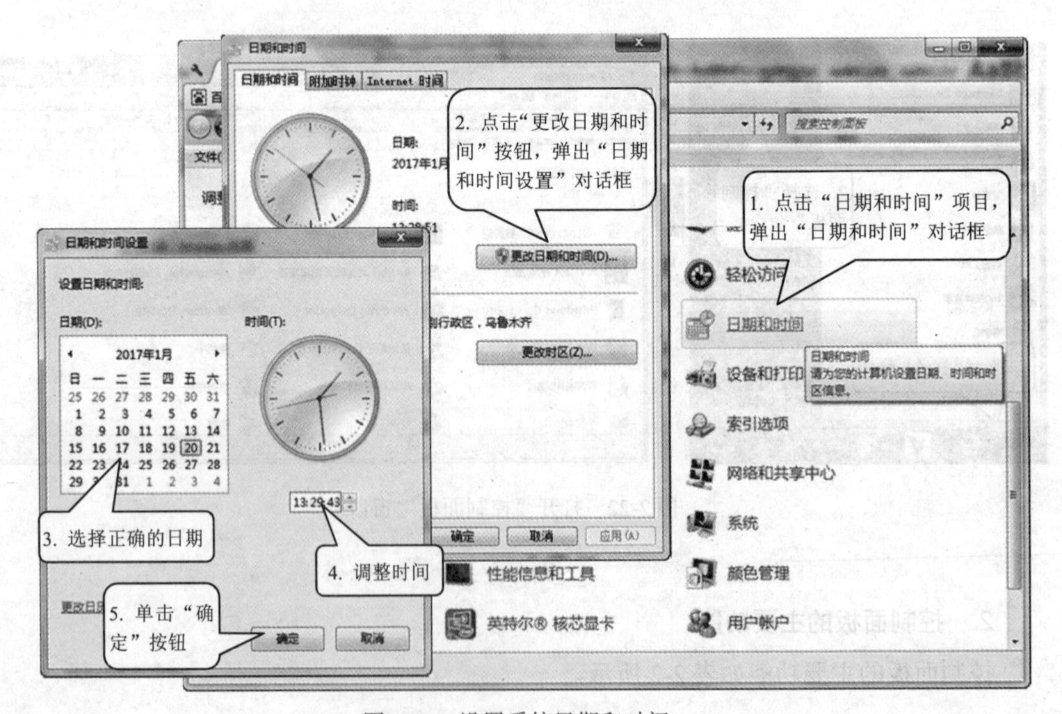

图 2-23　设置系统日期和时间

任务 2.3.2　使用附件中的常用工具

【知识准备】

Windows 7 自带了实用工具，如记事本、画图、计算器、截图工具等，这些工具通常集中在“附件”中，可以从“开始”——“所有程序”——“附件”菜单中选择相应命令，打开程序，如图 2-24 所示。

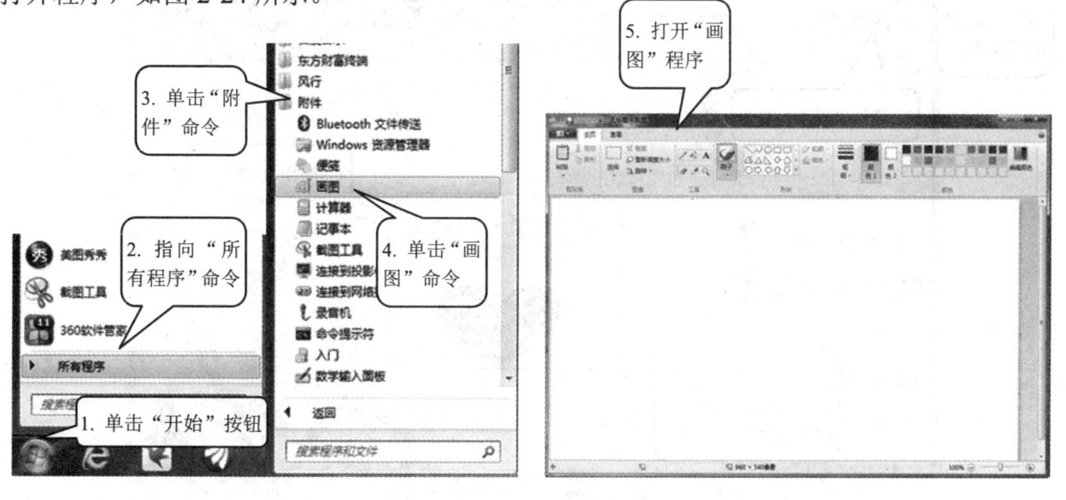

图 2-24　打开“画图”程序

【任务操作】

1. “写字板”工具的使用

“写字板”是一种简单的文本编辑工具，使用方法如图 2-25 所示。

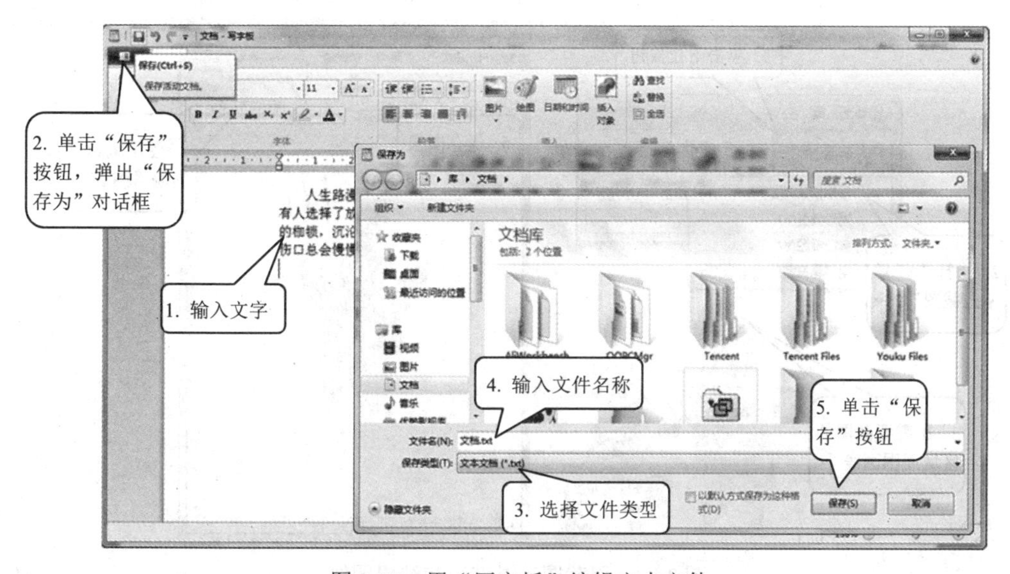

图 2-25　用“写字板”编辑文本文件

2. “画图”工具的使用

使用“画图”工具可以像在画板上画画一样创建图画，或者在现有图片上创建绘图。“画图”工具提供了各种画图工具、形状工具和颜色工具，可以任意创建绘图，并且可以裁剪、放置、调整大小等。用画图工具修改现有图片的方法如图2-26所示。

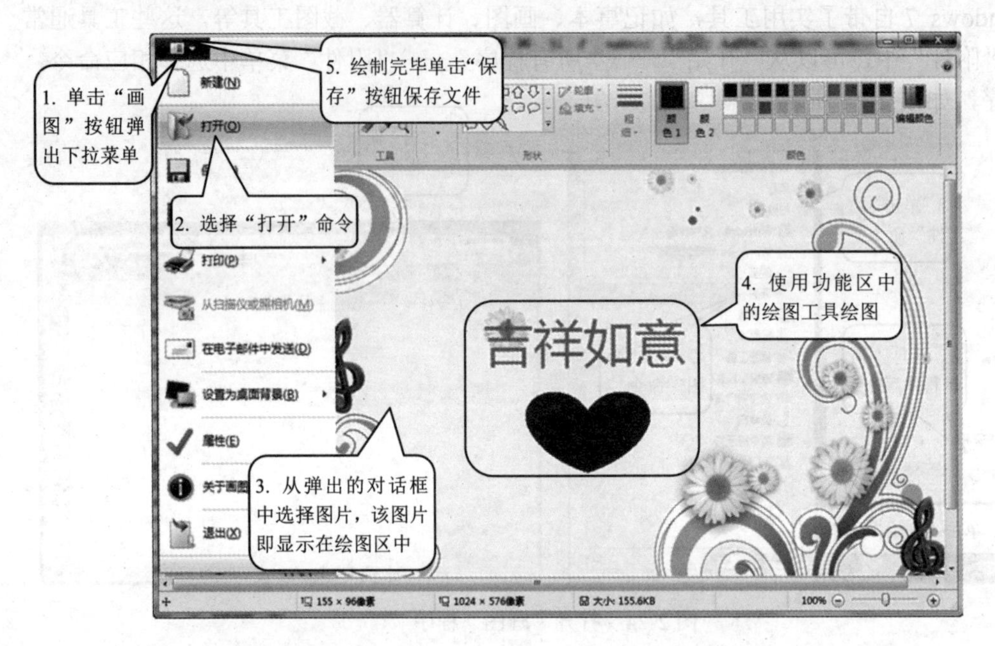

图2-26 用“画图”程序编辑图像文件

3. 截图工具的使用

Windows自带的截图工具具有非常实用的功能，使用它不但可以截取全屏、窗口、矩形区域，还可以截取任意格式的图像区域，如图2-27所示。

图2-27 用截图工具截取和编辑图像

项目 2.4　维护系统与使用常用工具软件

计算机是人们日常使用的智能化工具，如果操作不当、系统参数设置不对、人为干扰（如计算机病毒）以及客观环境干扰（如掉电、电压不稳）等会造成计算机不能正常工作。为了提高计算机使用效率和延长计算机使用寿命，经常对其进行维护是必要的。一般系统维护工作主要包括磁盘维护、防范病毒等。此外，用户在使用计算机时经常会需要用到一些工具软件，如压缩软件等。

通过本项目的学习，您将掌握以下内容：

- 常用工具软件的安装与卸载。
- 磁盘维护工具的使用。
- 杀毒软件的使用。
- 压缩软件的使用。

任务 2.4.1　磁盘维护

【知识准备】

1. 查看磁盘属性

在桌面上双击“计算机”图标，打开“计算机”窗口，右击某一盘符，从弹出的快捷菜单中选择“属性”命令，可打开该磁盘的“属性”对话框，查看该磁盘的属性。

2. 系统维护工具

在磁盘的属性对话框中可以调出系统维护工具，例如，在“常规”选项卡中单击“磁盘清理”按钮可调出“磁盘清理”工具，在“工具”选项卡中单击“开始检查”、“立即进行碎片整理”、“开始备份”按钮可以分别调出“检查碎片”工具、“磁盘碎片整理程序”、“备份和还原”工具等。

【任务操作】

计算机使用一段时间后，会产生一些垃圾文件，这些垃圾文件不但占用磁盘空间和系统资源，还会影响计算机的运行速度，因此计算机在使用一段时间后，就需要定期清理磁盘，具体操作如图 2-28 所示。

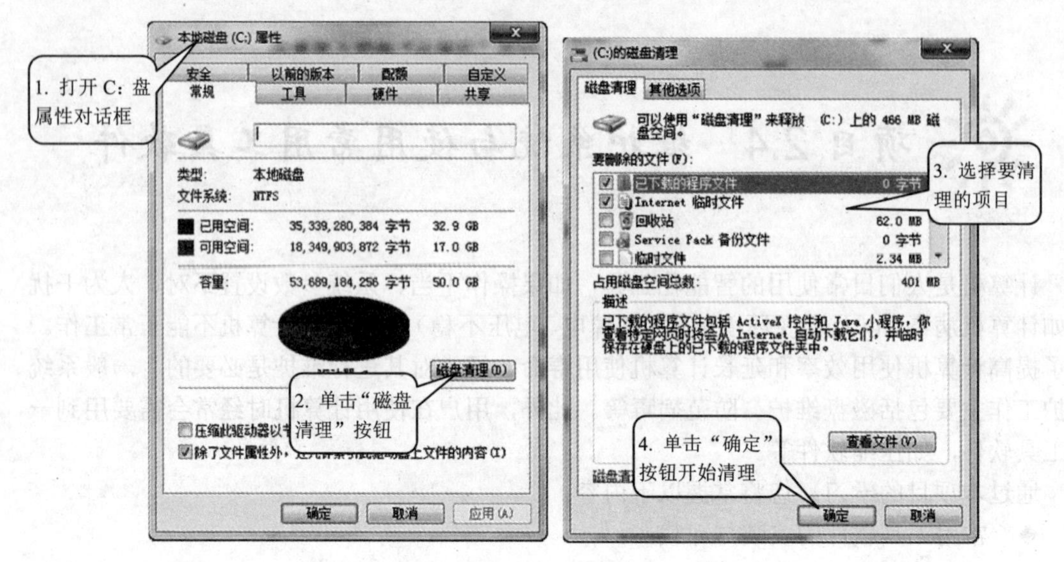

图2-28　清理磁盘

任务2.4.2　使用杀毒软件

【知识准备】

1. 计算机病毒的概念和特征

“计算机病毒”是某些人利用计算机软、硬件所固有的脆弱性，而编制的具有特殊功能的程序。

计算机病毒具有以下特征：

（1）　传染性。只要一台计算机染毒，如不及时处理，那么病毒会在这台机子上迅速扩散，其中的大量文件（一般是可执行文件）会被感染。而被感染的文件又成了新的传染源，再与其他机器进行数据交换或通过网络接触，病毒会继续进行传染。

（2）　非授权性。一般正常的程序是由用户调用，再由系统分配资源，完成用户交给的任务，其目的对用户是可见的、透明的，而病毒具有正常程序的一切特性，它隐藏在正常程序中，当用户调用正常程序时窃取到系统的控制权，先于正常程序执行。病毒的动作、目的对用户来说是未知的，是未经用户允许的。

（3）　隐蔽性。大部分病毒的代码设计得非常短小，一般只有几百或1KB，而计算机对文件的存取速度可达每秒几百KB以上，所以病毒转瞬之间便可将这短短的几百字节附着到正常程序之中，使人非常不易被察觉。

（4）　潜伏性。大部分的病毒感染系统之后一般不会马上发作，它可长期隐藏在系统中，只在满足其特定条件时才启动其表现（破坏）模块。

（5）　破坏性。任何病毒只要侵入系统，都会对系统及应用程序产生程度不同的影响，轻者会降低计算机工作效率，占用系统资源，重者可导致系统崩溃。

（6）不可预见性。不同种类的病毒代码千差万别，但有些操作是共有的（如驻内存，改中断）。有些人利用病毒的这种共性，制作了声称可查所有病毒的程序。这种程序的确可查出一些新病毒，但由于目前的软件种类极其丰富，且某些正常程序也使用了类似病毒的操作甚至借鉴了某些病毒的技术，使用这种方法对病毒进行检测势必会造成较多的误报情况。而且病毒的制作技术也在不断的提高，病毒对反病毒软件永远是超前的。

2. 中毒的症状

计算机病毒发作时，通常会出现以下几种情况：

（1） 计算机运行比平常迟钝。

（2） 不寻常的信息出现。

（3） 硬盘的指示灯无缘无故地亮了。

（4） 系统内存容量忽然大量减少。

（5） 磁盘可利用的空间突然减少。

（6） 可执行程序的大小改变。

（7） 坏轨增加。

（8） 程序同时存取多部磁盘。

3. 病毒的查杀与预防

一般情况下，建议遵循以下原则，以便防患于未然。

（1） 建立正确的防毒观念，学习有关病毒与反病毒的知识。

（2） 不随便下载网上的软件。尤其是不要下载那些来自无名网站上的免费软件，因为这些软件无法保证没有被病毒感染。不要使用盗版软件。

（3） 不要随便使用别人的U盘或光盘。尽量做到专机专盘专用。

（4） 使用反病毒软件。及时升级反病毒软件的病毒库，开启病毒实时监控。

（5） 注意计算机有没有异常症状，发现可疑情况及时求助以获取帮助。

（6） 使用新设备和新软件之前要检查。

（7） 有规律地制作备份。要养成备份重要文件的习惯。

（8） 制作应急盘/急救盘/恢复盘。按照反病毒软件的要求制作应急盘/急救盘/恢复盘，以便恢复系统使用。

（9） 重建硬盘分区，减少损失。若硬盘资料已经遭到破坏，不必着急格式化，因病毒不可能在短时间内将全部硬盘资料破坏，故可利用“灾后重建”程序加以分析并重建。

【任务操作】

1. 下载360安全卫士和360杀毒软件

百度搜索“360”，下载360安全卫士和360杀毒软件到本地计算机并安装，如图2-29所示。

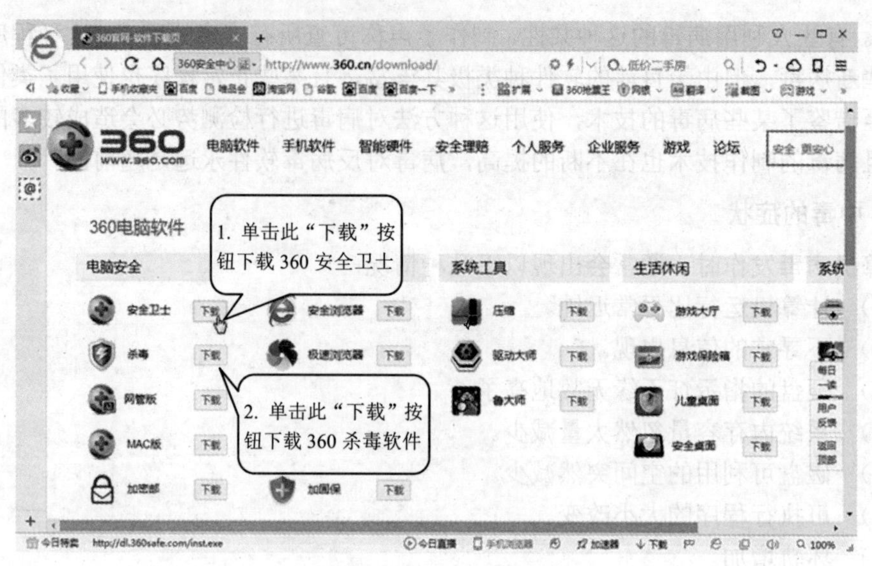

图2-29　下载360安全软件

2. 用360安全软件维护计算机

（1） 运行360安全卫士进行安全体检和垃圾清理，如图2-30所示。

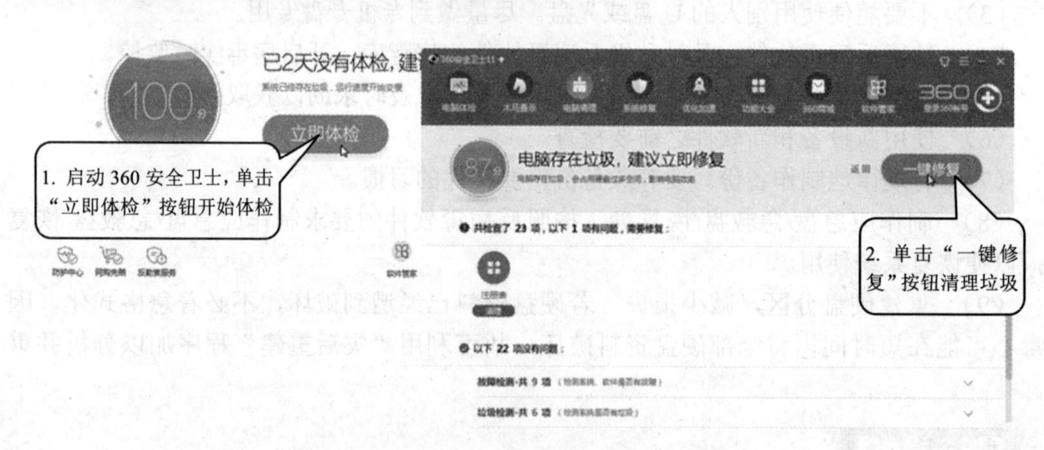

图2-30　用360安全卫士进行安全体检清理垃圾

（2） 运行360杀毒进行计算机病毒检测与查杀，如图2-31所示。

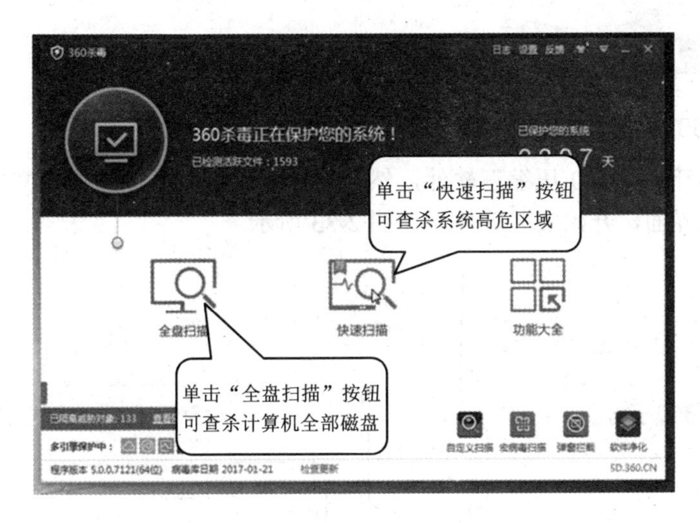

图 2-31　360 杀毒界面

任务 2.4.3　安装和使用压缩软件

【知识准备】

1.　软件的安装

软件的来源可以是光盘或者网络，从光盘安装软件时需要使用光驱读盘，而从网络下载的软件则直接保存到计算机中。

软件的安装程序一般命名为 Setup.exe 或者 Install.exe，双击安装程序，然后根据向导提示进行操作，即可完成软件的安装。

2.　软件的卸载

程序的卸载可以在“控制面板”的“程序和功能”页中进行操作，如图 2-32 所示。

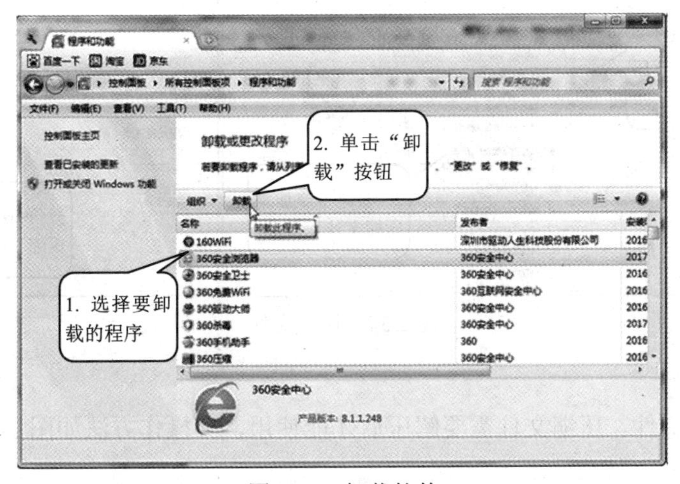

图 2-32　卸载软件

【任务操作】

1. 安装360压缩软件

从360官网下载“360压缩”软件，然后打开保存下载文件位置的文件夹，双击安装程序，打开安装界面，开始安装软件，如图2-33所示。

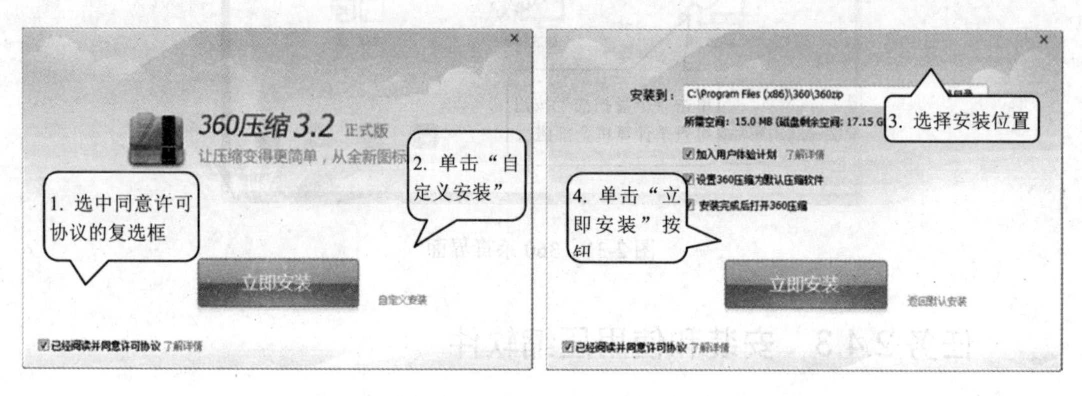

图2-33　安装360压缩软件

2. 用360压缩软件压缩文件

（1） 压缩文件。压缩文件可以减少文件的大小，其操作方法如图2-34所示。

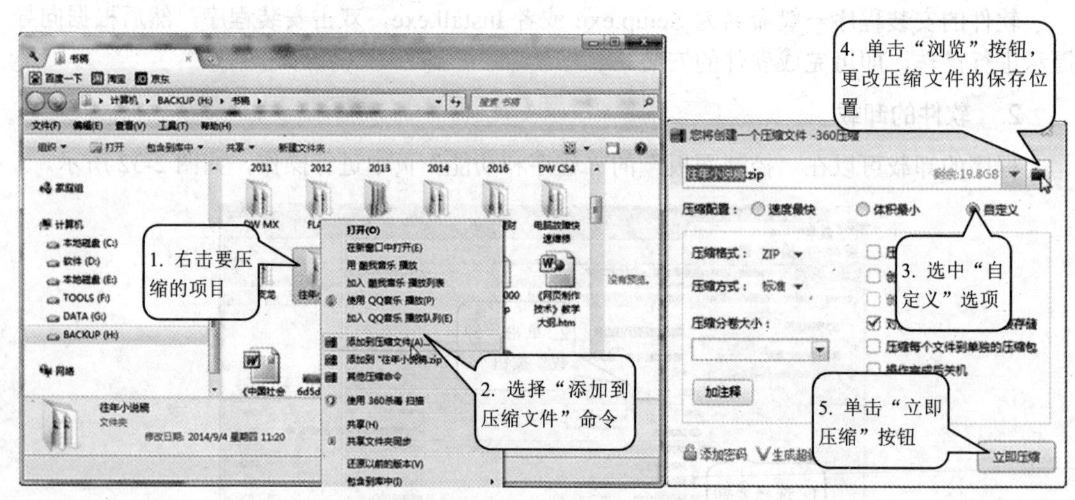

图2-34　压缩文件

（2） 解压文件。压缩文件需要解压后才能使用，其操作方法如图2-35所示。

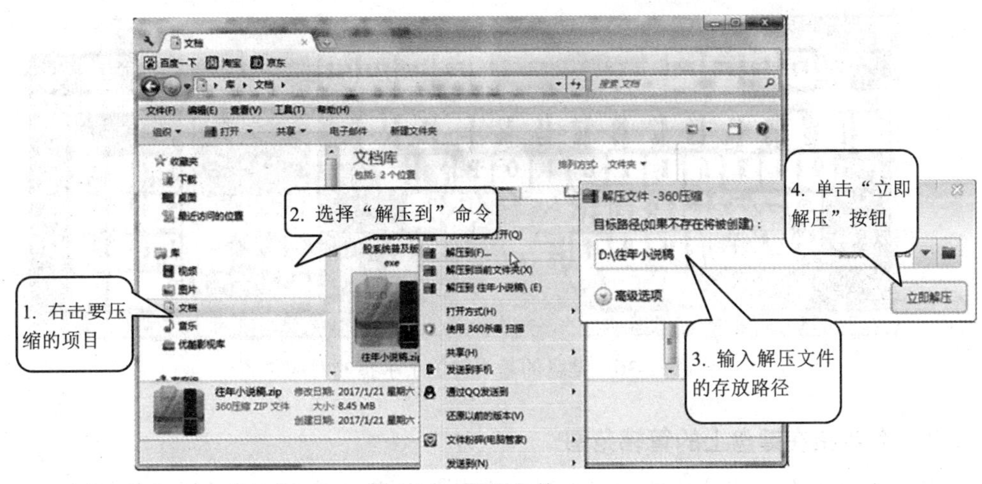

图 2-35　解压文件

【拓展任务】

卸载不常用的应用程序。

提示：在 Windows 系统中安装的应用程序等组件，如果不再使用，需要删除，不能直接删除其中的快捷图标或文件或文件夹，应该使用该应用程序的“卸载”或通过控制面板中的“添加或删除程序”进行删除操作。

项目 2.5　键盘操作与中文输入

键盘是输入字符的主要工具，键盘的使用有一定的规则，用户需要掌握正确的指法才能实现快速输入的目的。

通过本项目的学习，您将掌握以下内容：

- 掌握正确的键盘指法及击键姿势。
- 熟悉和掌握键盘操作，实现全键盘盲打操作。
- 掌握一两种常见的中文输入法。

任务 2.5.1　键盘操作

【知识准备】

1.　键盘的基本键位

键盘上的“A、S、D、F、J、K、L、;”8 个键称为基本键，在打字时要两手自然放松，手指轻放于 8 个基本键位上，如图 2-36 所示。

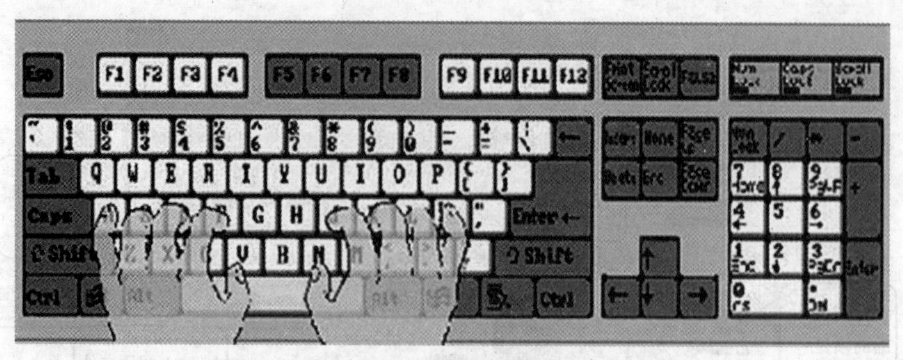

图 2-36　键盘的基本键位于手指的对应位置

2. 各手指在键盘上的管辖范围

每个手指都有其管辖的按键范围，打字时各手指轻击其管辖范围内的按键，完成输入后迅速将手指移回基准键位。各手指在键盘上的管辖范围如图 2-37 所示。

图 2-37　各手指在键盘上的的管辖范围

【任务操作】

1. 输入标点符号和大写字母

打开“写字板”，执行以下操作：

（1）按住 Shift 键，同时按 键，即可完成“！”符号的输入。

（2）按住 Shift 键，同时按 键，即可输入大写字母 A。

2. 使用“超级打字通”进行指法训练

上网搜索并下载“超级打字通”指法训练软件，然后在“超级打字通”中执行以下操作：

（1）将左手大拇指放到空格键上，其余四指分别放在“F”、“D”、“S”、“A”四个键上，将右手大拇指放到空格键上，其余四指分别放在“J”、“K”、“L”、“；”四个键上，依次输入“A”、“S”、“D”、“F”、“G”、空格、“H”、“J”、“K”、“L”、“；”、空格。

（2）移动左手，输入“Q”、“W”、“E”、“R”、“T”，输入完毕后迅速将左手回归原位。

（3）移动右手，输入“Y”、“U”、“I”、“O”、“P”，输入完毕后迅速将右手回归原位。

（4）移动左手，输入“B”、“V”、“C”、“X”、“Z”，输入完毕后迅速将左手回归原位。

（5）移动右手，输入“N”、“M”、“，”、“.”、“/”，输入完毕后迅速将右手回归原位。

【拓展任务】

用“全能打字教室”软件进行盲打指法练习。

练习种类	难易程度	时间	速度 （要求：正确率为 100%）	对自己练习的评价 （非常满意、可以、还需要努力）
基准键练习	很容易	10 分钟		
EI 键练习	容易	10 分钟		
GH 键练习	容易	10 分钟		
RTUY 键练习	容易	10 分钟		
WQOP 键练习	容易	10 分钟		
VBMN 键练习	容易	10 分钟		
CXZ?键练习	难	10 分钟		
数字键练习	难	10 分钟		
小写字母键练习	容易	10 分钟		
大小写综合练习	难	10 分钟		
全键盘练习	很难	10 分钟		

任务 2.5.2　选择汉字输入法

【知识准备】

1. 添加和删除输入法

右击语言栏，在弹出的快捷菜单中单击“设置”按钮，打开“文本服务和输入语言”对话框，即可添加或删除输入法，如图 2-38 所示。

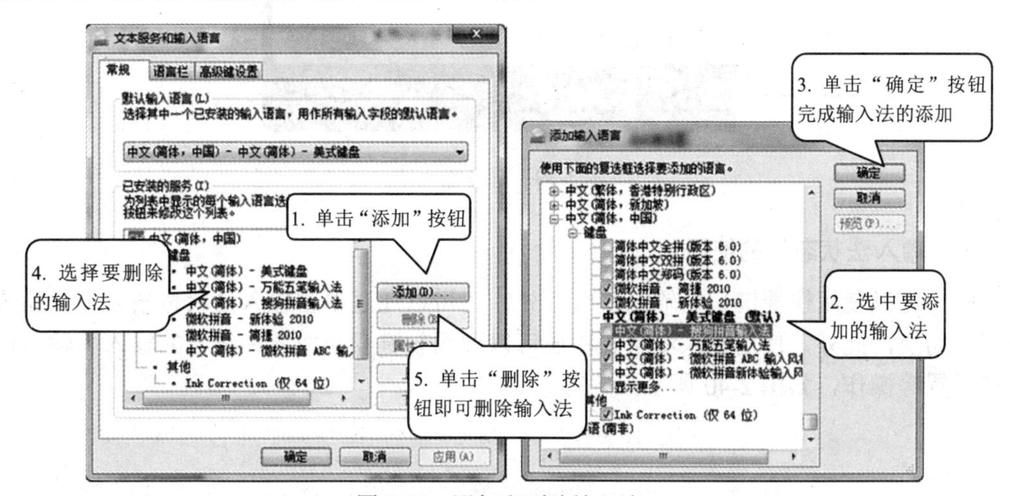

图 2-38　添加和删除输入法

2. 输入法的快捷键

使用键盘快捷键可以快速切换输入法或输入法状态，表2-3列出了常用的输入法快捷键及其相应功能。

表2-3 常用的输入法快捷键及其功能

快捷键	功能
Ctrl+Shift	切换输入法
Ctrl+空格键	中英文输入法之间切换
Shift+空格键	半角、全角之间切换
Ctrl+“.”	中英文标点之间切换

【任务操作】

1. 调用输入法

在使用输入法输入字符之前，需要先将要使用的输入法调出来，如图2-39所示。

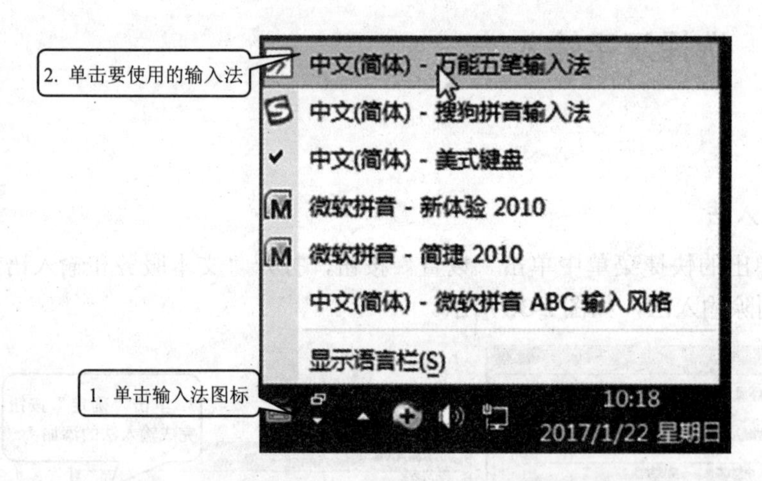

图2-39 选择输入法

2. 输入法状态栏的使用

除了可以使用快捷键切换输入法状态外，还可以通过单击输入法状态条上的按钮来完成状态切换，此外，使用输入法状态栏还可以调用软键盘完成各种符号的输入、输入法的功能设置等操作，如图2-40所示。

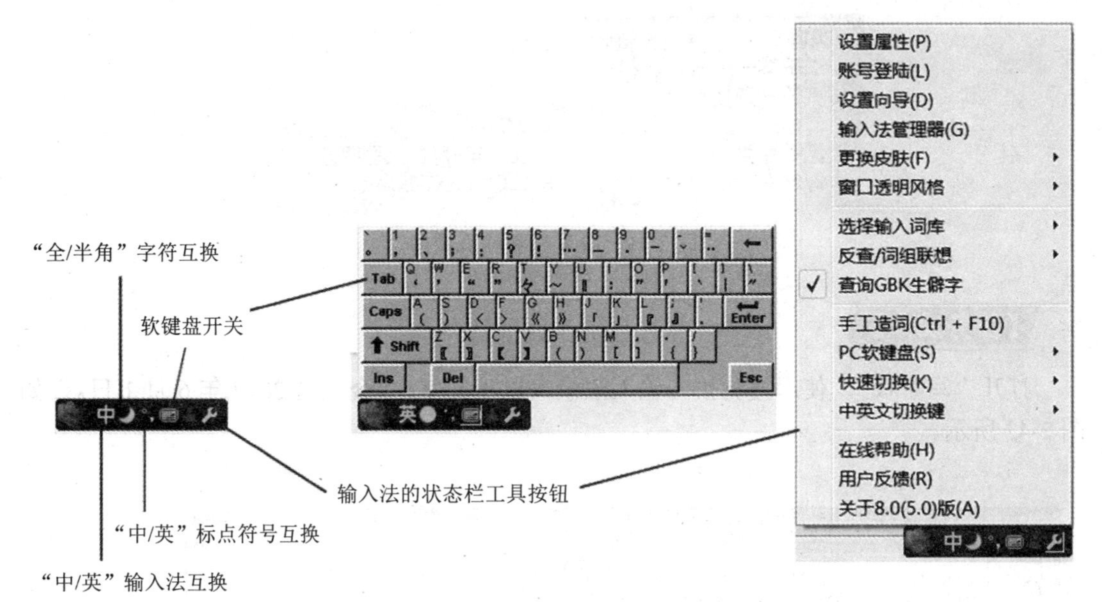

图 2-40　输入法状态栏的使用

任务 2.5.3　汉字的输入

【知识准备】

1. 汉字输入法

常用的汉字输入法有音码输入、形码输入、音形码输入 3 种类型，音码采用汉语拼音作为编码方式，简单易学，如搜狗拼音输入法、智能 ABC 输入法等；形码是依据汉字字型来进行编码的，如五笔字型输入法；音形码则是以拼音加汉字笔画或偏旁来进行编码，如万能五笔输入法。

2. 搜狗拼音输入法的使用技巧

（1） 简拼输入。只需输入词语的首字母的简拼方式，如输入"万水千山总是情"，只需输入 wsqszsq。

（2） 通过简写快速输入时间、日期和星期。输入 rq（日期的首字母），输出当前系统日期；输入 sj（时间的首字母），输出当前系统时间；输入 xq（星期的首字母），输出当前系统星期。

（3） 利用 U 模笔画输入不会读的字，输入后可以看到拼音。其操作方式是 U+数字 12345，或者 U+横竖撇捺折 hspnz，可以快速输入不会读的字。

（4） 用字母 v 开头便捷输入各种形式的数字，如图 2-41 所示。

（5） 拆分输入，化繁为简。如：输入"daidai"，输入法会给出"槑"字。

（6） 利用拆字辅助码，快速定位到一个单字。例如：输入"娴"字时，输入"xian"，但是这"娴"字非常靠后，不容易找到，此时可按下"Tab"键，输入"娴"字的两部分"女""闲"的首字母"nx"，就可以看到"娴"字。

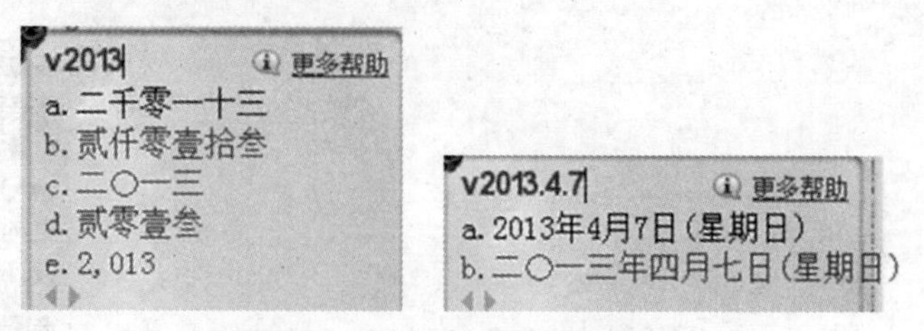

图 2-41　用 V 开头输入数字

【任务操作】

打开“写字板”，使用搜狗拼音输入法录入以下文字：“今天是 2017 年 6 月 1 日。”如图 2-42 所示。

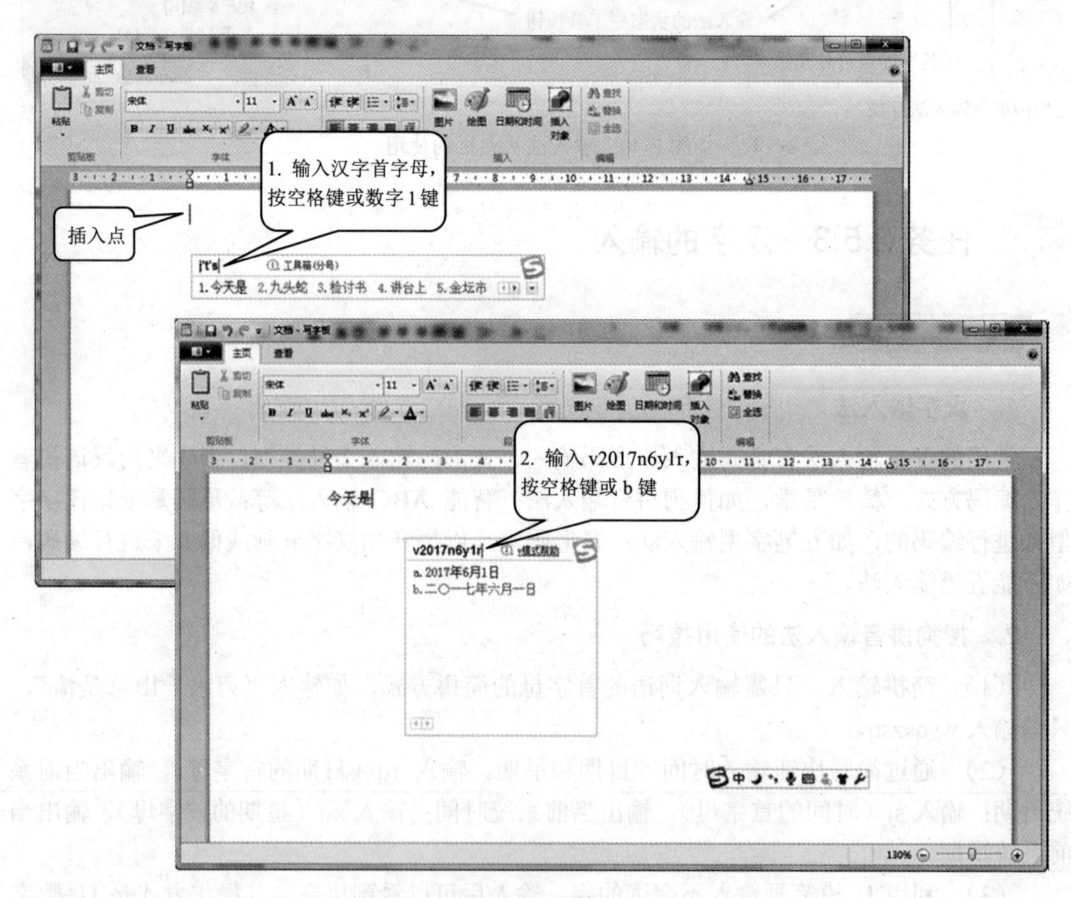

图 2-42　用搜狗拼音输入法输入中文

【拓展任务】

1.　根据家庭各成员类别不同，电脑需要安装哪些输入法？

类 别	能 力	输入法
儿童	只会拼音	
成年人	会拼音、五笔	
老人	不会拼音、五笔	

2. 利用网络下载安装一款适合自己的输入法，并使用。
3. 尝试练习汉字录入，师生在班级 Q 群里聊天。

思考与练习

1. 选择题

（1） 在窗口中关于当前窗口的有关信息显示在________中。

A. 标题栏 B. 导航窗格 C. 状态栏 D. 地址栏

（2） 要在多个窗口中进行切换，应按________键。

A. Alt+Tab B. Ctrl+Alt+Tab C. Alt+F4 D. Ctrl+Alt+F4

（3） 要选中某个对象时，通常使用鼠标的 ________操作。

A. 单击 B. 双击 C. 右击 D. 拖动

（4） 可执行文件的扩展名为________。

A. COM B. EXE C. BAK D. BAT

（5） 在 Windows 7 的“资源管理器”窗口右部，若已单击了第一个文件，再按住 Ctrl 键，并单击了第 5 个文件，则________。

A. 有 0 个文件被选中 B. 有 5 个文件被选中

C. 有 1 个文件被选中 D. 有 2 个文件被选中

（6） 在 Windows 7 中，能直接进行中/英文转换的操作是________。

A. Shift + Space B. Ctrl + Space

C. Ctrl + Alt D. Ctrl + Shift

（7） 按下________组合键，可以迅速锁定计算机。

A. Ctrl + M B. Win +M

C. Ctrl + L D. Win +L

（8） 在 Windows 7 环境下，文档文件都与某个应用程序关联。类型名.txt 的关联应用程序名是________。

A. 画图 B. 写字板

C. Word D. 记事本

（9） 将鼠标光标指向窗口最上方的“标题栏”，然后“拖放”，则可以________。

A. 变动窗口上缘，从而改变窗口大小　B. 移动该窗口
C. 放大窗口　D. 缩小该窗口

（10）在Word下打开“Wan1.DOC”文档，经过修改，想将编辑后的文档以“Wan2.DOC”为名存盘，应当执行“文件”菜单中的________命令。
A. 保存　B. 另存为
C. 另存为Web页　D. 发送

（11） 下列操作中能在各种输入法之间切换的是________。
A. Ctrl+Shift组合键　B. Ctrl+空格键
C.Alt+F功能键　D.Shift+空格键

（12） Windows 7的菜单项前带有“√”标记的表示________。
A. 选择该项将打开一个下拉菜单　B. 选择该项将打开一个对话框
C. 该项是复选项且被选中　D. 该项是单选项且被选中

（13） 在Windows 7中，用于定制工作环境的应用程序是________。
A. 计算机　B. 资源管理器
C. 控制面板　D. 任务管理器

（14） 计算机病毒具有________。
A. 传播性、潜伏性、破坏性　B. 传播性、破坏性、易读性
C. 潜伏性、破坏性、易读性　D. 传播性、潜伏性、安全性

（15） 万能五笔输入法的编码方式属于________。
A. 音码　B. 音形码
C. 形码　D. 简码

2. 填空题

（1） 在Windows 7中，文件或文件夹的管理可在“计算机”或__________中进行。

（2） 如果软件没有自带卸载程序，可以使用系统的__________对软件进行卸载。

（3） 文件名一般由__________和__________两部分组成，这两部分用一个小圆点隔开。__________代表文件的类型。

（4） 在Windows 7中，使用________可以方便地组织和访问文件，而不用管它实际保存在什么位置。

（5） 使用磁盘清理程序可以______________，提高________。

（6） 在Windows 7中选取某一菜单后，若菜单项后面带有省略号（…），表示单击该项（或执行该命令）后将打开一个________。

（7） 在Windows 7中，有多个打开的窗口时，只有一个是________。

（8） 当某个窗口占满整个桌面时，双击窗口的标题栏，可以使窗口__________。

（9） 用“记事本”所创建文件的默认扩展名为________。

（10） 在Windows 7中，当用鼠标左键在不同驱动器之间拖动对象时，系统默认的操作是__________。

3. 判断题

（1）Windows操作系统是一种多用户操作系统。（　）

（2） 在 Windows 操作系统下可以同时运行多个应用程序，所有启动的程序图标都会显示在任务栏中，可以通过点击相应图标来切换已启动的程序。（ ）

（3） 在 Windows 7 中可以通过“关机”按钮来重新启动计算机。（ ）

（4） 程序窗口是 Windows 7 管理应用程序时所用的一种特殊窗口，用于显示程序的主要信息。（ ）

（5） Windows 7 将文件夹窗口和 Internet Explorer（IE）浏览器窗口格式统一起来，通过浏览器可以浏览本机的文件夹信息，从文件夹窗口也可以直接浏览网页。（ ）

（6） 对话框的大小一般是固定的，文件夹窗口则可以调整大小。（ ）

（7） 文件的名称由＜主文件名＞和＜扩展名＞两部分构成，两部分的字符最长不超过 256 个。（ ）

（8） 磁盘的盘符从 A 开始顺序给出，表示为“A:”、“C:”、“F:”等。（ ）

（9） 将常用的文件或文件夹放置到库中可以避免每次使用时都需要寻找路径。（ ）

（10） 选中文件或文件夹，按 Del 键即可将其从计算机中删除。（ ）

4. 简答题

（1） 如果某个应用程序或文件夹经常用到，应该怎么设置？

（2） 如何将“画图”工具锁定在任务栏中？

（3） 如何添加/删除输入法？

（4） 什么是库？如何创建与使用库？

（5） 什么是快捷方式？使用快捷方式有什么好处？

（6） 搜索文件和文件夹的含义是什么？如何限定搜索条件？

模块 3

文字处理软件 Word 的应用

Word 2010 是 Microsoft Office 2010 办公组件之一，由 Microsoft 公司推出，是一款优秀文字处理软件。Word 2010 功能强大，简单易用，主要应用于日常办公和文字处理。

项目 3.1 Word 入门

在学习 Word 2010 的使用方法之前，我们需要先了解一些 Word 2010 的基础知识，如 Word 程序的工作界面，Word 文档的打开、新建、编辑、保存等操作方法。

通过本项目的学习，您将掌握以下内容：

◆ 新建和打开 Word 文档的方法。

◆ Word 文档的编辑与保存。

◆ Word 文档的关闭与退出程序。

任务 Word 2010 窗口组成及文件编辑操作

【知识准备】

1. 启动 Word 2010

常用方法有以下 3 种：

（1） 从“开始”菜单启动。如图 3-1 所示。

（2） 通过桌面快捷方式启动。双击桌面上的 Word 2010 快捷方式图标。

（3） 直接打开 Word 文档。双击资源管理器或文件夹中的 Word 文档图标。

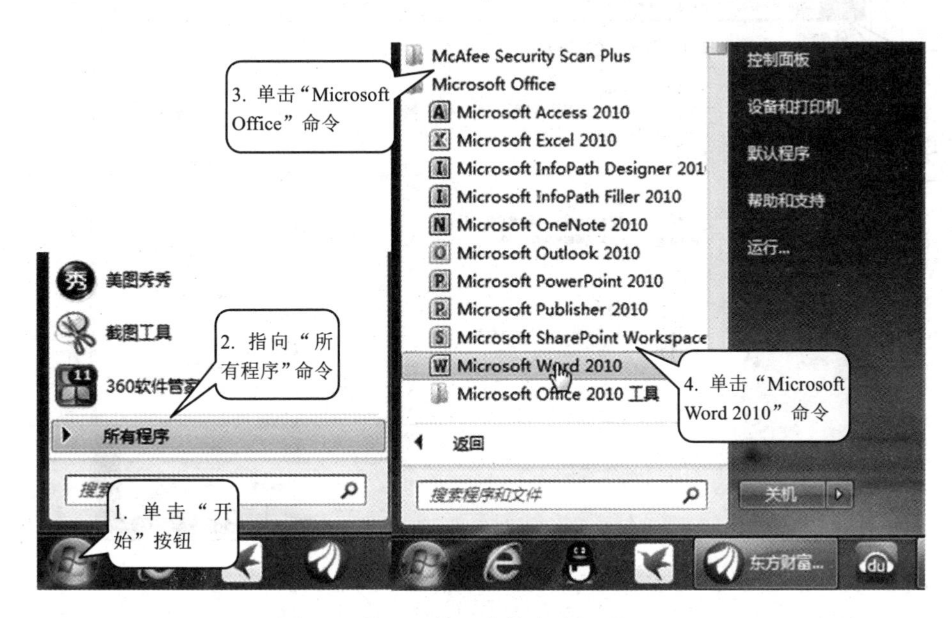

图 3-1　从“开始”菜单启动 Word 2010

2. Word 2010 的窗口组成

启动 Word 2010 后，将打开 Word 2010 的窗口，其操作界面如图 3-2 所示。

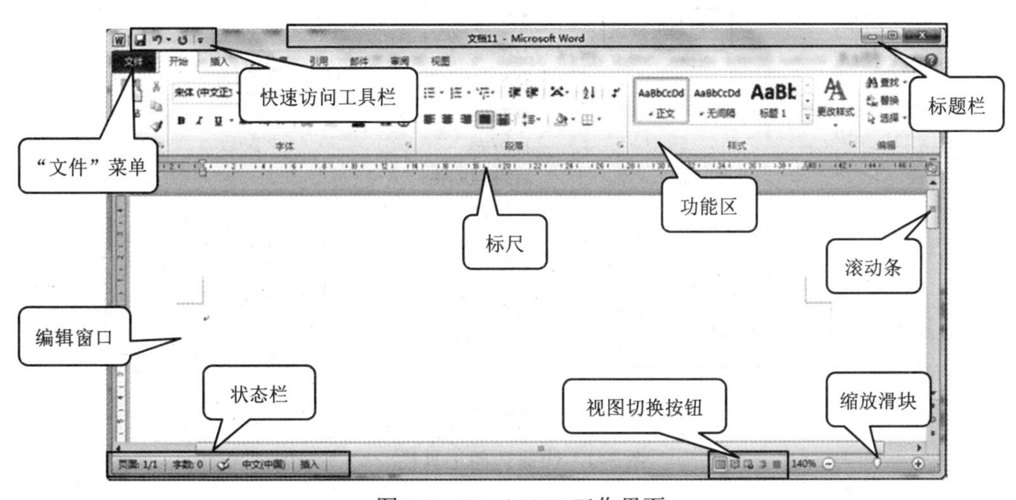

图 3-2　Word 2010 工作界面

（1）　标题栏：显示正在编辑的文档的文件名以及所使用的软件名。

（2）　“文件”选项卡：包含 Office 的基本操作命令，如图 3-3 所示。

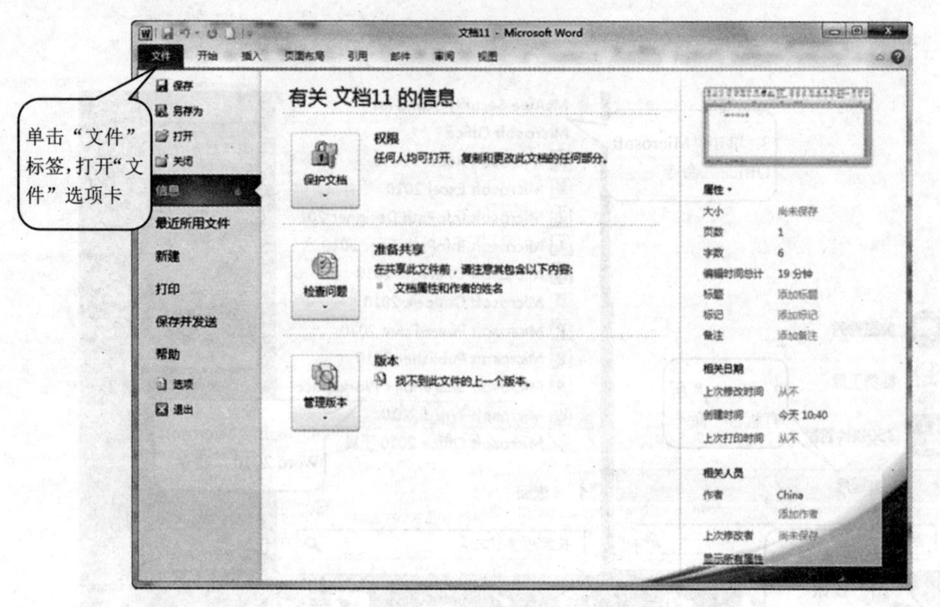

图 3-3　Word 2010 工作界面

（3） 快速访问工具栏：包含 Office 的常用工具，也可以添加个人常用命令，如图 3-4 所示。

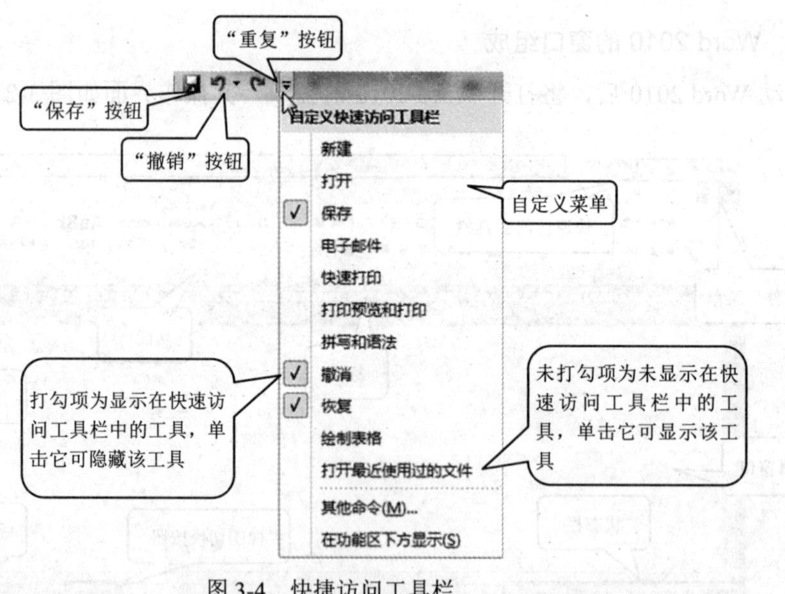

图 3-4　快捷访问工具栏

（4） 功能区：集合了工作时需要用到的命令，与其他软件中的菜单或工具栏相同。

（5） 编辑窗口：显示正在编辑的文档。

（6） 视图切换按钮：可用于更改正在编辑的文档的显示模式。Word 2010 提供了 5 种版式视图，该按钮组中的每个按钮与某种版式的视图对应，单击对应按钮即可切换到相应的版式视图。Word 中 5 种视图具体操作功能如表 3-1 所示。

表 3-1　视图切换按钮的操作

视　图	视图模式功能
页面视图	该视图可以输入、编辑和排版文档，也可以处理页边距、图文框、分栏、页眉、页脚，Word 绘制的图形等；其显示与最终打印的效果相同，具有所见即所得的效果
阅读版式视图	该视图以图书的分栏样式显示 Word 文档，“文件”选项卡、功能区等窗口元素被隐藏起来。它模拟书本阅读的方式，用户可以单击“工具”按钮选择各种阅读工具，使阅读文档十分方便
Web 版式视图	该视图使正文显示得更大，显示和阅读文章最佳。可看到背景和为适应窗口而换行显示的文本，且图形位置与在 Web 浏览器中的位置一致
大纲视图	该视图可显示文档结构，并可通过拖动标题来移动、复制或重新组织正文。也可以“折叠”文档的标题或子标题或通过工具栏上的“升级”或“降级”按钮可以升降标题级别
草稿视图	该视图仅显示文本和段落格式，而不能分栏显示、首字下沉，页眉、页脚、脚注、页号、边距，以及用 Word 绘制的图形等不可见

（7）　滚动条：可用于更改正在编辑的文档的显示位置。

（8）　缩放滑块：可用于更改正在编辑的文档的显示比例设置。

（9）　状态栏：显示正在编辑的文档的相关信息，如当前光标所在的页号、当前页/总页数、位置、行号和列号。

（10）　标尺：用来设置段落缩进格式。

3.　新建空白文档

启动 Word 2010 后，系统会自动创建一个空白文档，也可以通过以下 3 种方法之一新建一个空白文档：

（1）　通过“文件”菜单新建一个空白文档，如图 3-5 所示。

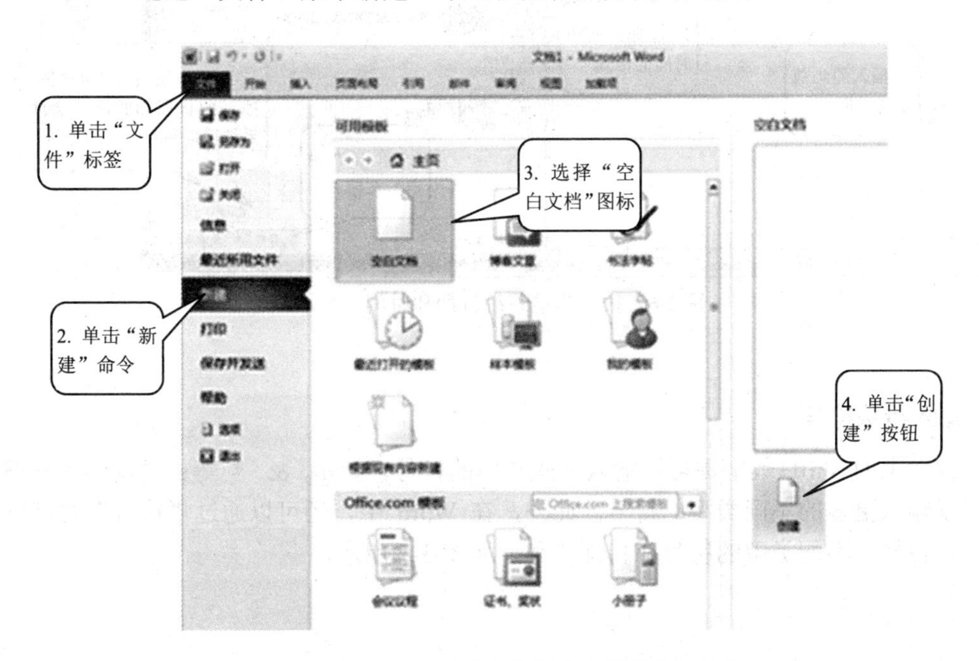

图 3-5　通过“文件”菜单新建空白文档

（2） 按下 Ctrl+N 组合键。

4. 输入文本

（1） 录入文档内容时，从插入点开始。

（2） 需要换段时，按下 Enter 键。如果只换行不换段，则按下 Shift + Enter 组合键。

（3） 如需重复操作（如重复录入某字），可单击快速访问工具栏上的“重复”按钮，或按 F4 键。

（4） 中文标点符号必须在中文标点符号的状态下输入；英文标点符号必须在英文标点符号的状态下输入，可通过中英文标点符号切换按钮来实现切换。

（5） 在录入过程中如出现错误，可通过单击“撤销”按钮撤销输入，或按退格键删除光标前面的字符，按下 Delete 键删除光标后的字符。

5. 插入日期和时间

在 Word 中输入日期和时间时，可以利用 Word 的自动插入功能来插入当前的系统日期和时间，自动插入的日期和时间可随系统日期和时间自动更新。自动插入当前系统日期和时间的操作方法如图 3-6 所示。

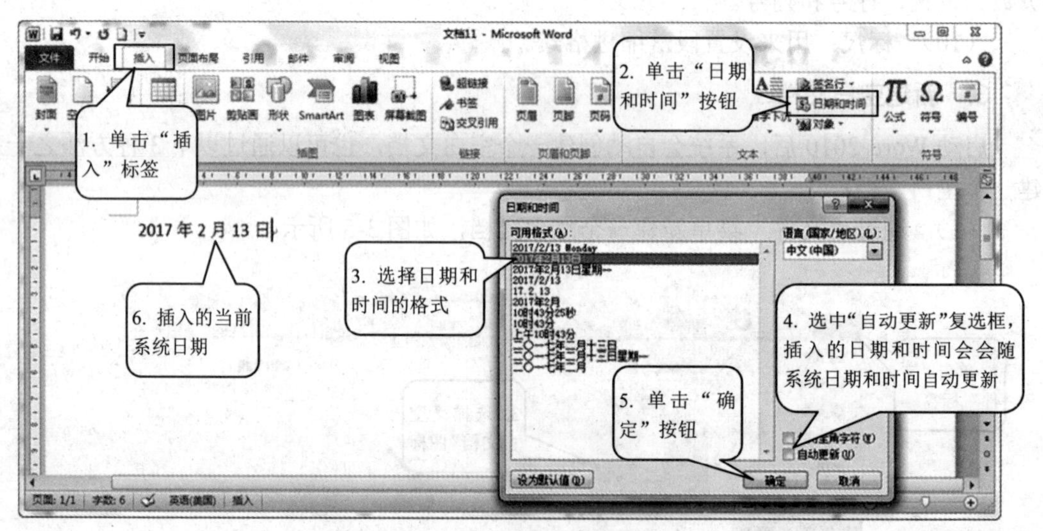

图 3-6 插入当前系统日期和时间

6. 输入特殊符号

使用键盘上的 Shift+数字键可以输入一些常用的符号，如@、&、* 等；通过切换软键盘，则可以输入更多的不同类型的符号。此外，在 Word 中，还可以通过“符号”对话框来插入各种各样、不同类型的符号和特殊符号，如图 3-7 所示。

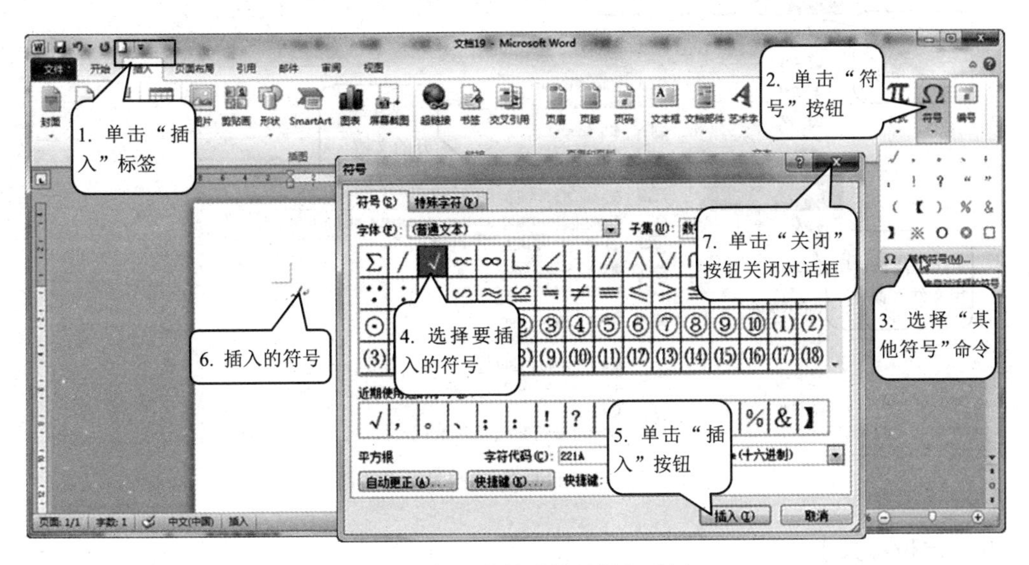

图 3-7　插入当前系统日期和时间

7.　保存文档的 3 种方法

（1）　单击快速访问工具栏上的“保存”按钮。

（2）　选择“文件”——“保存”命令。

（3）　选择“文件”——“另存为”命令，保存文档的备份。

当选择“文件”——“另存为”命令，或者第一次保存文档时，会弹出一个“另存为”对话框，用于指定文档名称和保存路径，如图 3-8 所示。

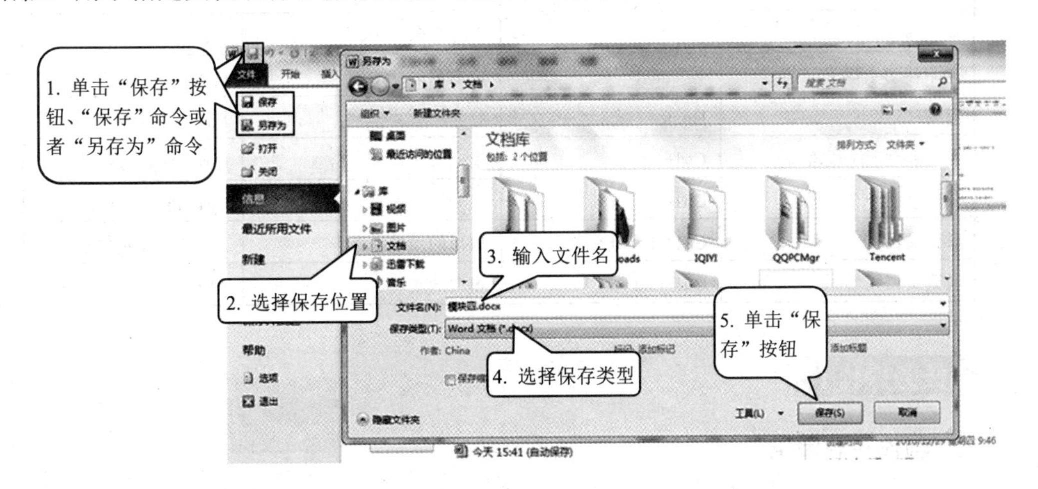

图 3-8　保存文档

8.　快速打开最近用过的 Word 文档

选择“文件”——“最近所用的文档”命令，然后选择要打开的文档，如图 3-9 所示。

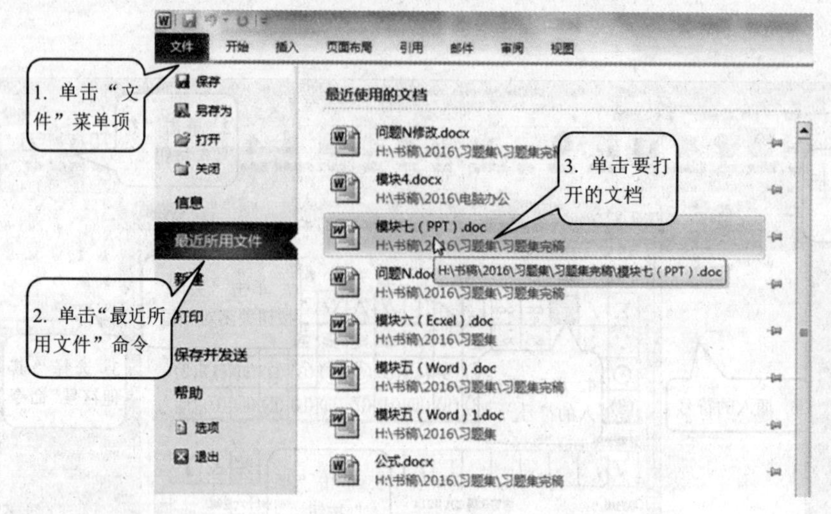

图 3-9　打开最近用过的 Word 文档

9. 定位插入点

插入点用于指示当前插入字符、图片等对象的位置，它的形态是一个闪烁的 I 形光标。用鼠标单击要插入内容的位置即可快速定位插入点，此外，也可以使用键盘快捷键来改变插入点的位置。如表 3-2 所示，列出了使用键盘改变插入点位置的方法。

表 3-2　使用键盘移动插入点的方法

移 动 范 围	键 盘 操 作	移 动 范 围	键 盘 操 作
向左移动一个字符	←	上一页	Page Up
向右移动一个字符	→	下一页	Page Down
向上移动一行	↑	向左移动一个词	Ctrl+←
向下移动一行	↓	向右移动一个词	Ctrl+→
行首	Home	行尾	End
向前移动一个段落	Ctrl+↑	上一页的顶部	Ctrl+ Page Up
向后移动一个段落	Ctrl+↓	下一页的顶部	Ctrl+ Page Down
移到文档首	Ctrl+Home	窗口的顶端	Alt+Ctrl+ Page Up
移到文档尾	Ctrl+End	窗口的底端	Alt+Ctrl+ Page Down

【任务操作】

1. 制作一封家书

启动 Word 2010，系统自动创建一个空白文档，输入以下内容：

亲爱的爸爸、妈妈:

你们好!

我已顺利到达学校，并已办好入学手续。学校的环境很好，宿舍很干净，食堂伙食也不错，爸爸妈妈不用担心。

熄灯时间快到了，就不多写了。我不在家的日子里，希望爸爸妈妈保重身体，不要太操劳了，我一定会努力学习，报效祖国，为爸爸妈妈争气。

此致

敬礼

爱你们的女儿：小岚

2017 年 1 月 26 日星期四

操作方法如图 3-10 所示。

图 3-10　输入书信内容

2.　保存书信并退出 Word

将前面制作的家书保存为“信件.docx”文档，保存位置位于“库——文档”文件夹，如图 3-11 所示。

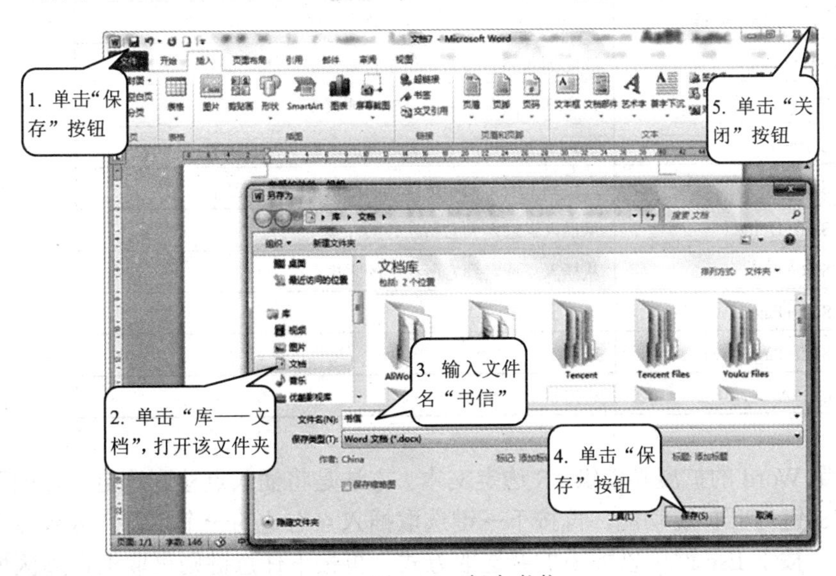

图 3-11　保存书信

项目 3.2 格式化文档

Word 2010 提供了功能强大的格式设置工具，可以非常容易地设置文档中文字的效果、段落的格式等，使整篇文档美观大方，给阅读者以良好的视觉享受。此外，还可以使用样式和格式刷来为字符或段落快速应用已有的格式。

通过本项目的学习，您将掌握以下内容：

◆ 字符和段落的格式设置。

◆ 项目符号和编号的使用。

◆ 特殊版式的设计。

任务 3.2.1 设置字体、段落格式

【知识准备】

1. 选定文本

如果要对文本中某部分进行格式设置，需要先选定这部分文本。选定文本的方法主要有以下 3 种：

（1） 用鼠标选定文本。

➢ 按住 Ctrl 键，将鼠标光标移到所要选的句子中的任意位置处单击选定一个句子。

➢ 拖动鼠标左键直到要选定文本区的最后一个文字并松开选定任意大小的文本区。

（2） 用键盘选定文本。选定文本的键盘快捷键及其相应功能如表 3-3 所示。

表 3-3 选定文本常用的组合键

组合键	功能
Shift+→	选定插入点右边的一个字符或汉字
Shift+←	选定插入点左边的一个字符或汉字
Shift+↑	选定到上一行同一位置之间的所有字符或汉字
Shift+↓	选定到下一行同一位置之间的所有字符或汉字
Shift+Home	从插入点选定到它所在行的开头
Shift+End	从插入点选定到它所在行的末尾
Shift+PageUp	选定上一屏
Shift+PageDown	选定下一屏
Ctrl+A	选定整个文档

（3） 利用 Word 的扩展功能键 F8 选定文本。方法是将插入点移到选定区域的开始处后，先按下 F8 键打开扩展功能，再按下→键选取插入点右边的一个字符，或者按下↓键向下选取一行。按下 Esc 键可以关闭扩展选取方式，再按下任意键则可取消选项区域。

2. 格式设置工具

（1）“开始”选项卡。功能区的“开始”选项卡中的工具用于设置字体格式、段落格式和使用 Word 内置的样式，如图 3-12 所示。

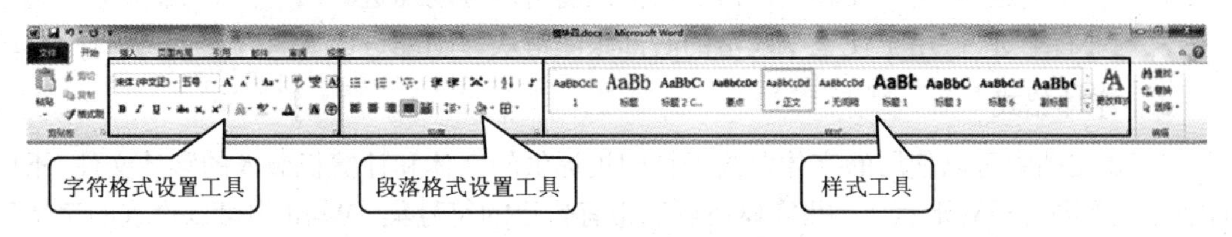

图 3-12　功能区的“开始”选项卡

（2）浮动工具栏。浮动工具栏在选定文本时出现，其中只包含一些最常用的格式设置工具，如图 3-13 所示。

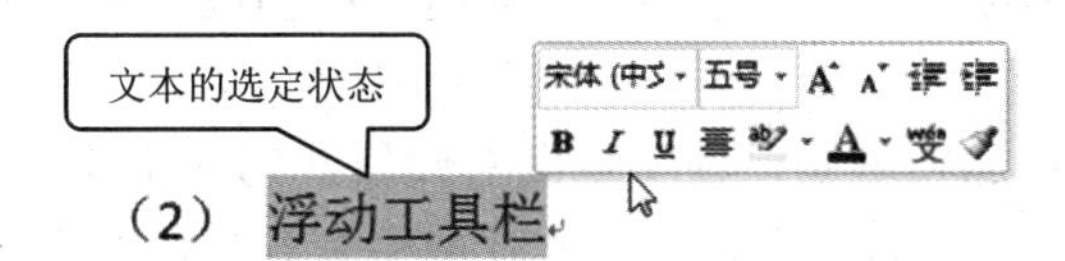

图 3-13　浮动工具栏

（3）格式设置对话框。格式设置对话框包括“字体”对话框和“段落”对话框，可通过单击“开始”选项卡中的“字体”或“段落”组右下角的控件打开，如图 3-14 所示。

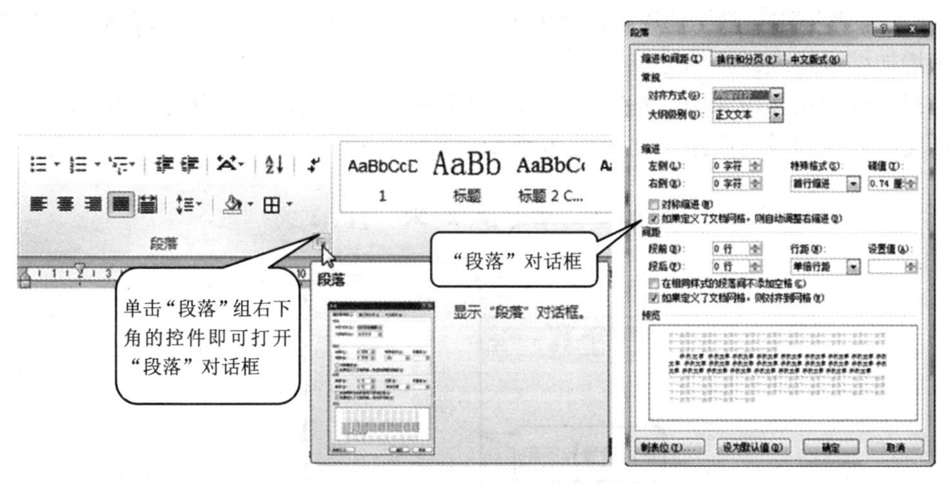

图 3-14　打开“段落”对话框

（4）标尺。使用标尺可以快速灵活地设置段落的缩进，水平标尺上有 4 个缩进滑块，如图 3-15 所示。

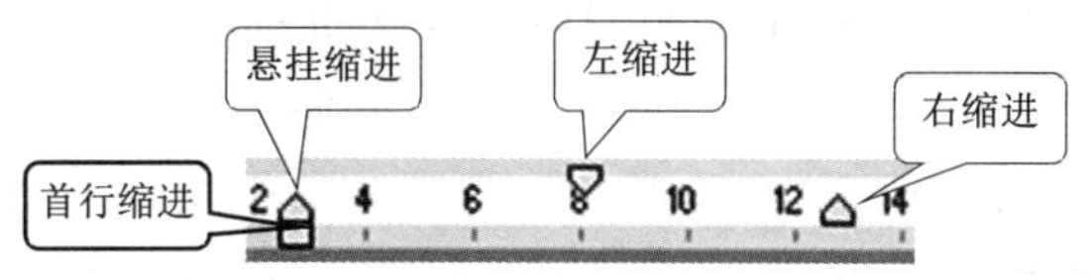

图 3-15　标尺上的缩进滑块

用鼠标拖动滑块时可以根据标尺上的尺寸确定缩进的位置，标尺上各滑块的功能如下。

- “首行缩进”：用于使段落的第一行缩进，其他部分不动。
- “悬挂缩进”：用于使段落除第一行外的各行缩进，第一行不动。
- “左缩进”：用于使整个段落的左部跟随滑块移动缩进。
- “右缩进”：用于使整个段落的右部跟随滑块移动缩进。

3. 字体格式

Word 文档中可以使用的字体取决于打印机提供的字体和计算机装入的字体文件。不同的字体有不同的外观形状，一些字体还可以带有自己的符号集。Word 中可以设置的字体格式主要有以下几种：

（1） 字体。包括中文字体和西文字体，前者只对中文有效，后者只对西文有效。

（2） 字号。即字符的大小。在 Word 中可以利用“号”和“磅”两种单位来度量字体大小，当以“号”为单位时，数值越小，字体越大；当以“磅”为单位时，数值越小，字体也越小。

（3） 字形。包括：加粗笔画，使文本向右倾斜，为文本添加下画线、边框、底纹，横向拉伸或收缩字符，改变文本颜色，使文本变成带有背景色的文本以便突出显示等。

4. 段落格式

Word 中可以设置的段落格式主要有以下几种：

（1） 对齐方式。即段落中文本以文档的哪个边界为基准对齐。

（2） 段落缩进。除了使用标尺之外，也可以使用“开始”选项卡“段落”组中的缩进工具来增加缩进量或减少缩进量。

（3） 行间距和段间距。指文本行与行之间的距离和段落与段落之间的距离，段落间距包括段前间距和段后间距，如图 3-16 所示。

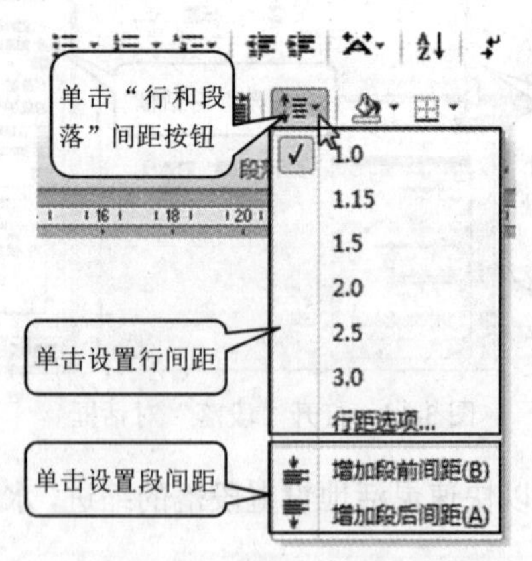

图 3-16　设置行间距和段间距

【任务操作】

1. 设置书信的字体格式

打开“信件.docx”文档，将其中的文字设置为四号字、楷体、深蓝色，如图 3-17 所示。

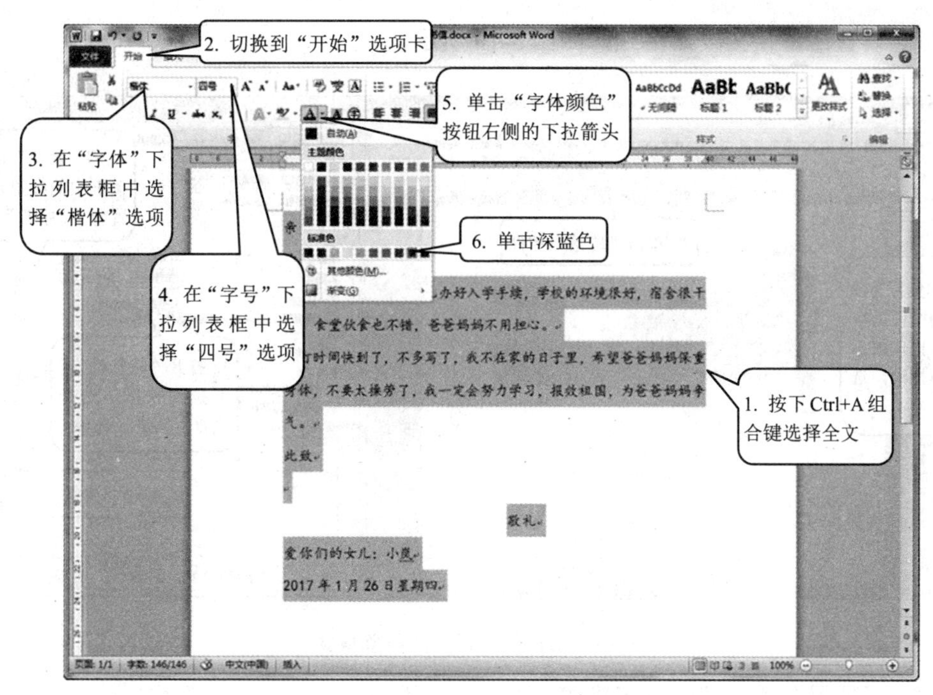

图 3-17　设置信件字体格式

2.　设置书信的段落格式

信件的正规格式为：称呼行顶格靠左对齐，正文首行缩进 2 字符，署名与日期右对齐，如图 3-18 所示。

亲爱的爸爸、妈妈：

　　你们好！

　　我已顺利到达学校，并已办好入学手续，学校的环境很好，宿舍很干净，食堂伙食也不错，爸爸妈妈不用担心。

　　熄灯时间快到了，不多写了，我不在家的日子里，希望爸爸妈妈保重身体，不要太操劳了，我一定会努力学习，报效祖国，为爸爸妈妈争气。

此致

敬礼

爱你们的女儿：小岚

2017 年 1 月 26 日星期四

图 3-18　标准信件格式

（1） 设置信件正文段落格式，如图 3-19 所示。

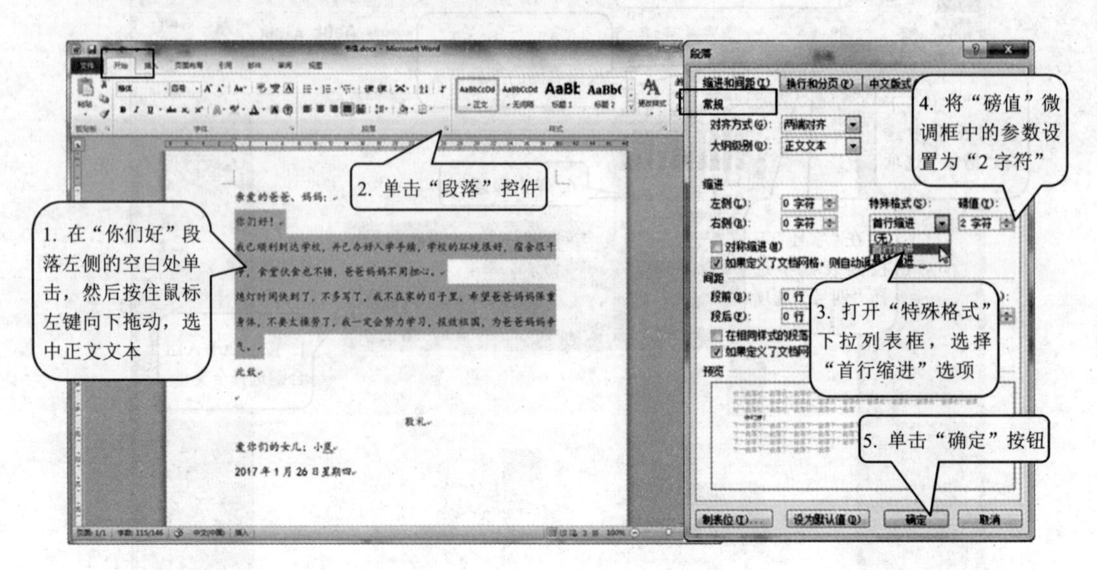

图 3-19 设置信件正文的段落格式

（2） 设置署名和日期的段落格式，如图 3-20 所示。

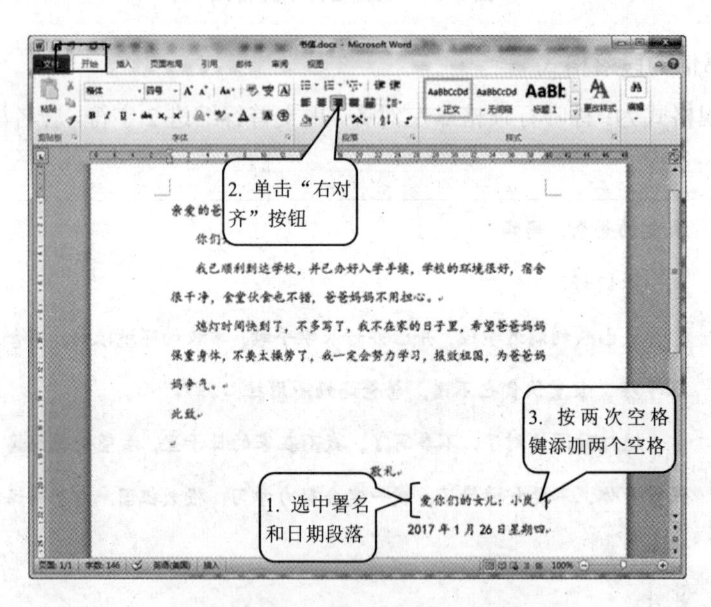

图 3-20 设置署名和日期的段落格式

任务 3.2.2 使用项目符号和编号、特殊版式设计

【知识准备】

1. 自定义项目符号和编号

项目符号用于表示内容的并列关系，编号用于表示内容的顺序关系，合理的应用项目

符号与编号可以使文档更具有条理性。

在 Word 中可以使用“开始”选项卡“段落”组中的“项目符号”、“编号”和“多级列表”按钮来为段落设置项目符号和编号，但是有些时候可能“项目符号”与“列表”下拉菜单所提供的可用选项不一定符合用户的需求，这时用户可以根据需要，自定义项目符号与编号。自定义的项目符号和编号样式会自动添加至“项目符号”或“编号”下拉菜单中。

（1） 自定义项目符号。以定义图片项目符号为例，操作方法如图 3-21 所示。

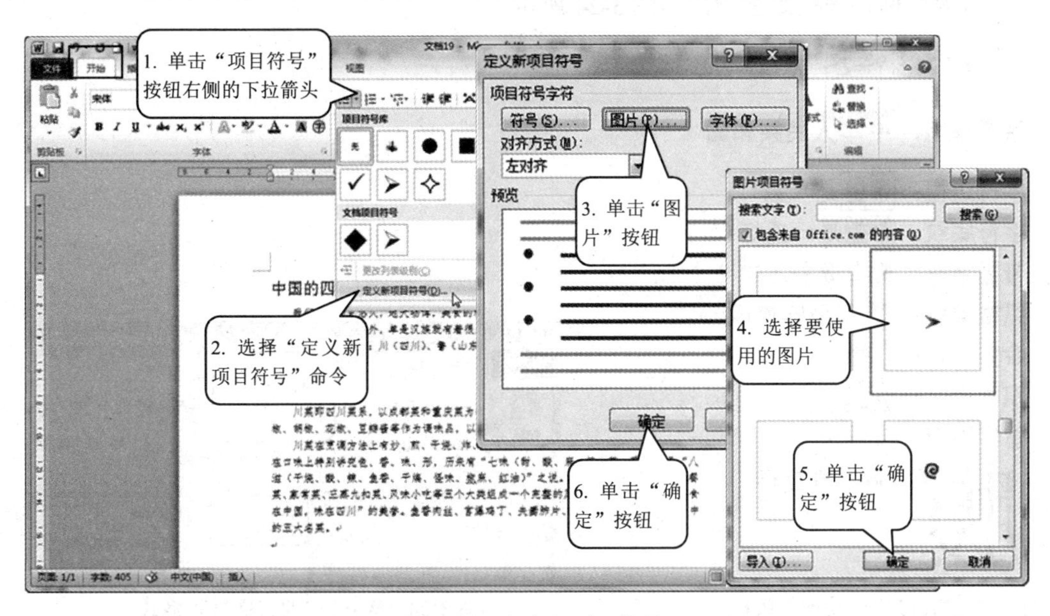

图 3-21　自定义项目符号

（2） 自定义编号。自定义编号的操作方法和自定义项目符号相似，如图 3-22 所示。

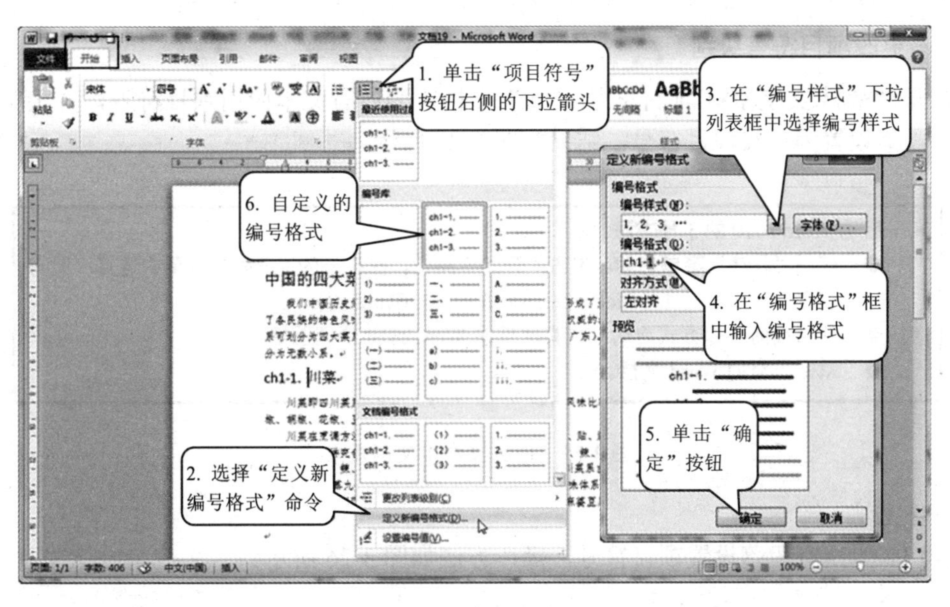

图 3-22　自定义编号

2. Word 的特殊版式

Word 具有强大的格式设置能力，除了可以设置常规的文本格式外，还可以设置一些特殊的文本格式，如图 3-23 所示。

除了“首字下沉”工具位于“插入”选项卡的“文本”组中外，其他工具都可以在“开始”选项卡上的“字体”和“段落”组中找到。可通过将鼠标指针停留在功能区的工具按钮上显示提示标签来找到它们，如图 3-24 所示。

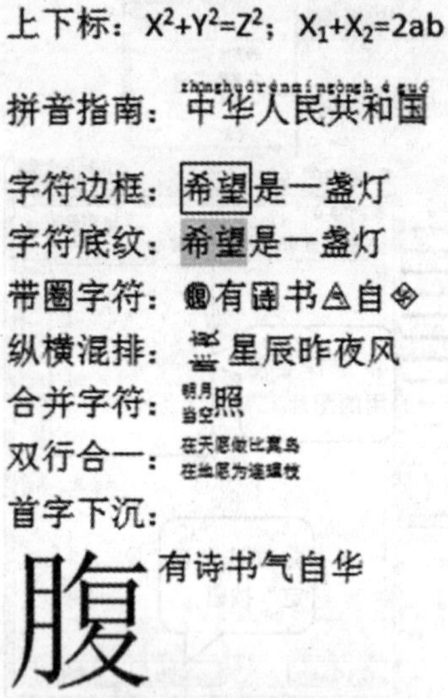

上下标：$X^2+Y^2=Z^2$；$X_1+X_2=2ab$

拼音指南：中华人民共和国

字符边框：希望是一盏灯

字符底纹：希望是一盏灯

带圈字符：腹有诗书气自华

纵横混排：星辰昨夜风

合并字符：明月当空照

双行合一：在天愿做比翼鸟 在地愿为连理枝

首字下沉：

腹有诗书气自华

图 3-23　Word 中的特殊排版格式

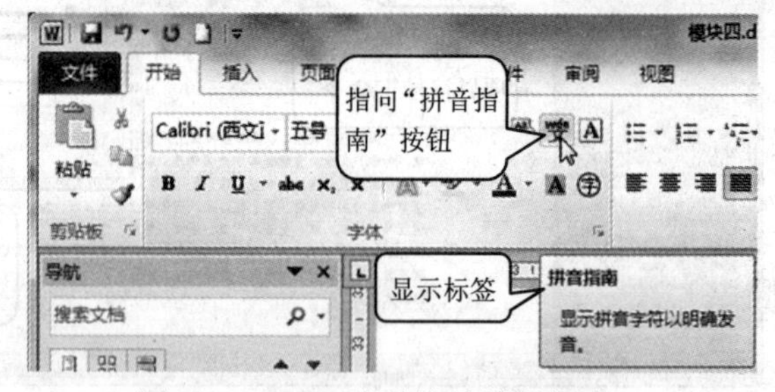

图 3-24　Word 中的特殊排版格式

【任务操作】

1. 更改项目符号级别

打开“素材\文字素材\项目符号.docx”文档，为所有文本应用项目符号，并将第二段以后的段落设置为二级项目符号，结果如图 3-25 所示。

- 启动 Word 2010 的 3 种方法。
  - 使用“程序”菜单启动。单击“开始”按钮，在打开的“开始”菜单中选择“所有程序”｜Microsoft Office｜Microsoft Word 2010 命令。
  - 使用桌面快捷方式启动。在桌面双击 Word 2010 快捷图标。
  - 双击已有的 Word 文档。

图 3-25　任务操作 1 文档效果

操作方法：

（1）　为所有段落设置项目符号，操作方法如图 3-26 所示。

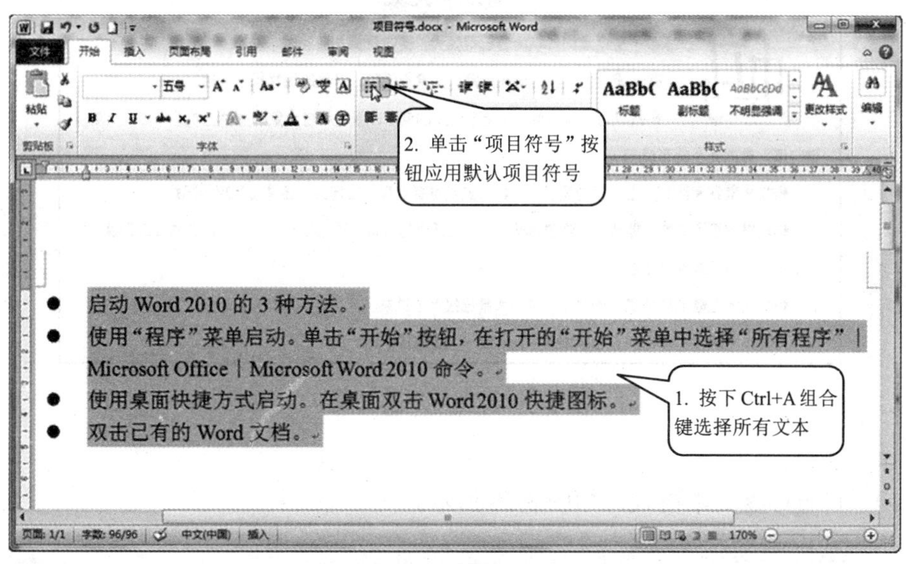

图 3-26 设置项目符号

（2） 设置二级项目符号，操作方法如图 3-27 所示。

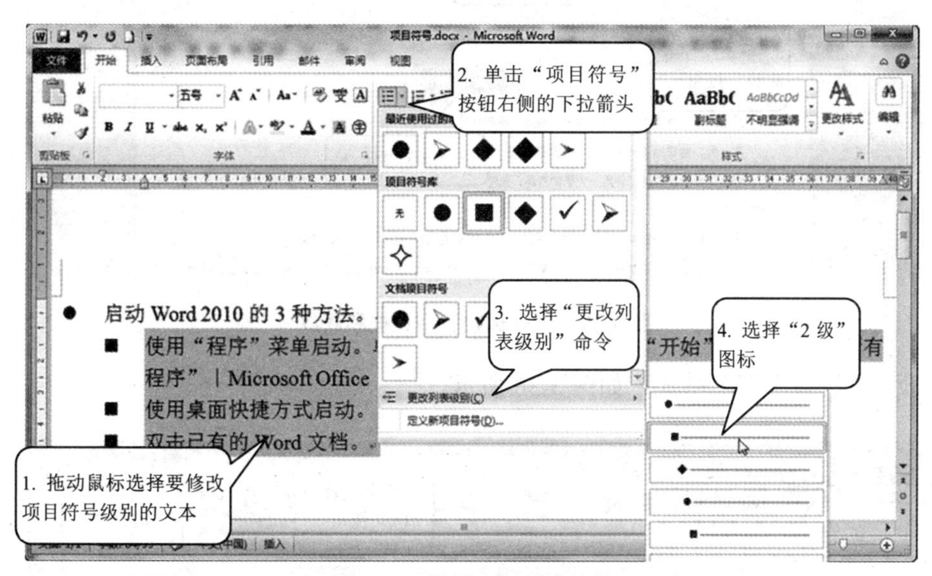

图 3-27 设置二级项目符号

2. 设置特殊文本格式

打开“素材\文字素材\蚂蚁和大象.docx”文档，为标题文本应用边框和底纹，并为正文第一个字设置首字下沉，结果如图 3-28 所示。

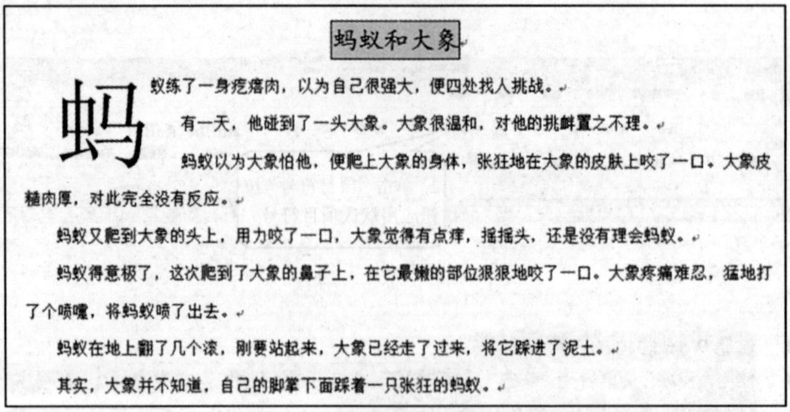

蚂蚁和大象

蚂蚁练了一身疙瘩肉，以为自己很强大，便四处找人挑战。

有一天，他碰到了一头大象。大象很温和，对他的挑衅置之不理。

蚂蚁以为大象怕他，便爬上大象的身体，张狂地在大象的皮肤上咬了一口。大象皮糙肉厚，对此完全没有反应。

蚂蚁又爬到大象的头上，用力咬了一口，大象觉得有点痒，摇摇头，还是没有理会蚂蚁。

蚂蚁得意极了，这次爬到了大象的鼻子上，在它最嫩的部位狠狠地咬了一口。大象疼痛难忍，猛地打了个喷嚏，将蚂蚁喷了出去。

蚂蚁在地上翻了几个滚，刚要站起来，大象已经走了过来，将它踩进了泥土。

其实，大象并不知道，自己的脚掌下面踩着一只张狂的蚂蚁。

图3-28 设置二级项目符号

操作方法：

（1） 设置标题文本格式，如图3-29所示。

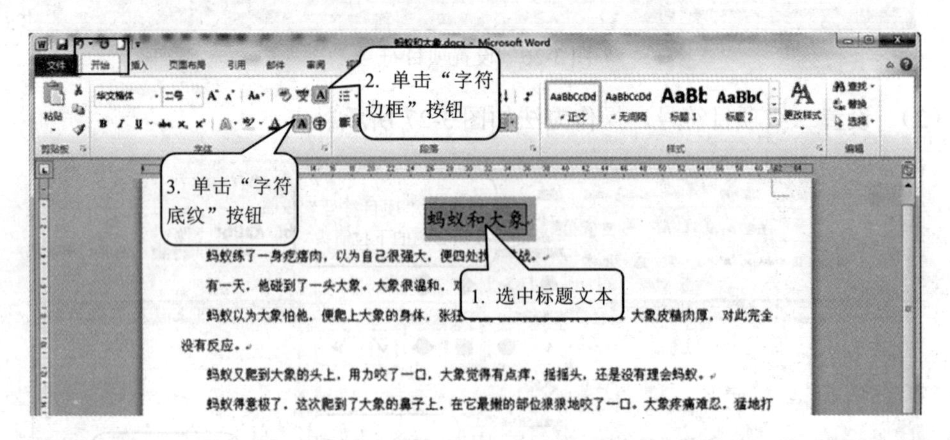

图3-29 设置标题文字边框和底纹

（2） 设置首字下沉格式，如图3-30所示。

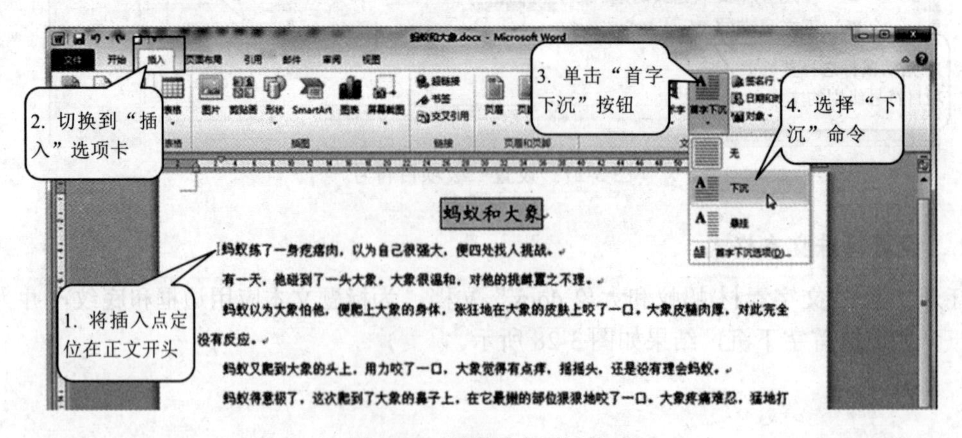

图3-30 设置首字下沉格式

【拓展任务】——创建“会议通知”文档

1. 操作要求

制作会议通知，要求有会议名称、会议内容、会议时间、会议地点及落款。

2. 效果展示

会议通知样文如图 3-31 所示。

关于召开各班班长和体育委员会议的通知

各班班长及体育委员：

为了更好地开展本学期学校体育运动会，提高同学们的身体素质，发展特长，学校决定召开各班班长和体育委员工作会议，现将有关事项通知如下：

1. 参加人员为各年级各班班长及体育委员、学生会各部门负责人。
2. 会议时间定于 3 月 9 日下午 4 时 40 分。
3. 会议地点定于学校西面一楼多媒体教室。
4. 会议内容：
   - 总结各班开展体育活动的情况，学习好的工作经验。
   - 制定本学期体育运动会方案。

学生工作处

2017 年 3 月 5 日

图 3-31　会议通知样文

项目 3.3　设置页面与输出打印

Word 2010 在建立新文档时，已经默认了纸张、纸的方向、页边距等选项，但是，由于要制作的文档类型不同，所需的页面参数设置也不一样，例如，常见的图书规格就有 32 开、大 32 开、16 开和大 16 开之分；打印纸规格有 A4、A5、B4、B5 等。可以通过功能区的“页面布局”选项卡来设置文档的页面格式。

通过本项目的学习，您将掌握以下内容：

◆ 页面格式的设置。
◆ 分栏排版和分隔符的使用。
◆ 在页面中添加页眉和页脚。
◆ 文档的打印输出。

任务 3.3.1　设置页面格式、分栏和分隔符、页眉和页脚

【知识准备】

1. 文档主题

通过设置文档主题可以更改整个文档的总体设计，包括颜色、字体和效果。此功能只适用于.docx 格式的 Word 文档。

Word 文档的主题格式主要有以下几种：

（1） 主题：用于设计文档的整体外观，包括颜色、字体和效果。

（2） 颜色：用于更改当前主题的颜色。

（3） 字体：用于更改当前主题的文本字体。

（4） 效果：用于更改当前主题的特殊效果。

2. 页面格式

在 Word 2010 中，可以使用“页面布局”选项卡的“页面设置”组中的工具进行页面的常规设置，还可以使用“页面设置”对话框对页面进行高级设置，如页边距、纸张、版式、文档网格参数等。

通常情况下，最常用的页面设置操作有

（1） 文字方向：有横排和竖排两种。

（2） 页边距：指文档内容距页面边缘的距离。

（3） 纸张方向：有纵向布局和横向布局两种。

（4） 纸张大小：指页面的尺寸。

3. 页面背景

通过应用页面背景可以起到美化文档的效果并完成一些特殊的使命。在 Word 2010 中可以为文档页面设置页面颜色、页面边框和水印。

（1） 页面颜色：指页面的背景颜色或图案效果。

（2） 页面边框：指页面周围的边框或者选定文本块周围的边框。

（3） 水印：指页面内容后面插入虚影文字。为文档添加水印可表示要将该文档特殊对待，如机密、紧急或者版权信息等。

4. 排列对象

排列对象是指插入到文档中的各种对象在页面上的排列方式，主要有几下几种：

（1） 位置：指定所选对象在页面上的具体位置。

（2） 置于顶层：将所选对象置于所有对象的前面，使其任何部分都不被其他对象遮挡。

（3） 置于底层：将所选对象置于所有对象的后面。

（4） 文字环绕：指所选对象周围的文字环绕方式。若要使对象可以与环绕文字一起移动，应选择“嵌入型”环绕方式。

（5） 对齐：指所选的多个对象的对齐方式。

（6） 组合：指组合多个选定对象，以便将它们当作单个对象来处理。也可以取消多个对象的组合。

（7） 旋转：包括旋转或翻转所选对象。

5. 分隔符

分隔符包括分页符和分节符两类，其中分页符又包括分页符、分栏符和换行符，使用分页符可以将连续的页面强行分隔成两个部分，而分节符则可以把文档分成节，每一节都可以有不同的页面设置，不同的分节符决定可以在什么位置开始新节。

【任务操作】

1. 设置文档主题

打开“素材\文字素材\感激伤痕.docx”文档，应用“行云流水”主题，如图 3-32 所示。

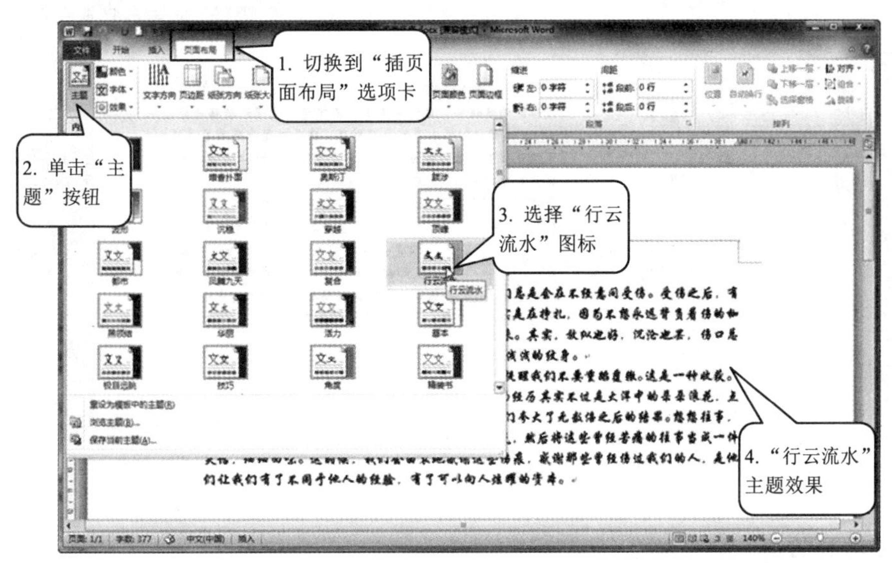

图 3-32　设置文档主题

2. 设置页面大小和页边距

将“感激伤痕.docx”文档的页面大小设置为 B5 大小，页边距适中。

操作方法：

（1） 设置页面大小的方法如图 3-33 所示。

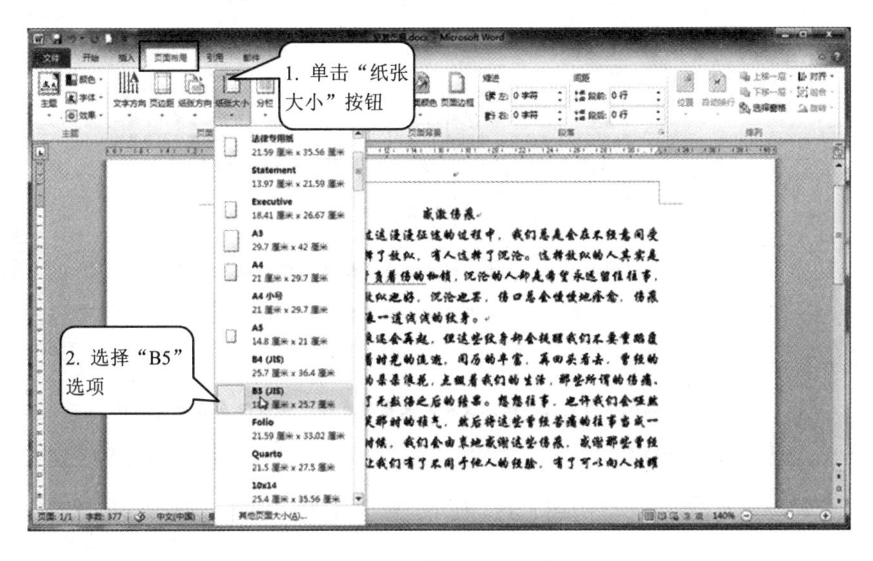

图 3-33　设置文档主题

（2） 设置页边距的方法如图 3-34 所示。

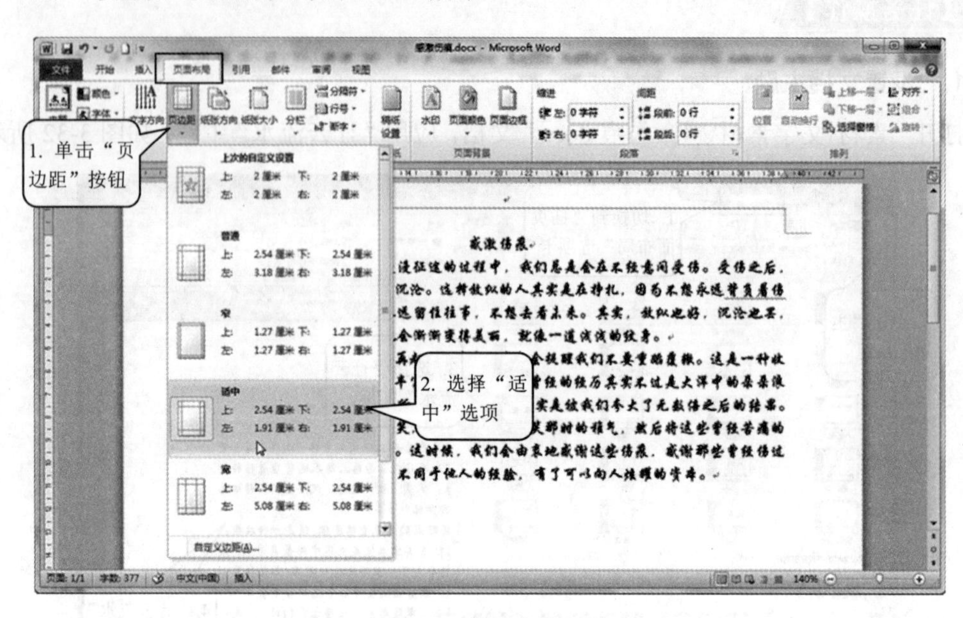

图 3-34 设置文档主题

3. 使用分节符

打开“素材\文字素材\蚂蚁和大象.docx”，将其中的所有文本复制到“感激伤痕.docx”文档中，然后为其分节但不换页，操作方法如图 3-35 所示。

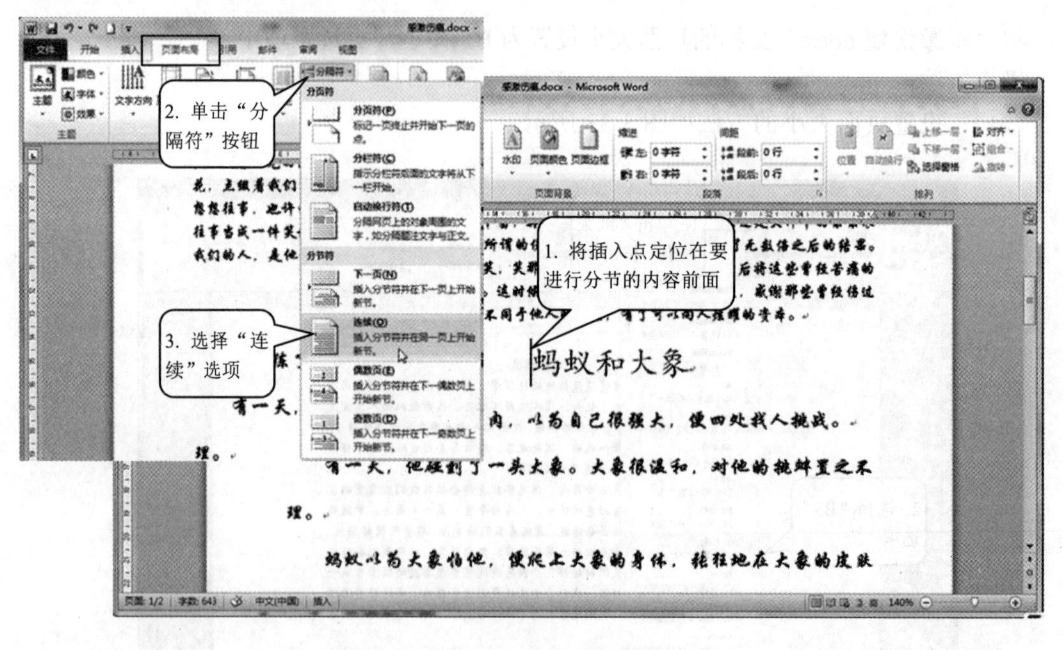

图 3-35 使用连续分节符

4. 设置分栏

将“感激伤痕.docx”文档中的“蚂蚁和大象”一节分为两栏，操作方法如图 3-36 所示。

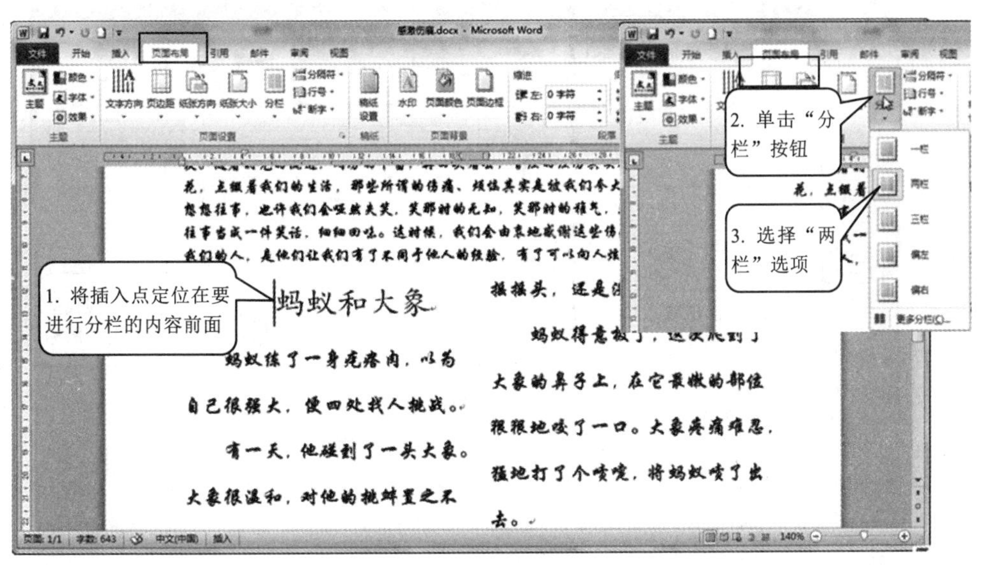

图 3-36　设置分栏

5. 设置奇偶页不同的页眉和页脚

打开“素材\文字素材\页眉页脚.docx”文档，为第一页设置页眉“漫说红楼”，页脚左对齐；为第二页设置页眉“福大命薄的李纨和人小鬼大的贾兰”，页脚右对齐。设置完成后的文档效果如图 3-37 所示。

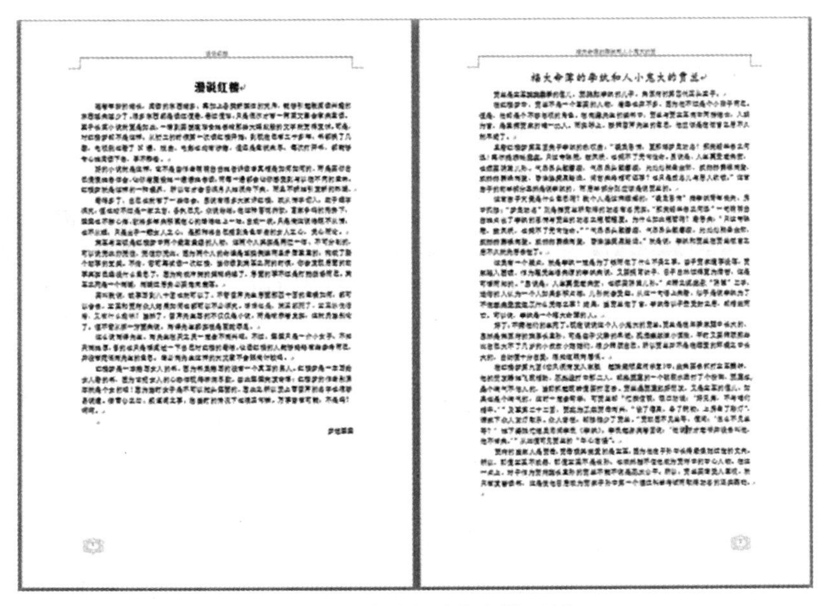
漫说红楼

福大命薄的李纨和人小鬼大的贾兰

图 3-37　页眉和页脚文档示例

操作方法：

（1） 设置奇偶页不同的页眉。操作方法如图3-38所示。

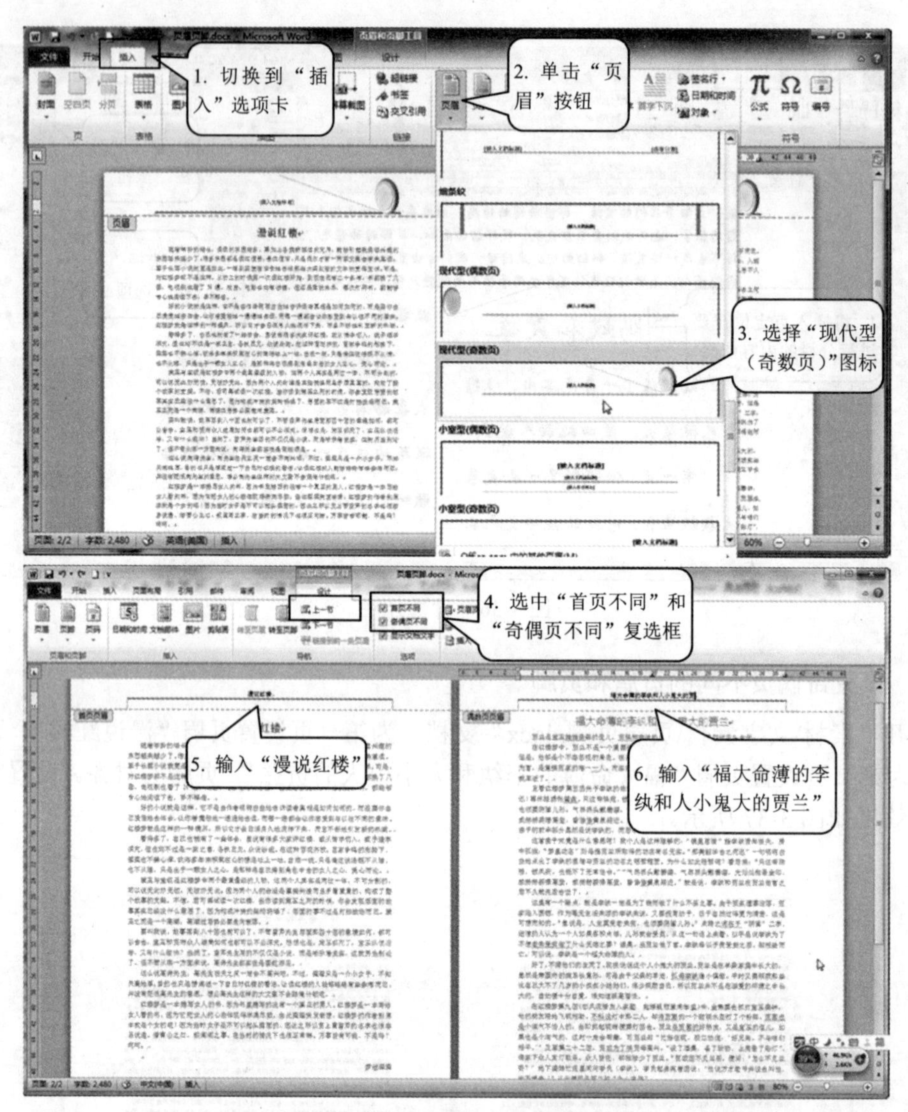

图3-38 设置奇偶页不同的页眉

（2） 设置奇偶页不同的页脚，操作方法如图3-39所示。设置完页眉页脚后，双击页面区域即可退出页眉页脚编辑状态。

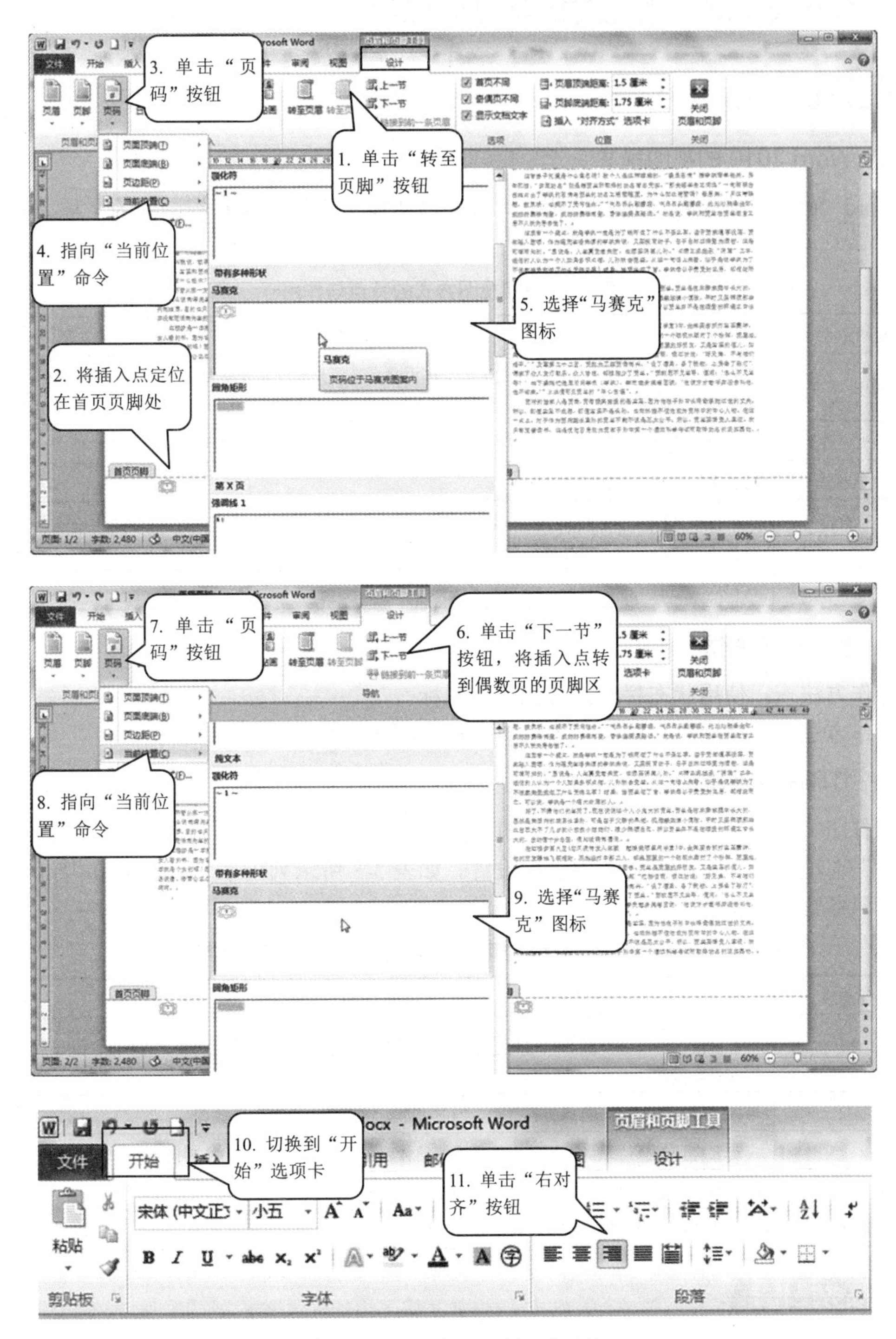

图 3-39　设置奇偶页不同的页脚

任务 3.3.2　浏览文档与打印输出

【知识准备】

1. Word 2010 的视图模式

Word 2010 中共含有 5 种视图模式，如表 3-4 所示列出了这些视图的的名称、特点与作用。

表 3-4　不同视图方式的特点与作用

视图方式	功　能
页面视图	Word 的默认视图模式。在该模式下，文档内容显示效果与打印效果完全一样，并确保所有的信息都会真实地显示出来
阅读版式视图	可暂时隐藏 Word 程序窗口中所有部件，只留下文字、图片等信息，便于用户阅读文档
Web 版式视图	可直接以 Web 版式浏览文档
大纲视图	在编排长文档时，尤其是编辑书籍时，由于标题的等级较多，利用该模式可以层次分明的显示标题，而且还可快速改变各级标题级别
草稿模式	在输入大量的文字信息时，经常采用这种视图模式

2. 视图切换方法

操作方法一：使用状态栏上的视图切换图标。

操作方法二：使用“视图”选项卡“文档视图”组中的工具。

3. 打印前的准备

在打印文档之前，需要先连接打印机、准备打印纸并设置打印参数，打印参数需要在“文件”选项卡的“打印”设置中进行设置。如表 3-5 所示列出了 Word 2010 中可设置的主要打印参数及其功能。

表 3-5　Word 2010 中可设置的主要打印参数及其功能

打印参数	功　能
打印机	显示打印机名称、位置和状态。如果连接打印机，可以选择其他打印机
份数	输入打印份数
打印所有页	可以选择打印范围，包括所有页面、当前页、指定页、奇数页、偶数页
页数	指定要打印的页码或者页码范围，不连续的页码可用逗号分隔，如 1,3,5-10
调整	打印数量超过 1 份时，每份按照文档顺序打印
每版打印 1 页	可缩放页面大小，将多页文档打印在一页纸上

【任务操作】

1. 使用阅读版式视图浏览文档

切换到阅读版式视图后，可以使用顶部工具栏上的按钮翻页，或者进行其他操作，如图 3-40 所示。

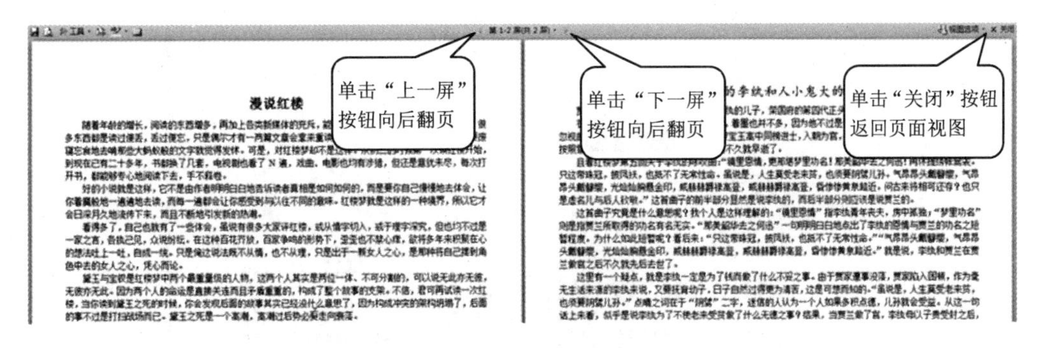

图 3-40　用阅读版式视图浏览文档

2. 设置打印参数和打印文档

单击“文件”——“打印”命令，即可预览文档的打印状态及设置打印选项，如图 3-41 所示。

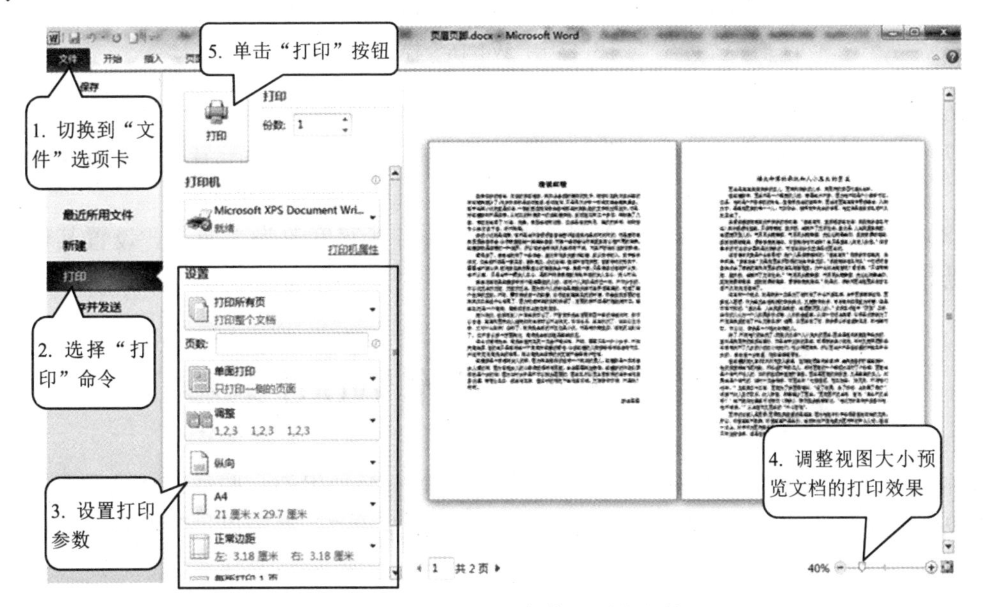

图 3-41　设置打印参数和预览文档

【拓展任务】

按照如图 3-42 所示的样张完成操作要求。

操作要求：

（1）　新建一个名为“拓展 1.docx”的文档，将“素材\拓展 1.docx”文档中的所有文字复制到文档“W4-16”中。

（2）　将纸张大小设置为 B5。

（3）　将“素材\背景 3.jpg”图像文件设置为文档背景。

（4）　为第一篇短文的标题文字添加阴影边框和橙色底纹。

（5）　在第一篇短文后插入分栏符，将文档分为两栏，其中第一栏的宽度为 35 字符，第二栏的宽度为 15 字符（提示：在“分栏”对话框中取消选择“栏宽相等”复选框）。

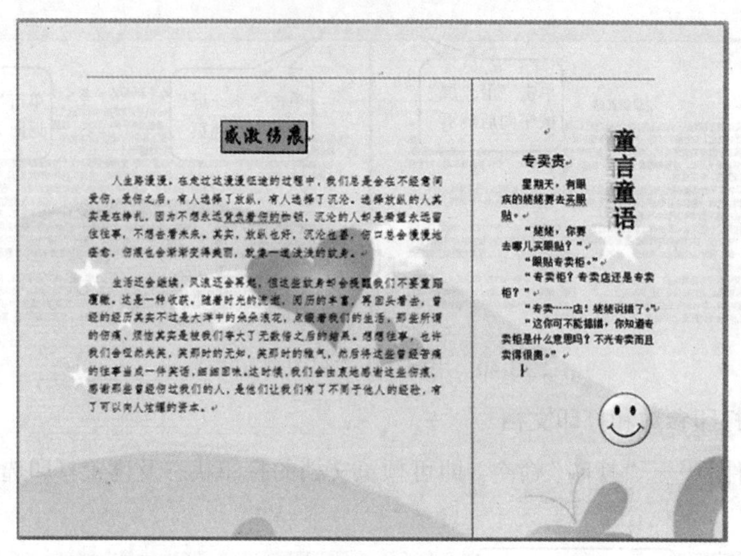
感激伤痕

人生路漫漫，在走过这漫漫征途的过程中，我们总是会在不经意间受伤。受伤之后，有人选择了放纵，有人选择了沉沦。选择放纵的人其实是在挣扎，因为不想永远背负着伤的枷锁，沉沦的人却是希望永远留住往事，不想舍弃失去。其实，放纵也好，沉沦也罢，伤口总会慢慢地结痂，伤痕也会渐渐变得美丽，就象一道浅浅的纹身。

生活还会继续，风浪还会再起，但这些纹身却会提醒我们不要重蹈覆辙。这是一种收获。随着时光的流逝，阅历的丰富，再回头看去，曾经的经历其实不过是大洋中的朵朵浪花，点缀着我们的生活。那些所谓的伤痛、烦恼其实是被我们夸大了无数倍之后的结果。想想往事，也许我们会哑然失笑，笑那时的无知，笑那时的稚气，然后将这些曾经苦痛的往事当成一件笑话，细细回味。这时候，我们会由衷地感谢这些伤痕，感谢那些曾经伤过我们的人，是他们让我们有了不同于他人的经验，有了可以向人炫耀的资本。

童言童语

专卖贵

星期天，有眼病的姥姥要去买眼贴。

“姥姥，你要去哪儿买眼贴？”

“眼贴专卖柜。”

“专卖柜？专卖店还是专卖柜？”

“专卖……店！姥姥说错了。”

“这你可不能搞错，你知道专卖柜是什么意思吗？不光专卖而且卖得很贵。”

图 3-42 “W4-16”样文

（6） 在两栏文字之间绘制一条直线，颜色为红色。

（7） 将“童言童语”四字设置为艺术字，并将其字号更改为一号字，放在页面右上角。

（8） 在页面右下角插入一幅笑脸剪贴画，并将其宽度改为 2 厘米，设置其位置为“底端居右，四周型文字环绕”。

项目 3.4 制作 Word 表格

表格是一种常用的数据编辑工具，使用表格可以有效地组织、归纳、总结和强调某些数据。Word 提供了强大的表格功能，可以制作各种复杂表格，并可以进行简单的表格计算和设置个性化格外观。

通过本项目的学习，您将掌握以下内容：

- 表格的创建和编辑。
- 表格的格式设置。
- 表格的数据计算。

任务 3.4.1 表格的创建与编辑

【知识准备】

1. 创建表格的方法

Word 2010 提供了多种创建表格的方法，常用的方法有以下 3 种。

（1） 自动创建表格。操作方法如图 3-43 所示。

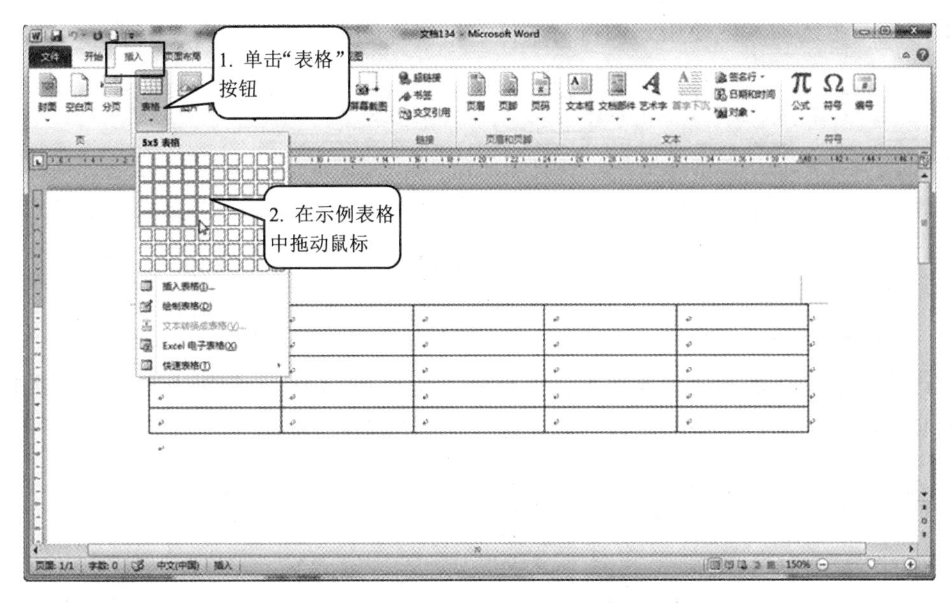

图 3-43　自动创建简单表格

（2） 使用对话框创建表格

在"表格"下拉菜单中选择"插入表格"命令可弹出"插入表格"对话框，可以指定表格的行列数并设置其他参数。

（3） 绘制表格

在"表格"下拉菜单中选择"绘制表格"命令，光标会变成铅笔状，在页面上拖动鼠标即可绘制表格的框线，如图 3-44 所示。

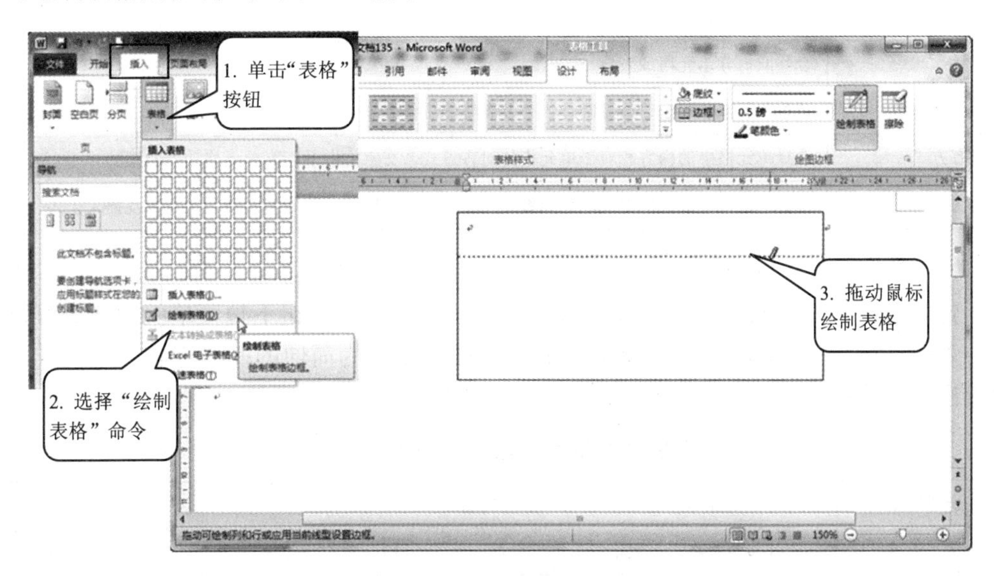

图 3-44　绘制表格

2.　表格工具

表格绘制完成后，或者在选定表格时，功能区中会显示表格工具，其中包含"设计"

和“布局”两个选项卡，使用它们可对表格进行修饰或者修改，如图3-45所示。

图3-45　表格工具

3. 修改表格

修改表格的操作通常使用表格工具“布局”选项卡来进行，使用“布局”选项卡中的工具可以很轻松地进行表格的修改与调整操作，如图3-46所示。

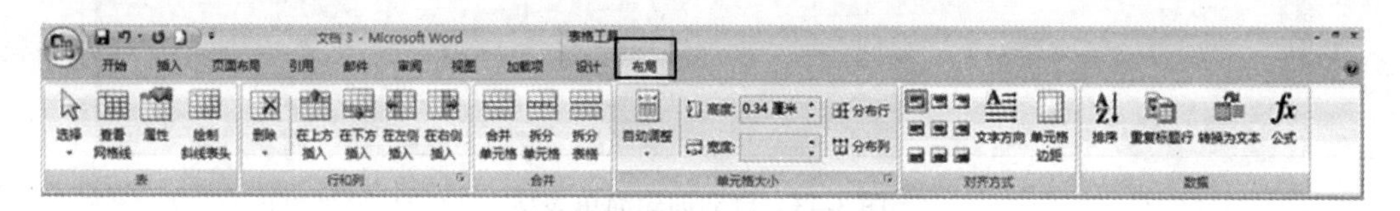

图3-46　表格工具的“布局”选项卡

“布局”选项卡中的工具分为6组，如表3-6所示列出了各组工具的功能。

表3-6　表格工具“布局”选项卡中各工具组的功能

工具组	功　能
表	选择表格或表格中的元素，显示或隐藏表格中的虚框，更改表格属性以及绘制斜线表头
行和列	插入或删除行或列
合并	合并或拆分单元格或表格
单元格大小	调整单元格的大小以及控制行、列及表格的总体大小
对齐方式	选择单元格中的内容相对于单元格的对齐方式、文字方向及距离单元格边框的距离
数据	设置单元格中数据的格式，包括数据排序、重复标题行、将表格转换为文本以及插入公式

4. 选定表格、行、列、单元格

使用表格工具“布局”选项卡“表”组中的“选择”按钮下拉菜单中的命令可以分别选中表格、行、列或单元格，但是，Office还提供了更为简便的操作方法。如表3-7所示中列出了使用鼠标选择表格、行、列和单元格的方法。

表3-7　用鼠标选择表格及表格元素的方法

选择对象	操作方法	鼠标指针形状
选择整个表格	将指针移至表格，当表格的左上角显示选择控件时单击该控件	
选择一列	将指针移至表格要选择的列上方单击	
选择一行	将指针移至表格要选择的行左侧单击	
选择单元格区域	将指针移至要选择的起始单元格，然后通过拖动指针选择所需的单元格。	--

5. 在表格中移动插入点

在表格单元格中添加内容的方法与在普通页面中一样，每个单元格都可以看做一个独立的文档单位。单击所需的单元格可以迅速定位插入点，也可以利用键盘来完成移动插入点的操作。如表3-8所示列出了在表格中移动插入点的键盘快捷键。

表3-8 在表格中移动插入点的快捷键

按 键	移动插入符
Tab	移动到下一个单元格中
Shfit+Tab	移动到前一个单元格中
Alt+Home	移动到同行的第一个单元格中
Alt+End	移动到同行的最后一个单元格中
Alt+PageUp	移动到同列的第一个单元格中
Alt+PageDown	移动到同列的最后一个单元格中
←	左移动一个字符，插入点位于单元格开头时移到上一个单元格
→	右移动一个字符，插入点位于单元格结尾时移到下一个单元格
↑	移动到上一行
↓	移动到下一行

【任务操作】

1. 创建表格

新建“表格.docx”文档，插入一个10行4列的表格，操作方法如图3-47所示。

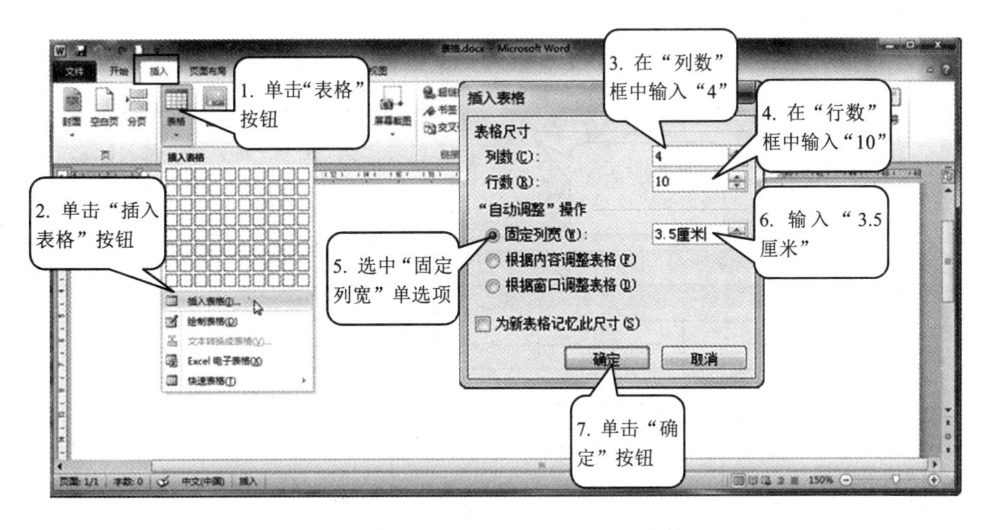

图3-47 在文档中插入10行4列的表格

2. 合并单元格

合并第1、2、5、9、10行单元格，结果如图3-48所示。

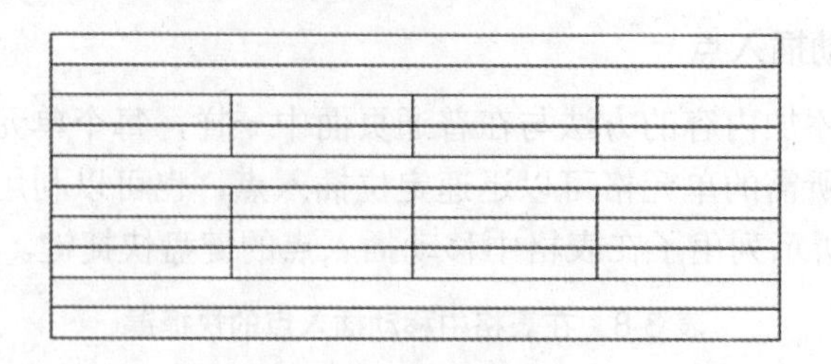

图 3-48　修改后的表格

合并单元格的操作方法如图 3-49 所示。

图 3-49　合并单元格

第 2、5、9、10 行的单元格合并方法参照如图 3-49 所示。

3. 调整行高

（1） 将第 1、2、5、9 行的高度设置为 0.8 厘米。操作方法如图 3-50 所示。

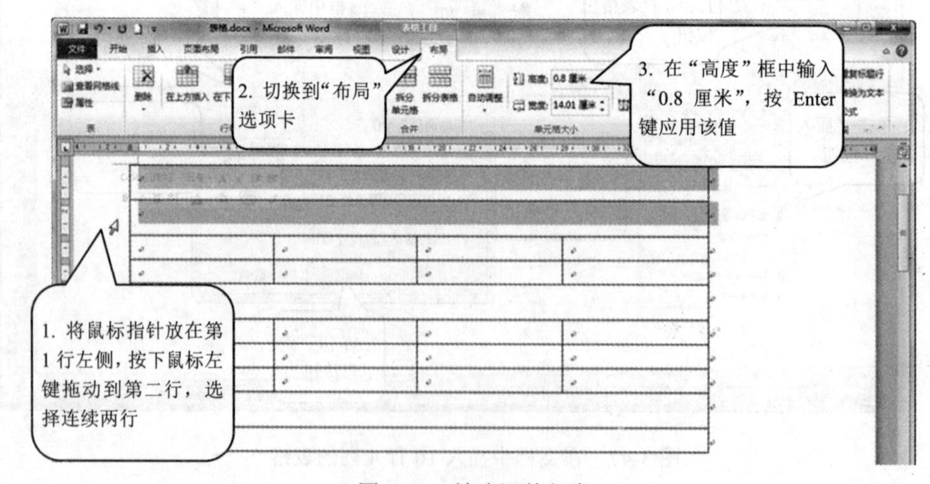

图 3-50　精确调整行高

第 5、9 行行高的调整方法参照图 3-50。

（2） 调整第 10 行的行高至适当大小。对于没有精确要求的行列尺寸可以用鼠标进行调整，操作方法如图 3-51 所示。

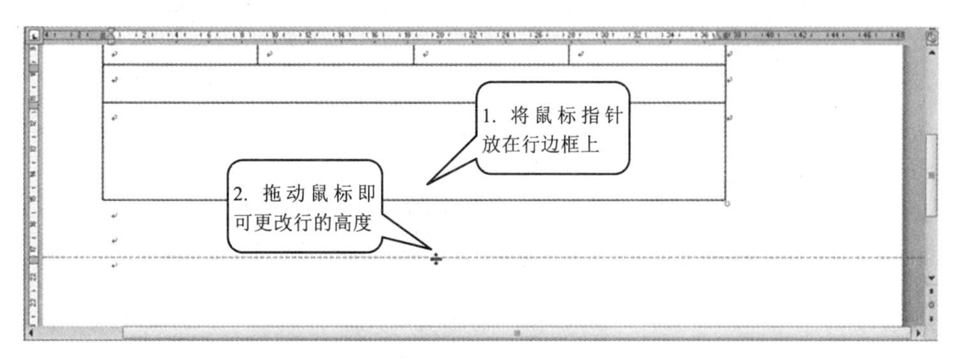

图 3-51　用鼠标调整行高

4. 编辑表格内容

参照如图 3-52 所示在表格中输入所需内容。

经销合作申请表			
申请人信息：			
申请人姓名		性别	
联系电话		电子邮箱	
申请单位信息：			
公司名称		联系电话	
营业地址		邮政编码	
成立时间		员工人数	
申请方行业背景及主营业务：			

图 3-52　表格内容示例

操作方法如图 3-53 所示。

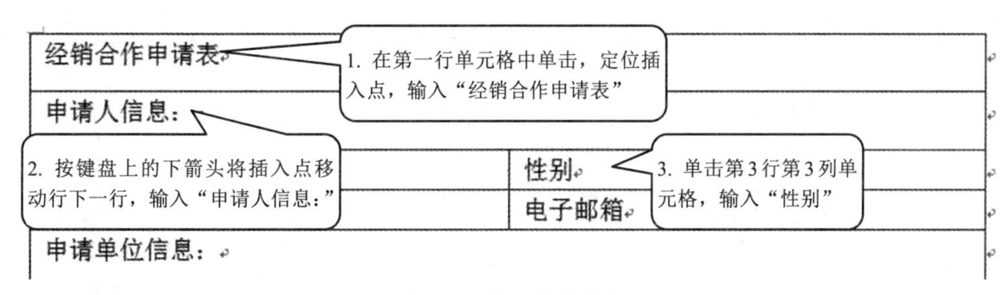

图 3-53　输入表格内容

其他单元格内容的输入方法参照如图 3-53 所示。

5. 用鼠标调整列宽

减小第 1 列和第 3 列的宽度，以匹配其中的内容。操作方法如图 3-54 所示。

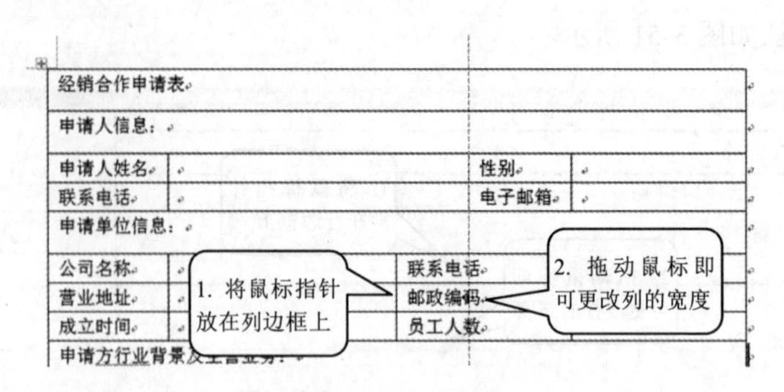

图 3-54　用鼠标更改列宽

任务 3.4.2　格式化表格

【知识准备】

1. 表格数据的对齐方式

单元格默认的对齐方式为“靠上两端对齐”，即单元格中的内容以单元格的上边线为基准向左对齐。当单元格的高度值较大，而单元格中的内容较少不能填满单元格时，顶端对齐的方式会影响整个表格的美观，此时可以对单元格中文本的对齐方式进行设置。设置对齐方式的工具在表格工具“布局”选项卡的“对齐方式”组中。

2. 套用表格样式

Word 提供了一些预定义的表格样式，用户可以通过自动套用样式来快速编排表格的格式。在“设计”选项卡上打开“表格样式”组中的样式列表，指向表格样式图标，即可预览相应效果，单击该图标即可将其应用到表格上，如图 3-55 所示。

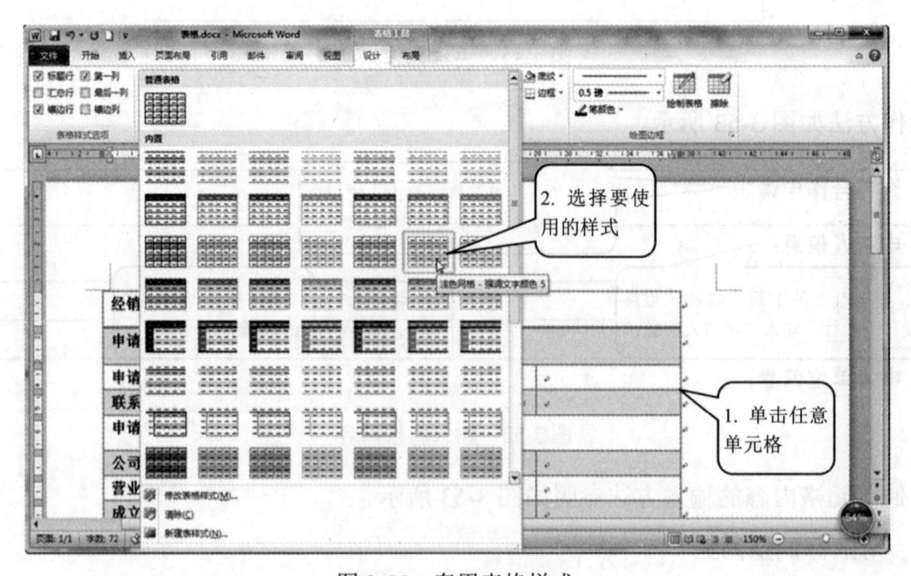

图 3-55　套用表格样式

【任务操作】

1. 设置表格和表格内容的对齐方式

打开“表格.docx”文档，将表格的位置调整为在页面中左右居中对齐，并将标题文本设置为黑体、四号字，在单元格中水平居中对齐，其他单元格中的文本“中部两端对齐”，效果如图 3-56 所示。

经销合作申请表			
申请人信息：			
申请人姓名		性别	
联系电话		电子邮箱	
申请单位信息：			
公司名称		联系电话	
营业地址		邮政编码	
成立时间		员工人数	
申请方行业背景及主营业务：			

图 3-56 表格对齐效果

操作方法：

（1） 设置表格的对齐方式。操作方法如图 3-57 所示。

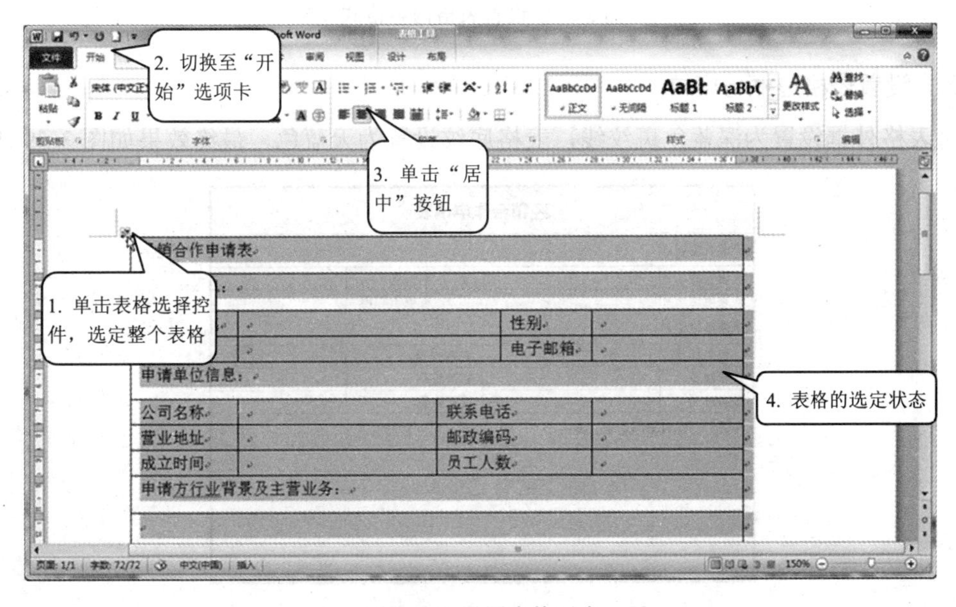

图 3-57 设置表格对齐

（2） 设置表格内容的文本格式和对齐方式。操作方法如图3-58所示。

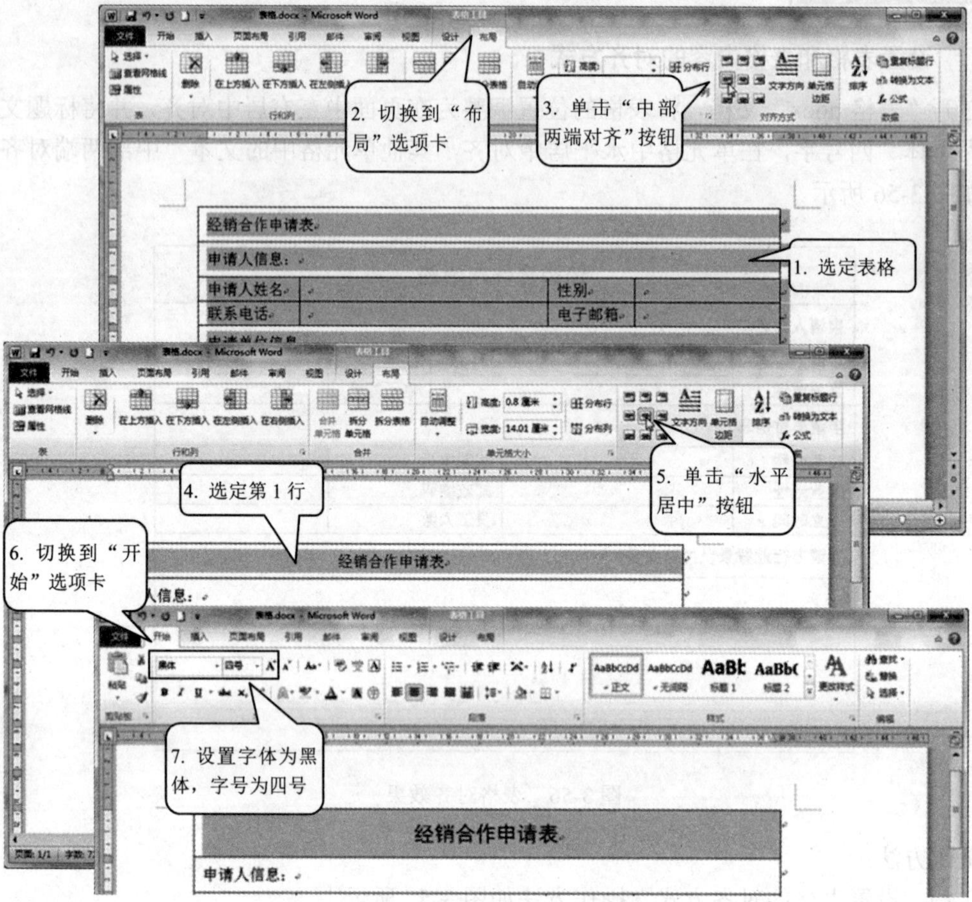

图3-58　设置表格内容格式

2. 设置表格边框与底纹

将表格外框设置为深蓝色斑纹线，表格底纹设置为天蓝色，最终效果如图3-59所示。

经销合作申请表			
申请人信息：			
申请人姓名		性别	
联系电话		电子邮箱	
申请单位信息：			
公司名称		联系电话	
营业地址		邮政编码	
成立时间		员工人数	
申请方行业背景及主营业务：			

图3-59　表格的边框和底纹效果

操作方法如图 3-60 所示。

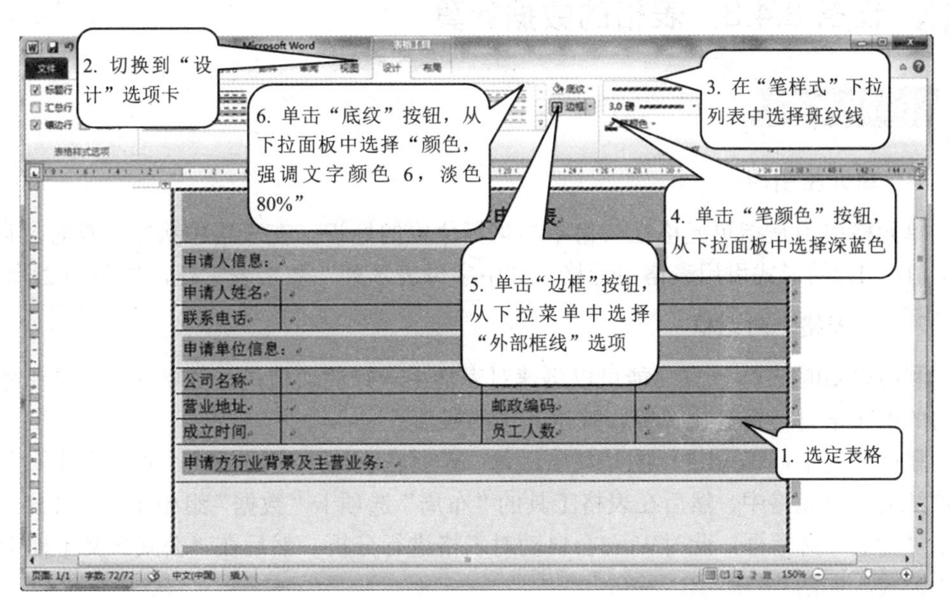

图 3-60　设置表格边框和底纹

【拓展任务】

按照如图 3-61 所示的样张完成操作要求。

操作要求：

（1） 为标题设置艺术字：艺术字样式第 1 行第 3 列，位置：嵌入到文本中，字体隶书、48、加粗，居中，艺术字文本填充蓝色，文字效果阴影：右下斜偏移，阴影颜色玫瑰红、透明度 0、大小 102%、虚化 1、角度 45、距离 4，艺术字文字效果转换倒 V 型。

（2） 行高：第 1 行 1.63 厘米，第 2 行 1.9 厘米，第 3 行至第 8 行 1.5 厘米。

（3） 列宽：第 1 列 2.5 厘米，第 2 列 2.5 厘米，第 3 列 4.5 厘米，第 4 列 4.5 厘米。

（4） 绘制如样张所示的斜线表头。

（5） 表格单元格水平居中，字体为黑体、小四、加粗、黑色，居中。表格居中。

（6） 表格外框线线型为外粗内细，宽度为 3 磅；内部线线型为单实线，宽度为 1.5 磅。

（7） 保存文件，文件名为“拓展 2.docx”。

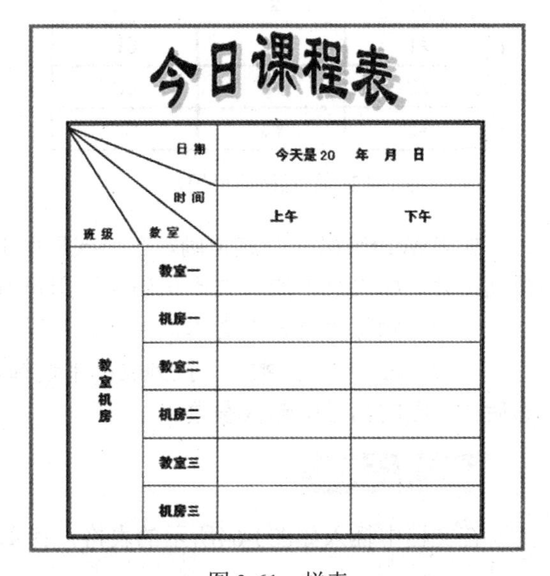

今日课程表

日期 时间 班级 教室		今天是 20　年　月　日	
		上午	下午
教室机房	教室一		
	机房一		
	教室二		
	机房二		
	教室三		
	机房三		

图 3-61　样表

任务3.4.3　表格的数据计算

【知识准备】

1. 单元格引用

单元格引用是指单元格在表格中的坐标位置的标识。在表格中执行计算时，可用A1、A2、B1、B2的形式引用表格单元格，其中字母表示列，数字表示行，如图3-62所示。

2. “表格”对话框

利用Word的表格计算功能可以迅速对表格中一行的数值进行数学计算，或者对某一范围内的单元格进行百分比计算，找出其中的极值。

默认情况下，Word进行的是加法运算。若要在表格中应用公式，要先将插入点定位在放置结果的单元格中，然后在表格工具的“布局”选项卡“数据”组中单击“公式”按钮，弹出“公式”对话框，此时Word会自动对表格进行分析，然后在“公式”文本框中给出适当的公式，如图3-63所示。

	A	B	C
1	A1	B1	C1
2	A2	B2	C2
3	A3	B3	C3

图3-62　单元格的引用形式

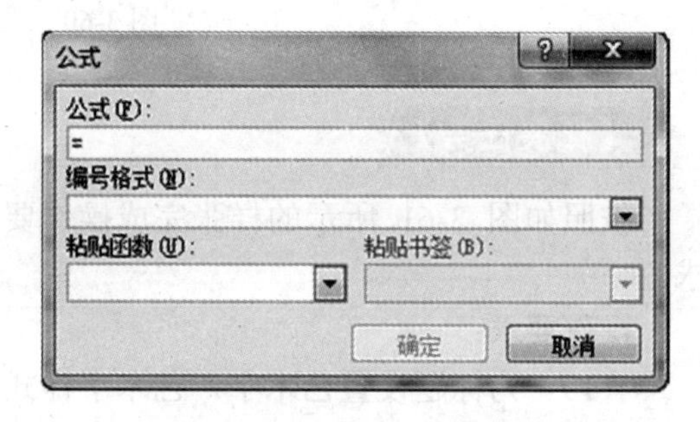

图3-63　“公式”对话框

如果Word给出的公式正确，在公式后面的括号中输入参数后，单击“确定”按钮即可得到结果。如果给出的公式不正确，则用户可以进行以下操作之一：

（1） 删除“公式”文本框中除等号以外的内容，然后输入正确的公式。

（2） 在“粘贴函数”下拉列表框中选择合适的函数，使其显示在“公式”文本框中，然后在后面的括号中输入参数。

【任务操作】

在文档中插入如图3-64所示的表格，计算每个人的实领工资额。

姓名	基本工资	月奖金	全勤奖	加班费	实领工资
郝卫东	4600	800	100	150	
刘立本	4300	500	100	300	
原月红	2800	500	0	150	
林中风	2500	-100	100	450	

图3-64　示例表格

在表格中进行加法计算的操作方法如图 3-65 所示。

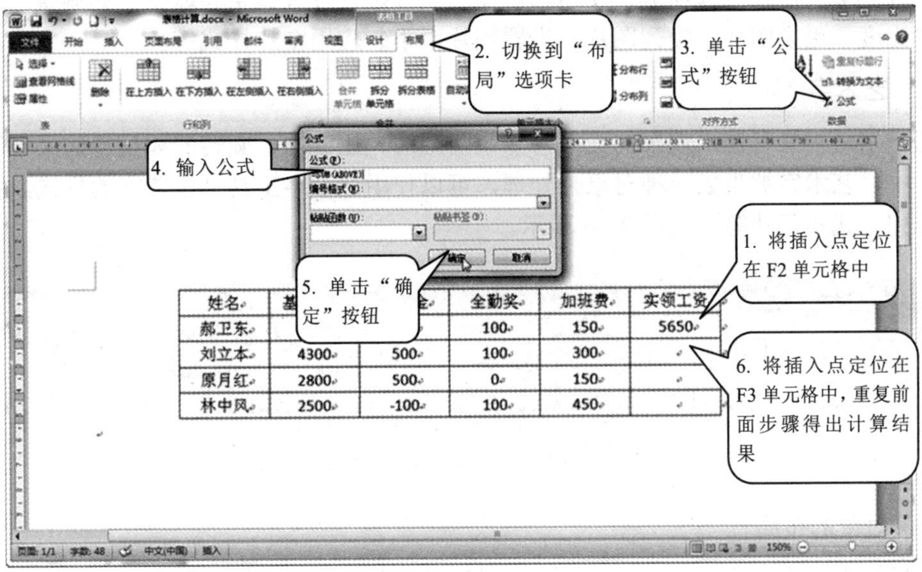

图 3-65　在表格中计算

项目 3.5　图文混合排版

在文档中使用插图，不但可以使文档显得生动活泼，还可以起到说明作用。在Word文档中既可以插入现有的图片，也可以绘制各种图形，并可以编排图片在文档中的位置，使其与文字呈现不同的环绕方式。

通过本项目的学习，您将掌握以下内容：

◆ 插入图片和剪贴画的方法。

◆ 艺术字的使用。

◆ 利用文本框实现特殊排版的方法。

◆ 绘制图形的方法。

任务 3.5.1　插入图片、插入艺术字

【知识准备】

1. Word 中的图片

图片是由其他文件创建的图像，包括位图、扫描的图片和照片等。在 Word 中可以插入多种格式的图片，如*.bmp、*.pct、*.tif、*.gif、*.jpg 等。此外，Word 还提供了一个功能强大的剪辑管理器，其中收藏了系统自带的多种剪贴画，用户可通过搜索关键字来搜索需要的剪贴画，并将搜索结果缩略图显示在列表框中。

当选择了插入的剪贴画或图片后，Word 2010 会在功能区中自动显示图片工具。图片工具包含一个“格式”选项卡，使用它可以对图片进行各种调整和编辑，如调整图片的亮度和对比度、更换图片、排列图片、设置图片大小、应用图片样式等。

2. 艺术字

艺术字是指具有艺术效果的文字，如带阴影的、扭曲的、旋转的和拉伸的文字等。在 Office 中，艺术字被当成一种对象来处理，可以使用艺术字工具来设置它的样式、特殊效果、排列方式和尺寸等，如图 3-66 所示。

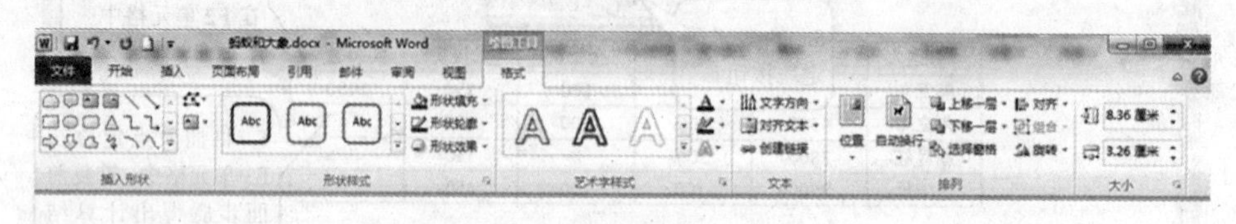

图 3-66　艺术字工具

3. 对象的布局

布局是指图片、艺术字、文本框、图形等对象在页面中的位置和相对于文本的排列方式。图片的默认排列方式是嵌入于文本中，相当于一个字符，相对于其前后文字的位置不变，而艺术字的默认排列方式则是浮于文本之上，与文本处于不同的层中，两者毫不相关。可以更改这种位置关系，使图片浮于文本之上，或者使艺术字嵌入文本之中。

在“格式”选项卡中单击“排列”组中的“位置”按钮，弹出下拉面板，其中列出了 10 种对象排列方式，选择“其他布局选项”命令，弹出“布局”对话框，还可以设置更多的文本环绕方式，或对图片位置进行更精确的调整，如图 3-67 所示。

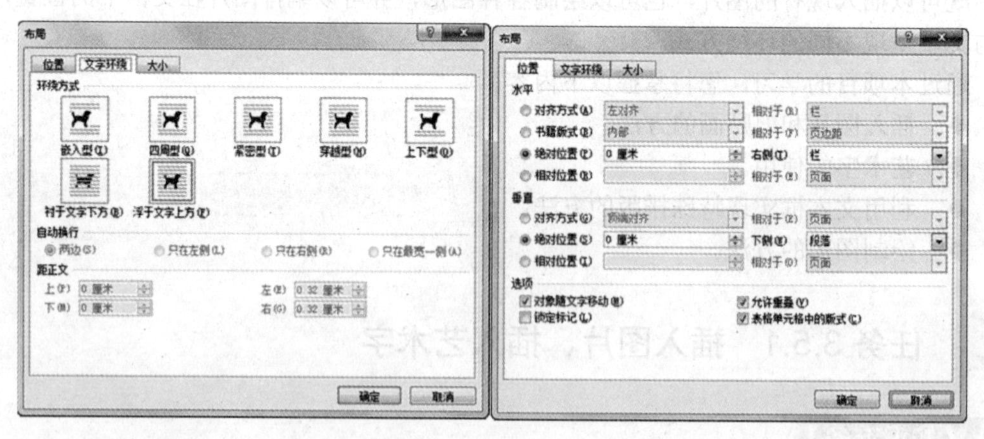

图 3-67　“布局”对话框的“文字环绕”选项卡和“位置”选项卡

【任务操作】

1. 插入剪贴画

打开“素材\文字素材\蚂蚁和大象.docx”，为文档应用橄榄色页面背景，然后在文档开头插入剪贴画，并对其进行调整和设置，最终效果如图3-68所示。

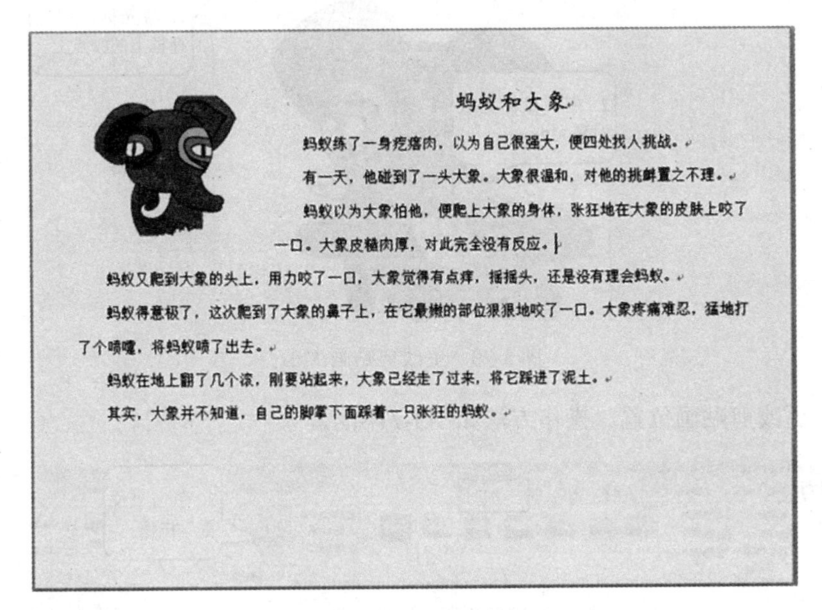

蚂蚁和大象

蚂蚁练了一身疙瘩肉，以为自己很强大，便四处找人挑战。

有一天，他碰到了一头大象。大象很温和，对他的挑衅置之不理。

蚂蚁以为大象怕他，便爬上大象的身体，张狂地在大象的皮肤上咬了一口。大象皮糙肉厚，对此完全没有反应。

蚂蚁又爬到大象的头上，用力咬了一口，大象觉得有点痒，摇摇头，还是没有理会蚂蚁。

蚂蚁得意极了，这次爬到了大象的鼻子上，在它最嫩的部位狠狠地咬了一口。大象疼痛难忍，猛地打了个喷嚏，将蚂蚁喷了出去。

蚂蚁在地上翻了几个滚，刚要站起来，大象已经走了过来，将它踩进了泥土。

其实，大象并不知道，自己的脚掌下面踩着一只张狂的蚂蚁。

图 3-68　示例文档

操作方法：

（1）插入剪贴画。操作方法如图 3-69 所示。

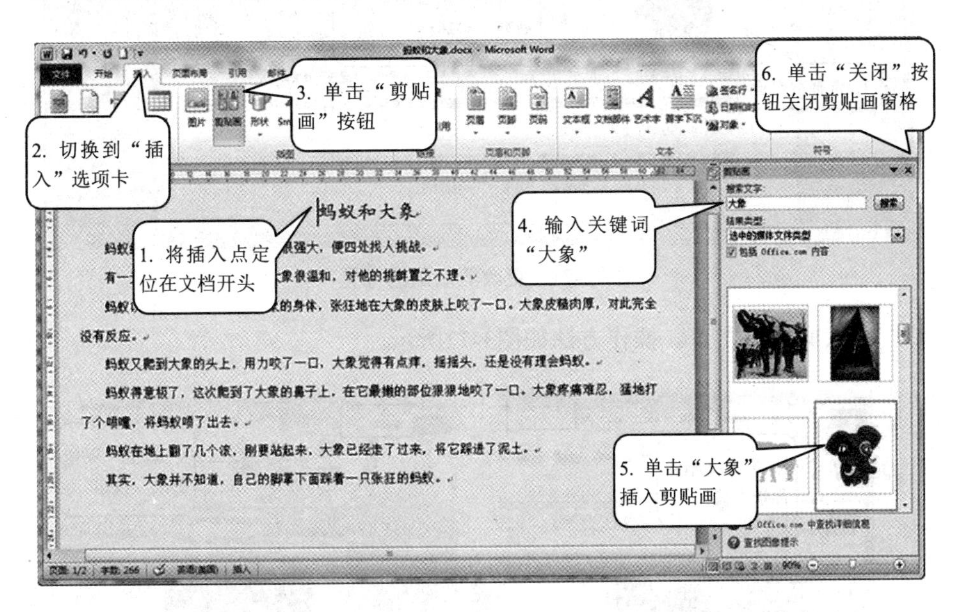

图 3-69　插入剪贴画

（2）更改剪贴画大小。操作方法如图 3-70 所示。

图 3-70　更改剪贴画大小

（3）　更改剪贴画位置。操作方法如图3-71所示。

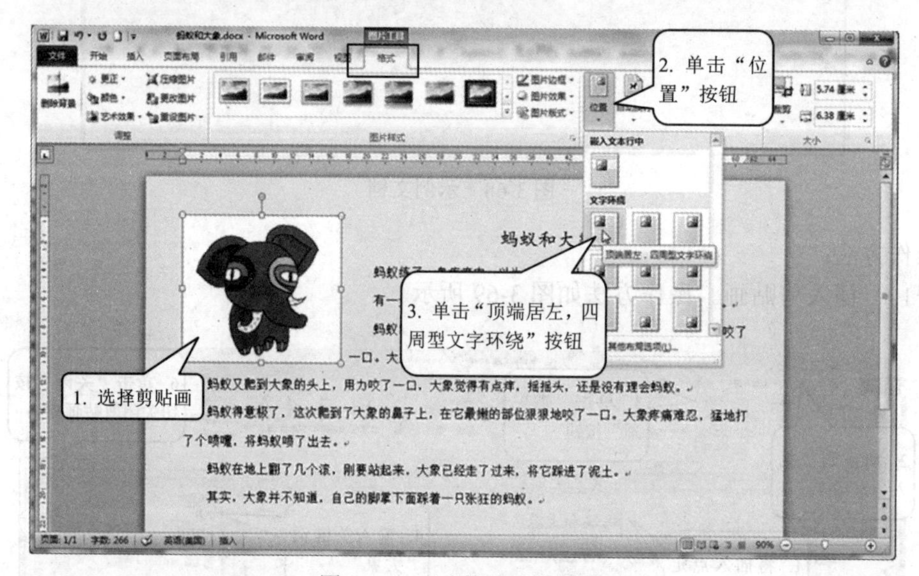

图 3-71　更改剪贴画的位置

（4）　清除剪贴画背景。操作方法如图3-72所示。

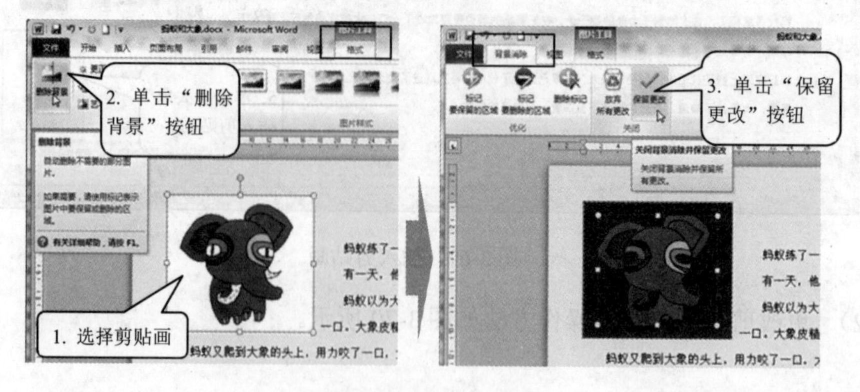

图 3-72　删除背景

2. 插入外部图片

在“蚂蚁和大象.docx”文档末尾插入一幅蚂蚁图片，并调整其大小的方向，最终效果如图3-73所示。

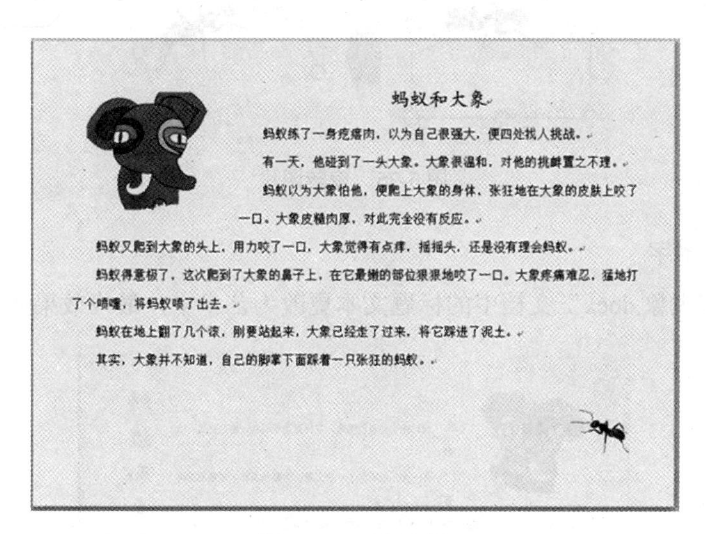

蚂蚁和大象

蚂蚁练了一身疙瘩肉，以为自己很强大，便四处找人挑战。

有一天，他碰到了一头大象。大象很温和，对他的挑衅置之不理。

蚂蚁以为大象怕他，便爬上大象的身体，张狂地在大象的皮肤上咬了一口。大象皮糙肉厚，对此完全没有反应。

蚂蚁又爬到大象的头上，用力咬了一口，大象觉得有点痒，摇摇头，还是没有理会蚂蚁。

蚂蚁得意极了，这次爬到了大象的鼻子上，在它最嫩的部位狠狠地咬了一口。大象疼痛难忍，猛地打了个喷嚏，将蚂蚁喷了出去。

蚂蚁在地上翻了几个滚，刚要站起来，大象已经走了过来，将它踩进了泥土。

其实，大象并不知道，自己的脚掌下面踩着一只张狂的蚂蚁。

图 3-73　示例文档

（1） 插入图片。操作方法如图3-74所示。

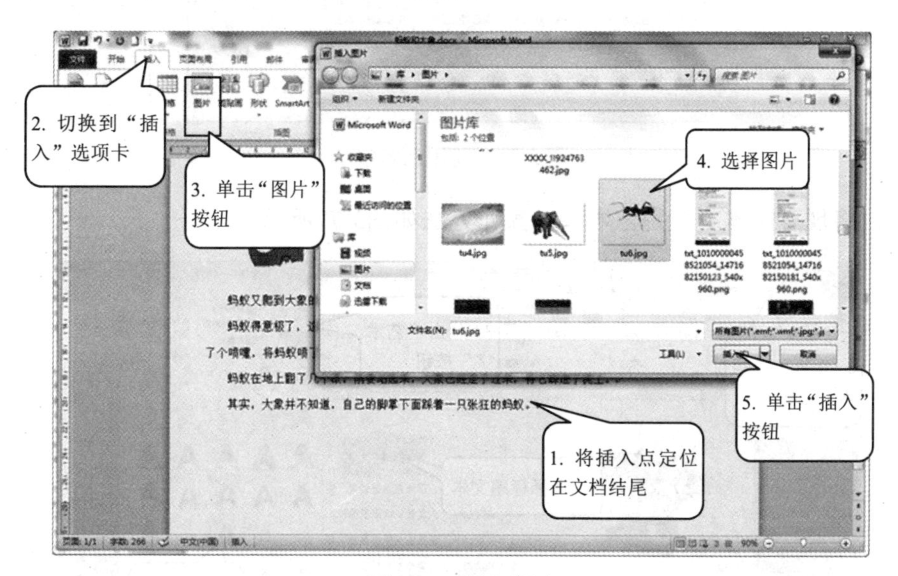

图 3-74　插入图片

（2） 更改图片的大小。参见更改剪贴画大小的操作，此处略。

（3） 更改图片位置。参见更改剪贴图片的位置的操作，此处选择“底端居右，四周型文字环绕”方式，具体操作略。

（4） 旋转图片。操作方法如图3-75所示。

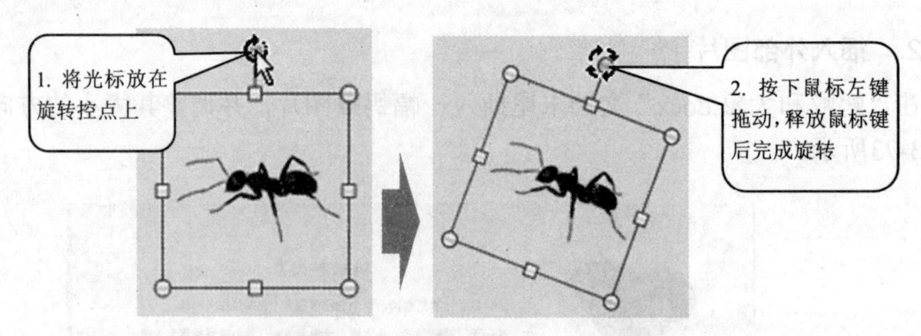

图 3-75　旋转图片

3.　使用艺术字

将“蚂蚁和大象.docx”文档中的标题文本更改为艺术字，最终效果如图3-76所示。

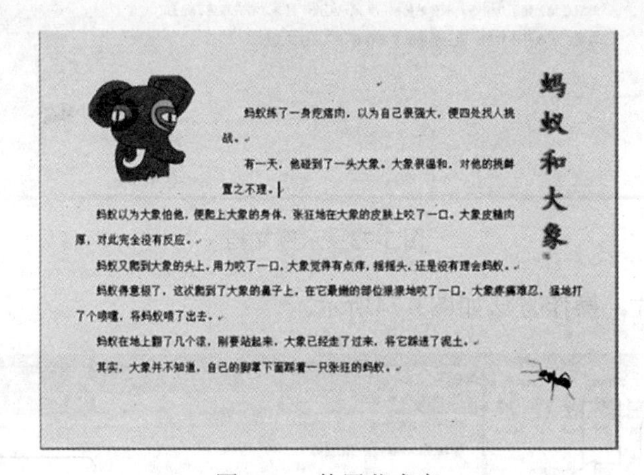

图 3-76　使用艺术字

（1）　将现有文本更改为艺术字。操作方法如图3-77所示。

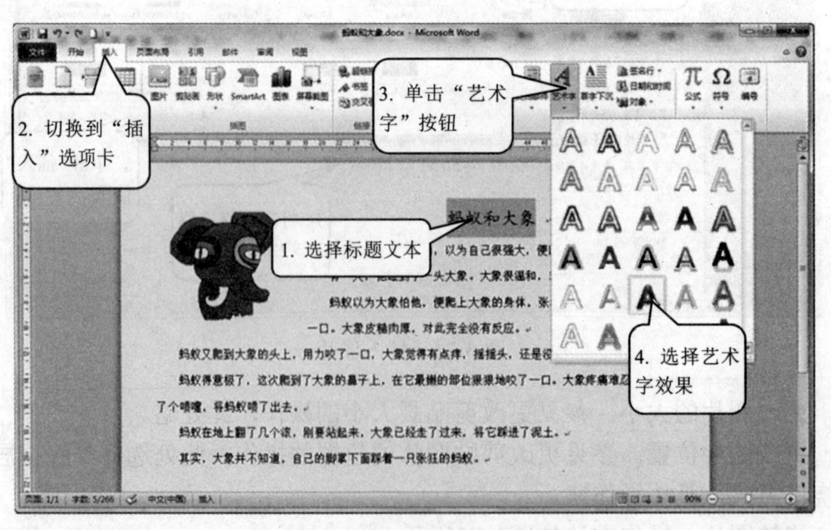

图 3-77　将现有文本更改为艺术字

（2）　更改艺术字的位置。选择“顶端居右，四周型文字环绕”，具体操作方法略。

（3）更改艺术字的文字方向。操作方法如图3-78所示。

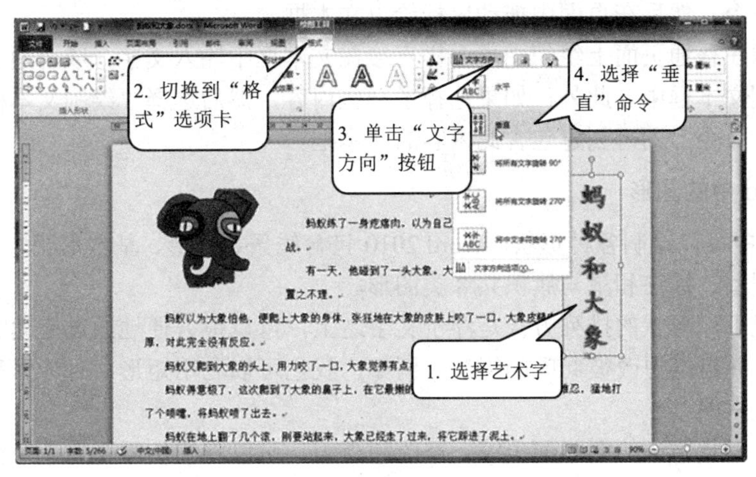

图 3-78　设置艺术字的文字方向

任务 3.5.2　插入文本框、绘制图形

【知识准备】

1.　文本框

在文档中使用文本框可以将文字或其他图形、图片、表格等对象在页面中独立于正文放置，并方便地定位。文本框中的内容可以在框中进行任意调整。Word 2010内置了一系列具有特定样式的文本框，在“插入”选项卡上单击“文本”组中的“文本框”按钮，即可从弹出菜单中选择现有的文档样式，如图3-79所示。

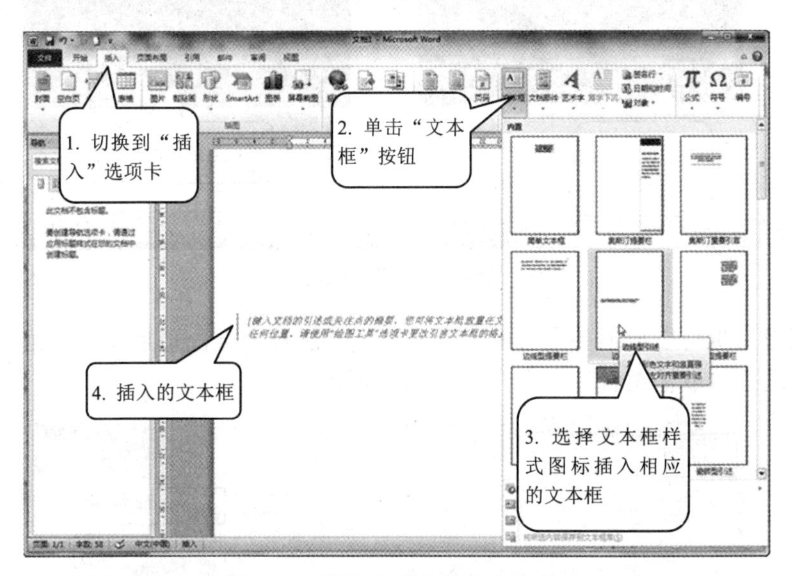

图 3-79　设置艺术字的文字方向

如果要插入一个无格式的文本框，则可在弹出菜单中选择“绘制文本框”或“绘制竖排文本框”命令，然后在页面中拖动鼠标绘出文本框。

用户可像在普通页面上组织文本一样直接在文本框中输入文字，或者通过剪切或复制将文本粘贴到文本框中。此外，如果选择了一些内容，然后选择“绘制文本框”或“绘制竖排文本框”命令，则可创建包含此内容的文本框。

2. Word 中的图形

在 Word 中可以绘制各种形状，Word 2010 包含线条、矩形、基本形状、箭头总汇、公式形状、流程图、标注和星与旗帜共 8 类图形。

默认情况下，形状的排列方式是浮于文字之上，可以很方便地通过拖动它们来组合成复杂的图形，并可以更改彼此间的层次。例如，我们可以利用矩形、月牙形和星形来组成一幅美丽的夜空图。

为了使多形状组成的图形便于统一修改和组织，可以将它们组合为一个整体，组合后的图形具有统一的选择框，可以像单独的形状一样进行各种调整，如图3-80所示。

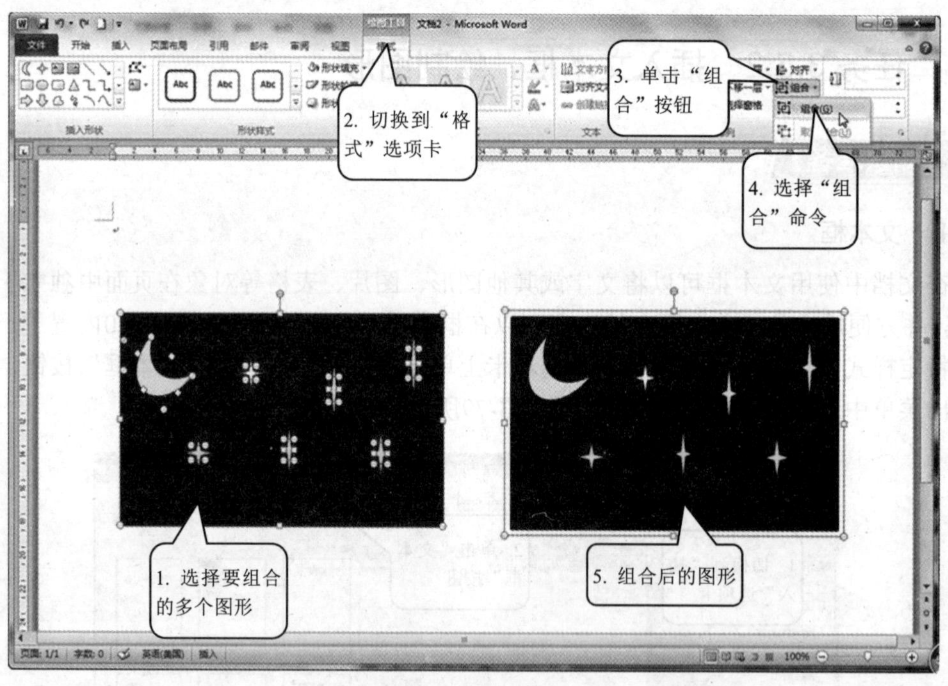

图 3-80　组合图形

组合图形后也可以取消各图形的组合，方法是选择组合图形后单击“组合”按钮，从弹出菜单中选择“取消组合”命令，如图3-81所示。

图 3-81　取消图形组合

3. 在图形中添加文字

在各类自选图形中，除了直线、箭头等线条图形外，其他的所有图形都允许向其中添加文字。有的自选图形在绘制好后可以直接添加文字，如标注和组织结构图；有些图形则不能直接添加文字，需要先右击图形，从弹出的快捷菜单中选择“添加文字”命令，此时在图形的外部会出现一个编辑框，其中显示闪烁的插入点，这时就可以输入文字了，如图3-82所示。

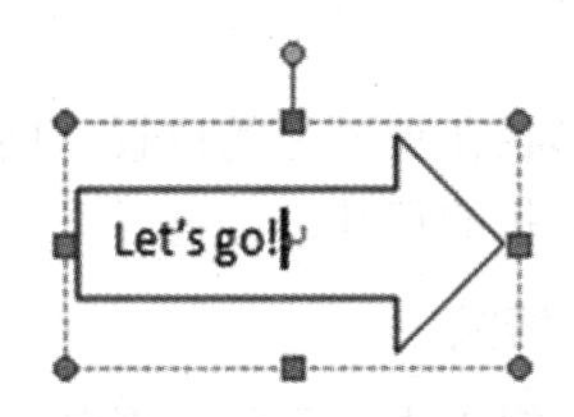

图 3-82　在图形中添加文字

4. 图形的绘制和调整

绘制图形的方法非常简单，从功能区中选择某个图形的图标后，在页面中单击鼠标即可插入相应图形，也可以在页面上拖动鼠标，绘制非特定大小的形状。

与图片、艺术字、文本框等对象一样，图形也可以通过使用鼠标来进行移动、调整大小、旋转等，而对于某些特殊图形，还可以进行变形。如月牙形，在选中它时，图形的周围除了尺寸控点外，还会出现一个或多个黄色的菱形控点，拖动这些菱形控点可调节图形的形状，使其变形，如图3-83所示。

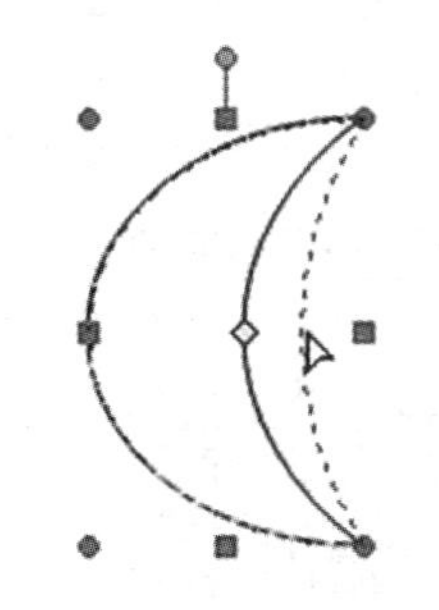

图 3-83　图形变形的过程

5. 绘图工具

绘制文本框或形状后，默认都会自动出现绘图工具，该工具只有一个“格式”选项卡，如图3-84所示。

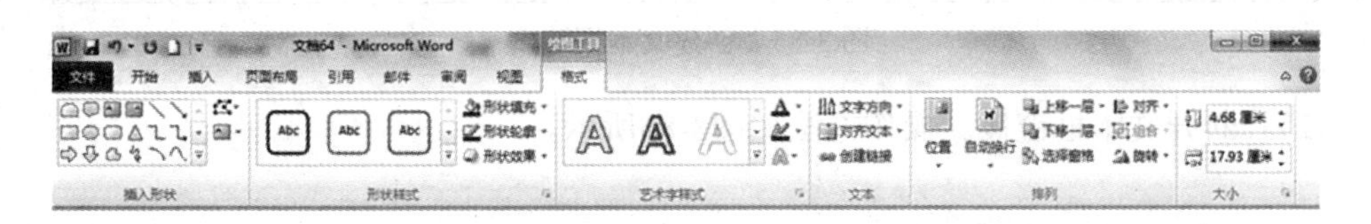

图 3-84　文本框的格式设置工具

绘图工具中各工具组的功能如下：

（1） 插入形状：插入、更改、编辑文本框或形状。

（2） 形状样式：设置文本框、形状的填充、轮廓和特殊效果，或者为其应用现成的样式。

（3） 艺术字样式：设置文本框、形状中文本的填充、轮廓和特殊效果，或者为其应用现成的样式。

（4） 文本：更改文本框、形状中文字的方向、排列方式或者为多个文本框、形状创建内容链接。

（5） 排列：更改文本框、形状在页面上的位置、层次、排列方式和显示状态等。

（6） 大小：指定文本框或形状的尺寸。

4. 创建和断开文本框的内容链接

在一些报刊、杂志类的文档编辑当中，常常会遇到需要跨版自动调整文档页面内容的情况，例如，为了有效利用页面空余位置，会将某些文章分为几个部分，分别安排在不同的页面，这种情况下只能用文本框解决问题，且需要保证这多个部分保持为一个整体，即无论哪一部分被添加或删除内容时，其他内容都会自动重排。这时，可以利用文本框的链接功能使多个文本框链接在一起，以便文本能够从一个文本框流动到另一个文本框中。

创建了文本框的链接后，如果断开链接，则被链接的文本中的内容会自动清除，恢复到前一个文本框的溢出状态。

（1） 创建文本框链接。操作方法如图3-85所示。

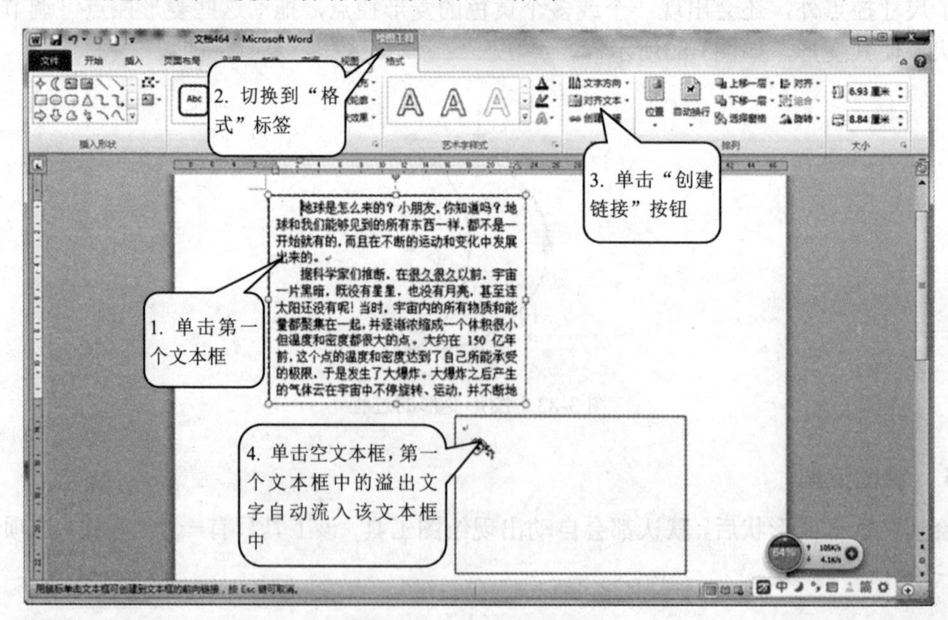

图 3-85　创建文本框链接

（2） 断开文本框链接。操作方法如图3-86所示。

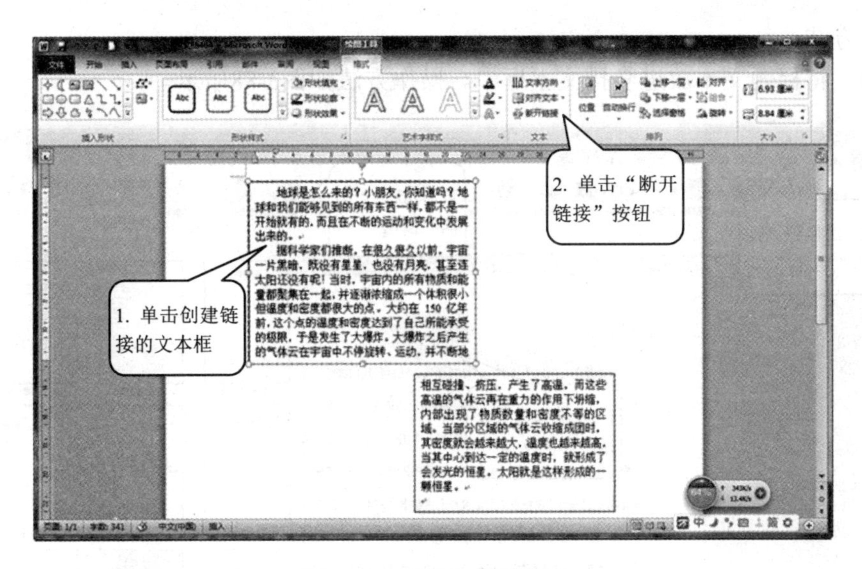

图 3-86　断开文本框链接

【任务操作】

打开“素材\文字素材\地球之初.docx”，将标题文本放在文本框中，将粗体文本放在“横卷形”图形中，结果如图3-87所示。

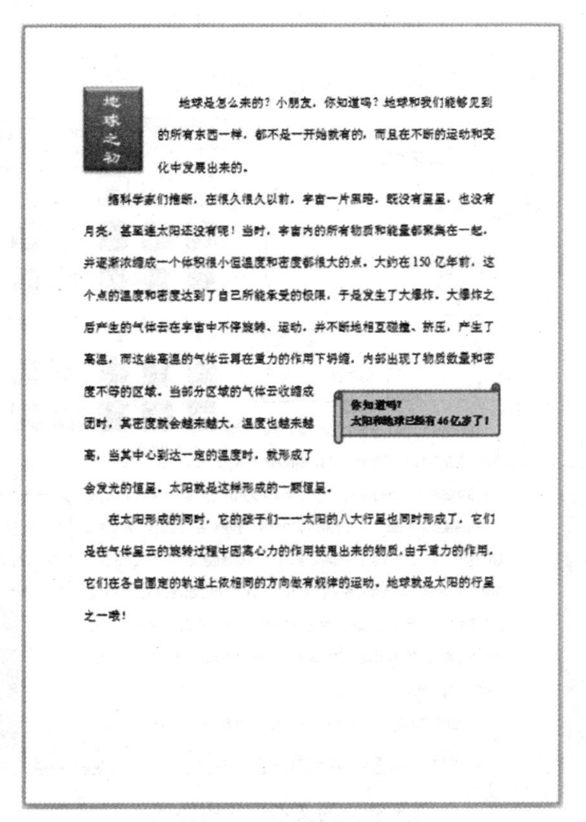

地球之初

地球是怎么来的？小朋友，你知道吗？地球和我们能够见到的所有东西一样，都不是一开始就有的，而且在不断的运动和变化中发展出来的。

据科学家们推断，在很久很久以前，宇宙一片黑暗，既没有星星，也没有月亮，甚至连太阳还没有呢！当时，宇宙内的所有物质和能量都聚集在一起，并逐渐浓缩成一个体积很小但温度和密度都很大的点。大约在150亿年前，这个点的温度和密度达到了自己所能承受的极限，于是发生了大爆炸。大爆炸之后产生的气体云在宇宙中不停旋转、运动，并不断地相互碰撞、挤压，产生了高温，而这些高温的气体云再在重力的作用下坍缩，内部出现了物质数量和密度不等的区域。当部分区域的气体云收缩成团时，其密度就会越来越大，温度也越来越高，当其中心到达一定的温度时，就形成了会发光的恒星。太阳就是这样形成的一颗恒星。

你知道吗？
太阳和地球已经有46亿岁了！

在太阳形成的同时，它的孩子们——太阳的八大行星也同时形成了。它们是在气体星云的旋转过程中因离心力的作用被甩出来的物质，由于重力的作用，它们在各自固定的轨道上做相同的方向做有规律的运动。地球就是太阳的行星之一哦！

图 3-87　示例文档

操作方法：

（1） 将标题文本放进竖排文本框中。操作方法如图3-88所示。

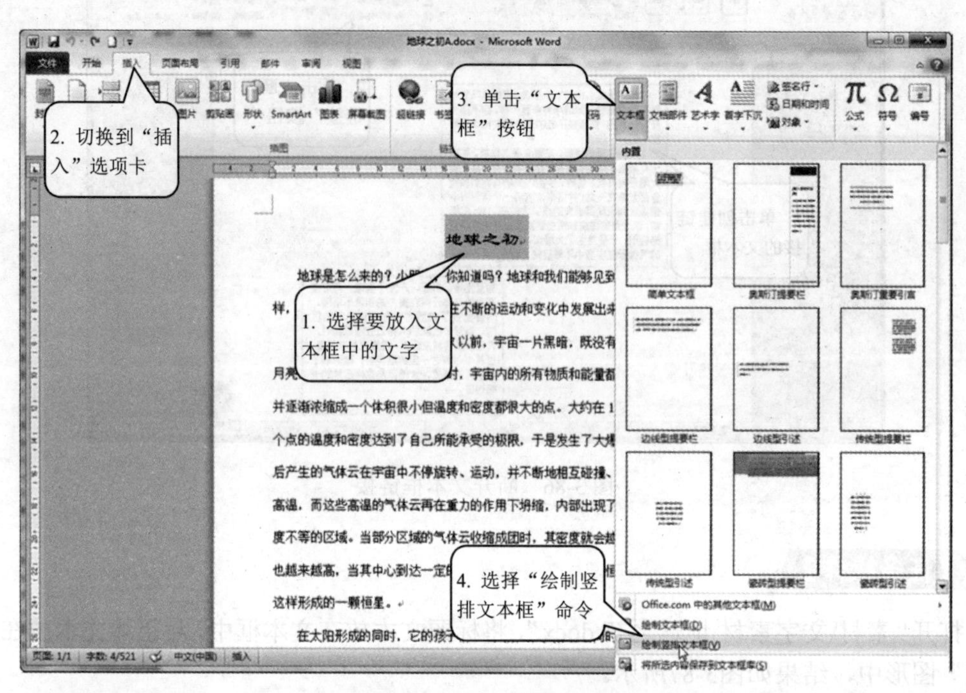

图 3-88 绘制竖排文本框

（2） 为文本框应用样式。操作方法如图3-89所示。

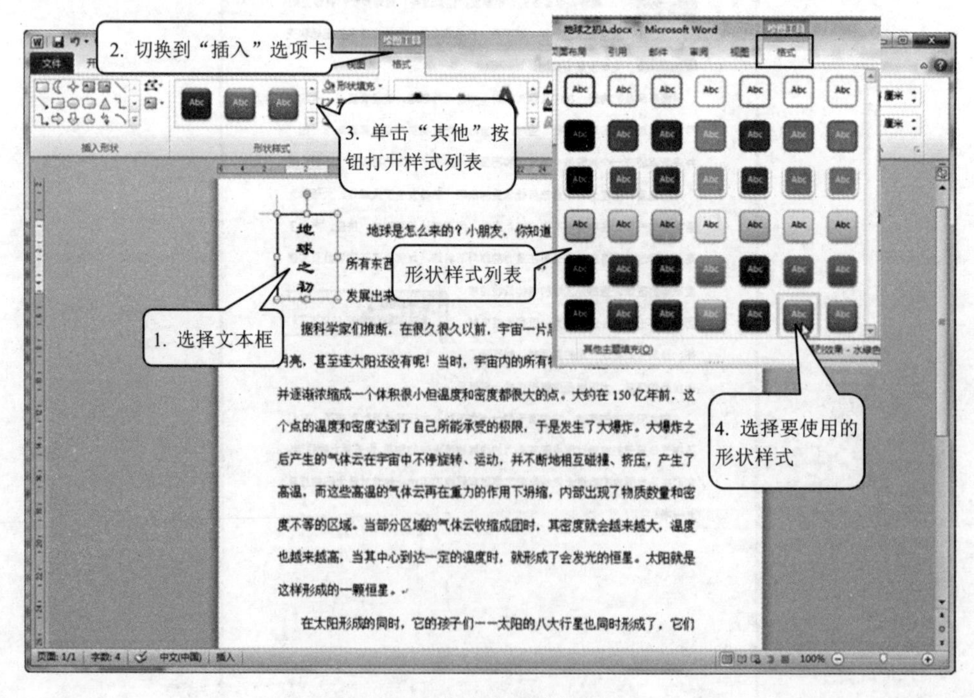

图 3-89 为文本框应用样式

（3） 更改文本框中文字的样式。操作方法如图3-90所示。

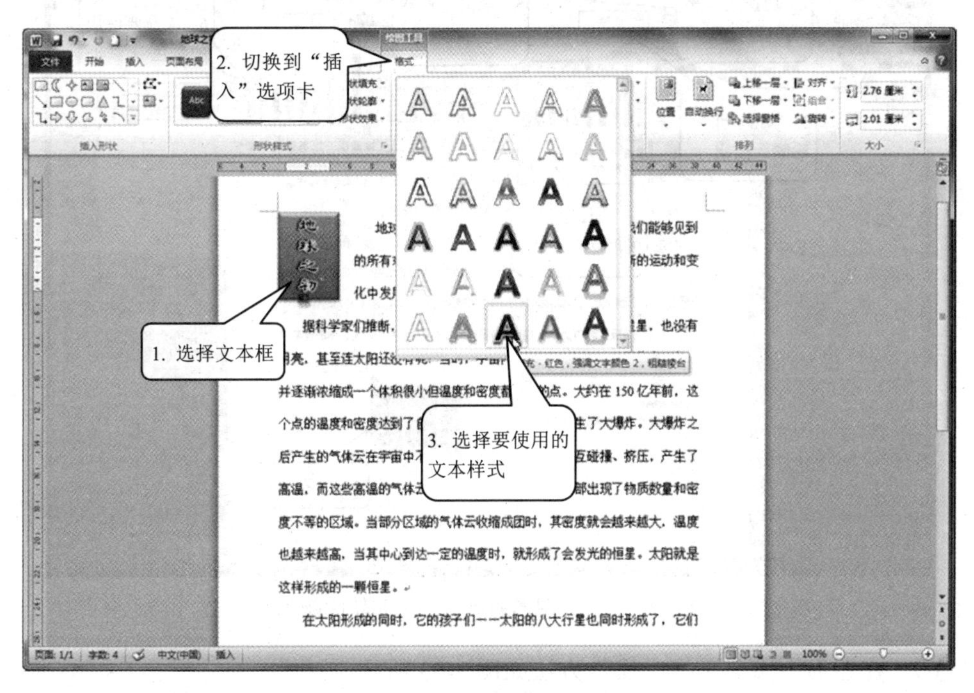

图 3-90　更改文本框中文字的样式

（4） 绘制图形。操作方法如图 3-91 所示。

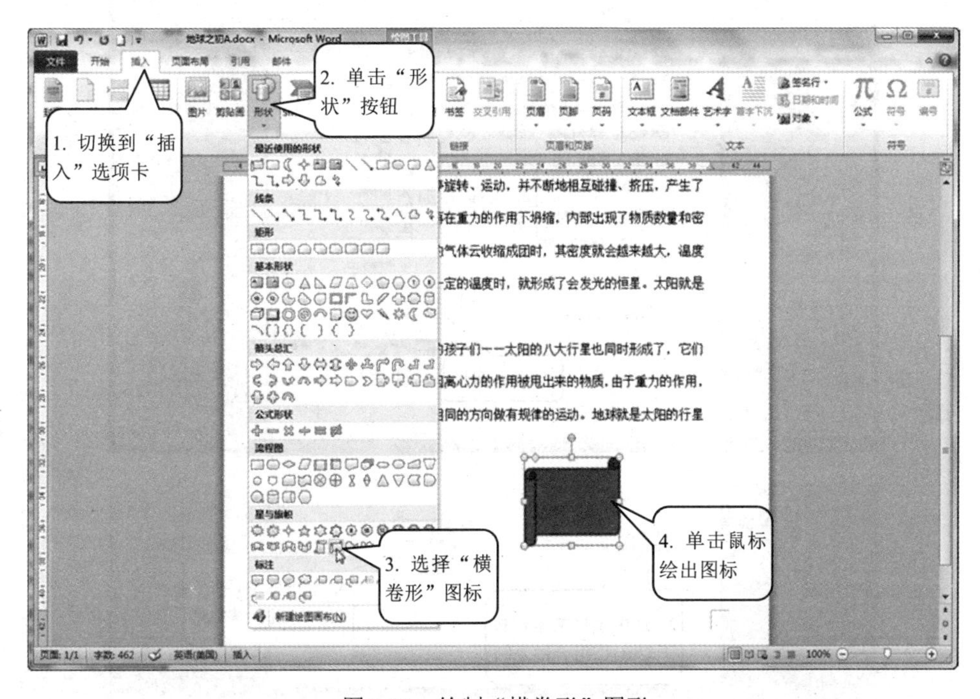

图 3-91　绘制“横卷形”图形

（5） 更改图形的填充颜色和轮廓颜色。操作方法如图3-92所示。

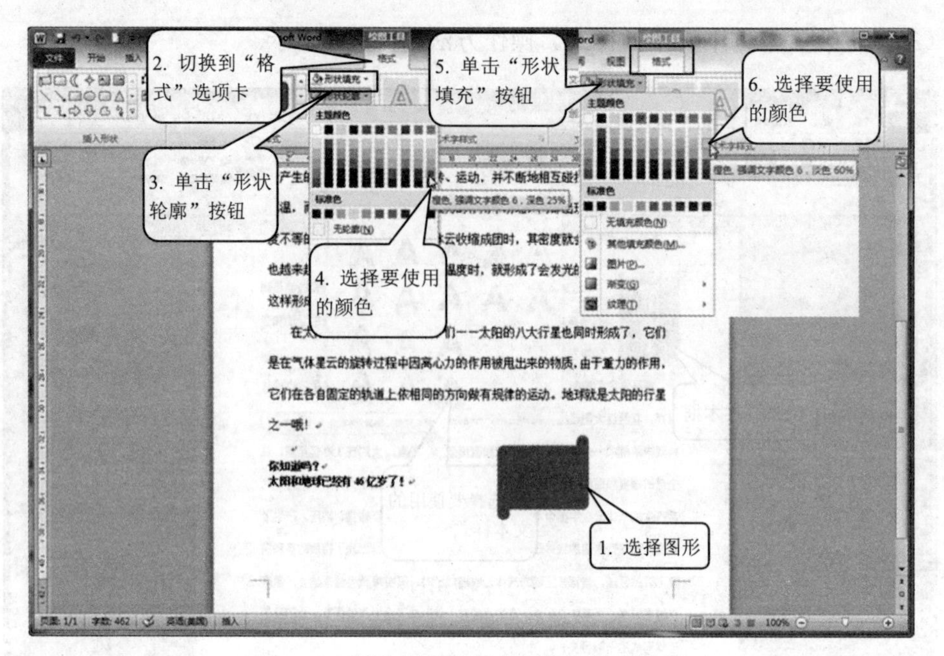

图 3-92　更改图形的填充颜色和轮廓颜色

（6）　在图形中添加文字。操作方法如图 3-93 所示。

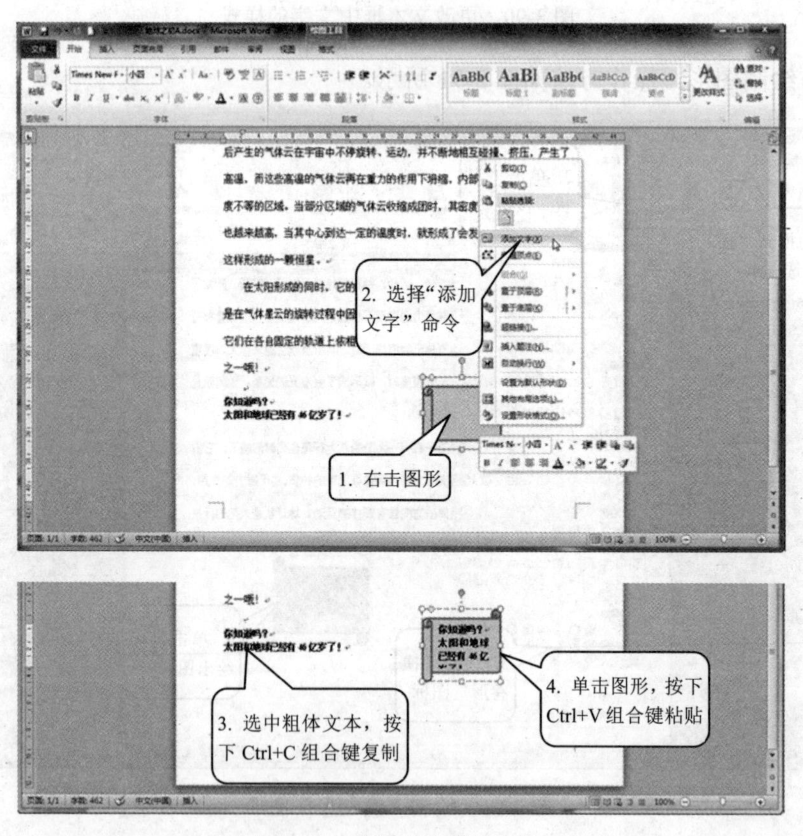

图 3-93　在图形中添加文字

（7）　更改图形大小。操作方法如图3-94所示。

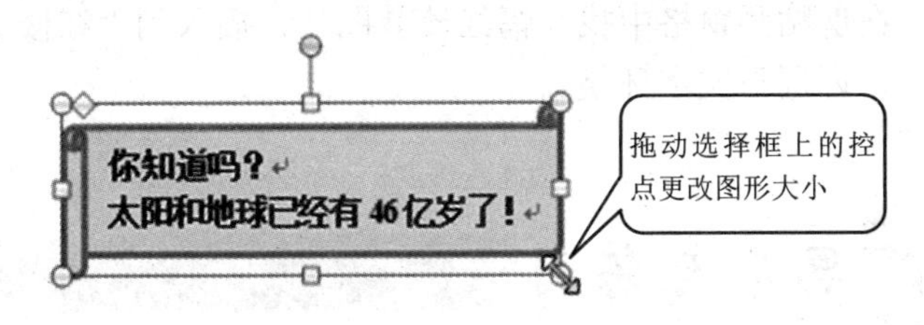

图 3-94　更改图形大小

（8）　更改图形位置。选择“中间居右，四周型文字环绕”方式，操作方法略。

【拓展任务】

按照如图 3-95 所示的样张完成操作要求。

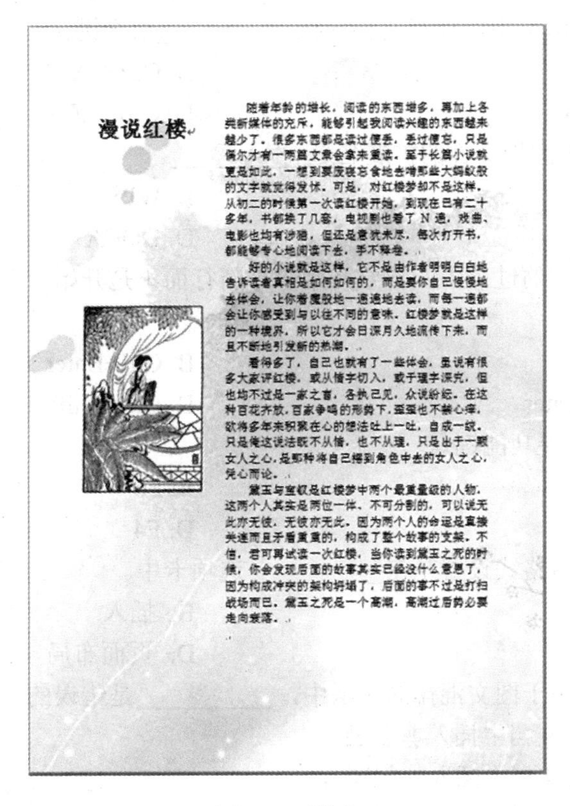

漫说红楼

随着年龄的增长，阅读的东西增多，再加上各类新媒体的充斥，能够引起我阅读兴趣的东西越来越少了。很多东西都是读过便丢，丢过便忘，只是偶尔才有一两篇文章会拿来重读。至于长篇小说就更是如此，一想到要废寝忘食地去啃那些大蚂蚁般的文字就觉得发怵。可是，对红楼梦却不是这样。从初二的时候第一次读红楼开始，到现在已有二十多年，书都换了几套，电视剧也看了 N 遍，戏曲、电影也均有涉猎，但还是意犹未尽，每次打开书，都能够专心地阅读下去，手不释卷。

好的小说就是这样，它不是由作者明明白白地告诉读者真相是如何如何的，而是要你自己慢慢地去体会，让你着魔般地一遍遍地去读，而每一遍都会让你感受到与以往不同的意味。红楼梦就是这样的一种境界，所以它才会日深月久地流传下来，而且不断地引发新的热潮。

看得多了，自己也就有了一些体会，虽说有很多大家评红楼，或从情字切入，或于理字深究，但也均不过是一家之言，各执己见，众说纷纭。在这种百花齐放，百家争鸣的形势下，蛰蛰也不禁心痒，欲将多年来积累在心的想法吐上一吐，自成一统。只是俺这说法既不从情，也不从理，只是出于一颗女人之心，是那种将自己移到角色中去的女人之心，凭心而论。

黛玉与宝钗是红楼梦中两个最重量级的人物，这两个人其实是两位一体、不可分割的，可以说无此亦无彼，无彼亦无此，因为两个人的命运是直接关连而且矛盾重重的，构成了整个故事的支架。不信，君可再试读一次红楼，当你读到黛玉之死的时候，你会发现后面的故事其实已经没什么意思了，因为构成冲突的架构坍塌了，后面的事不过是打扫战场而已。黛玉之死是一个高潮，高潮过后势必要走向衰落。

图 3-95　样张

操作要求：

（1）　新建一个Word文档，保存为“红楼.docx”。

（2）　设置纸张大小为B5，页边距适中。

（3）　将“素材\背景4.jpg”图片设置为文档背景。

（4）　将“素材\文字素材\拓展3.docx”文档中的所有文字带格式复制到“红楼.docx”文档中。

（5） 将插入点放在正文文本前面，插入分栏符，然后设置分栏格式为偏左。

（6） 在剪贴画窗格中找一幅红楼梦图片，插入到“红楼.docx”文档中，设置其位置为中间居左，四周形文字环绕。

思考与练习

1. 选择题

（1） 新建 Word 文档的快捷键是__________。

A. Ctrl+A　　B. Ctrl+N

C. Ctrl+O　　D. Ctrl+S

（2） 在 Word 2010 中，保存文档应按__________组合键。

A. Ctrl +C　　B. Ctrl + A

C. Ctrl + S　　D. Ctrl + X

（3） Word 2010 文档文件的扩展名是__________。

A. TXT　　B. WPS

C. DOC　　D. DOCX

（4） 在输入文字的过程中，若要开始一个新行而不是开始一个新的段落，可以使用快捷键__________。

A. Enter　　B. Ctrl+Enter

C. Shift+Enter　　D. Ctrl+Shift+Enter

（5） Word 的扩展功能键是__________。

A. F8　　B. F6

C. F5　　D. F4

（6） 字体、段落格式设置是在__________选项卡中。

A. 文件　　B. 插入

C. 开始　　D. 页面布局

（7） 下面 4 种关于图文混排的说法中，__________是错误的。

A. 可以在文档中插入剪贴画

B. 可以在文档中插入外部图片

C. 图文混排指的是文字环绕图形四周

D. 可以在文档中插入多种格式的图形文件

（8） 如果希望在 Word 2010 窗口中显示标尺，应当在“视图”选项卡上__________。

A. 单击“标尺”按钮

B. 选中“标尺”复选框

C. 选中“文档结构图”复选框

D. 单击“页面视图”按钮

（9）使用Word编辑文档时，在“开始”选项卡上单击“剪贴板”组中的__________按钮，可将文档中所选中的文本移到“剪贴板”上。

A. 复制　　B. 删除

C. 粘贴　　D. 剪切

（10）使用Word编辑文档时，选择一个句子的操作是，移光标到待选句子中任意处，然后按住__________键，单击鼠标左键。

A. Alt　　B. Ctrl

C. Shift　　D. Tab

（11）使用Word编辑文档时，按__________键可删除插入点前的字符。

A. Delete　　B. BackSpace

C. Ctrl+Delete　　D. Ctrl+Backspace

（12）执行__________操作，可恢复刚删除的文本。

A. 撤销　　B. 消除

C. 复制　　D. 粘贴

（13）在Word 2010文档中，若将选中的文本复制到目的处，可以按住__________键，在目的处单击鼠标右键即可。

A. Ctrl　　B. Shift

C. Alt　　D. Ctrl+Shift

（14）在需要输入大量的文字信息时，最优化的视图模式是__________。

A. 页面视图　　B. 阅读版式视图

C. 大纲视图　　D. 草稿视图

（15）在Word 2010文档正文中段落对齐方式有左对齐、右对齐、居中对齐、两端对齐和__________。

A. 上下对齐　　B. 前后对齐

C. 分散对齐　　D. 内外对齐

2. 填空题

（1）快速访问工具栏中默认显示__________按钮。

（2）Word 2010的__________代替了传统的菜单栏和工具栏，可以帮助用户快速找到完成某一任务所需的命令。

（3）在Word 2010文档中，要完成修改、移动、复制、删除等操作，必须先__________要编辑的区域，使该区域成反相显示。

（4）当一个段落结束，需要开始一个新段落时，应该按__________键。

（5）在Word 2010窗口中，单击__________按钮可取消最后一次执行的命令。

（6）在Word 2010文档中，复制和粘贴的快捷键分别是__________和__________。

（7）如果想要保存当前文档的备份，应选择__________命令。

（8）使用__________中的工具可以为文本应用内置的段落格式。

（9）首字下沉排版方式包含__________和__________两种样式。

（10）在Word表格中，按__________键可快速将插入点移到下一个单元格中。

（11） 在 Word 表格中，单元格的默认对齐方式是__________。

（12） 当需要为多个收件人发送相似的文件时，可通过__________批量制作。

（13） 默认情况下，__________的排列方式是浮于文字之上，可以很方便地通过拖动它们来组合成复杂的图形，并可以更改彼此间的层次。

（14） 在表格中执行计算时，可用 A1、A2、B1、B2 的形式引用表格单元格，其中字母表示__________，数字表示__________。

（15） 使用标尺可以设置__________。

3. 判断题

（1） Word 2010 具有图文混排功能，可设置文字竖排和多种绕排效果。（　　）

（2） Word 2010 文档的复制、剪切，粘贴的操作可以通过菜单命令、工具栏按钮和快捷键来实现。（　　）

（3） 为了方便对文档进行格式化，可以将文档分割成任意部分数量的节。（　　）

（4） 在“页面设置”对话框中，可以指定每页的行数和每行的字符数。（　　）

（5） 单元格引用是指单元格在表格中的坐标位置的标识。（　　）

（6） 按下 Ctrl＋A 组合键将选定整个文档。（　　）

（7） 文本框和形状的格式工具是一样的。（　　）

（8） 在创建一个新文档后，Word 2010 会自动给它一个临时文件名。（　　）

（9） Word 2010 定时自动保存功能的作用是定时自动为用户保存文档。（　　）

（10） 在 Word 2010 中可以直接将普通文字转换为艺术字。（　　）

（11） 艺术字对象实际上就是文字对象。（　　）

（12） 通过拖动标题栏可以来回移动窗口。（　　）

（13） 在 Word 2010 中，单击鼠标可以取得与当前工作相关的快捷菜单，方便快速地选取命令。（　　）

（14） 按下 Alt+A 组合键可以选择所有图形。（　　）

（15） Word 2010 中插入图片的来源有两种，一种是外部图片，另一种是 Word 本身自带的剪贴画。（　　）

4. 简答题

（1） 什么时候需要创建文本框的链接？如何创建？

（2） 在图形中添加文字有什么作用？如何添加？

（3） 如何设置奇偶页不同的页眉和页脚？

（4） 什么是对象的布局？如何更改对象布局？

（5） 如何在 Word 表格中进行计算？

模块 4

电子表格处理软件 Excel 的应用

Microsoft Office Excel 2010 是一个功能强大的电子表格编辑制作软件，可用于处理各种数据和绘制统计图表等，是自动化办公中必不可少的工具之一。Excel 的基本职能是对数据进行记录、计算与分析，它的应用范围非常广泛，小到可以充当一般的计算器，用来记账、计算贷款或储蓄，大到可以进行专业的科学统计运算，并对大量数据进行计算分析，为公司财政政策的制定提供有效的参考。大量的实际应用经验表明，如果能够熟练地使用 Excel，将会大大提高我们学习和工作的效率。

项目 4.1　Excel 入门

Excel 文件称为工作簿，工作簿中包含一个或多个工作表。工作表是用于存储和处理数据的，由排列成行或列的单元格组成，也称为电子表格。在 Excel 中，处理数据的任务都是在工作簿、工作表和单元格中完成的。

通过本项目的学习，您将掌握以下内容：

◆ 工作簿的创建和保存、退出。

◆ 工作表的创建与删除。

◆ 表格数据的输入。

任务 4.1.1　工作簿、工作表的新建、保存及退出操作

【知识准备】

1. 启动 Excel 2010

（1） 从“开始”菜单启动。

（2） 双击桌面上的程序快捷图标启动。

（3） 打开一个现有的 Excel 工作簿启动程序。

2. Excel 2010 的工作界面

启动 Excel 2010 后，会自动打开一个包含 3 张空白工作表的空白工作簿，其默认名称为工作簿 1，如图 4-1 所示。

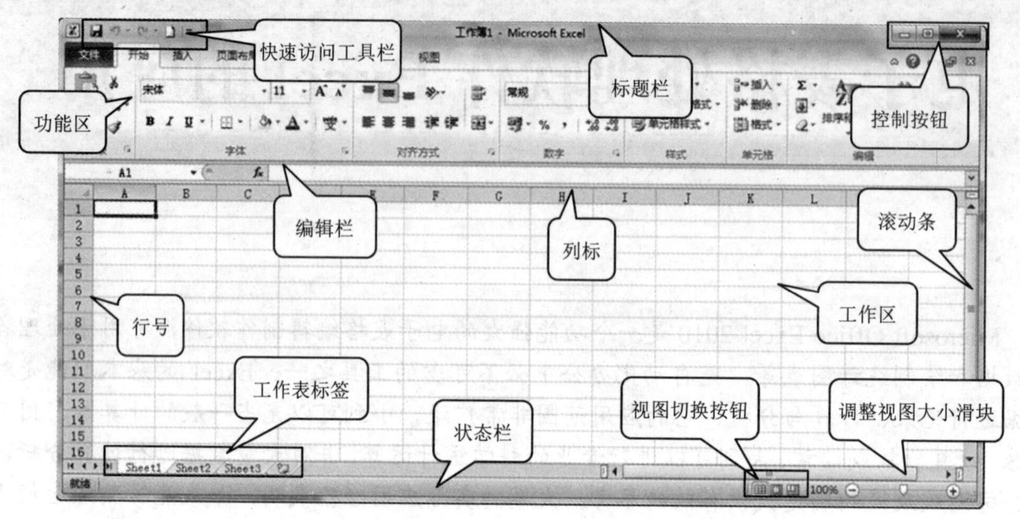

图 4-1　Excel 2010 工作界面

在 Excel 2010 的程序界面中，除了包含 Office 组件共有的标题栏、快速访问工具栏、功能区、状态栏、滚动条等元素外，还包含一些 Excel 特有的元素，如编辑栏、工作表标签、行号、列号等。

（1） 编辑栏：用来显示和编辑数据、公式，由 5 个部分组成，从左向右依次是：名称框、“插入函数”按钮、编辑区、展开/折叠和翻页按钮。其结构如图 4-2 所示。

图 4-2　编辑栏

单击“插入函数”按钮可打开“插入函数”对话框，同时它的左边会出现“取消”按钮✕和“输入”按钮✓。

（2） 工作表标签：用来显示工作表的名称。默认情况下，新建的工作簿中包含 3 张工作表，其名称分别为 Sheet1、Sheet2、Sheet3。可以对现有的工作表进行重新命名，也可以根据需要添加或删除工作表。一个工作簿中最多可以包含 255 个工作表。

（3） 行号和列号：工作表也称为电子表格，其基本单位为单元格，并用数字表示行号自上而下为 1、2、3、…，由字母及字母的组合表示列号，从左到右为 A、B、C、…。

3. 新建工作簿

（1） 启动 Excel 2010，同时新建一个空白工作簿。

（2） 启动 Excel 2010 后，在程序窗口中选择“文件”——“新建”命令。

（3）按下 Ctrl+N 组合键。

4. 插入工作表

（1）单击工作表标签右边的“插入工作表”按钮。

（2）按下 Shift+F11 组合键。

（3）右击某工作表的标签，从弹出的快捷菜单中选择“插入”命令，可插入具有某些特定类型的新工作表，具体操作如图 4-3 所示。

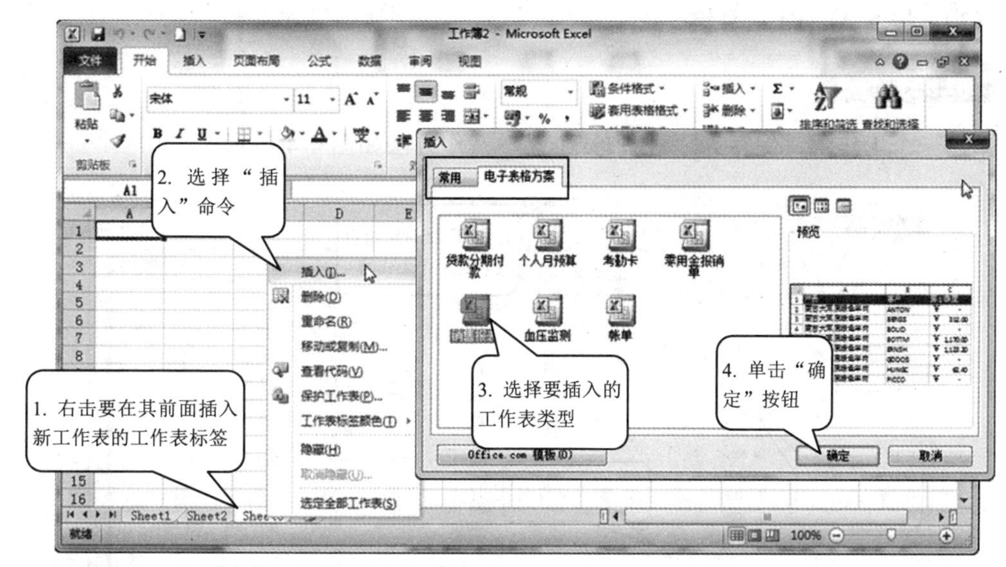

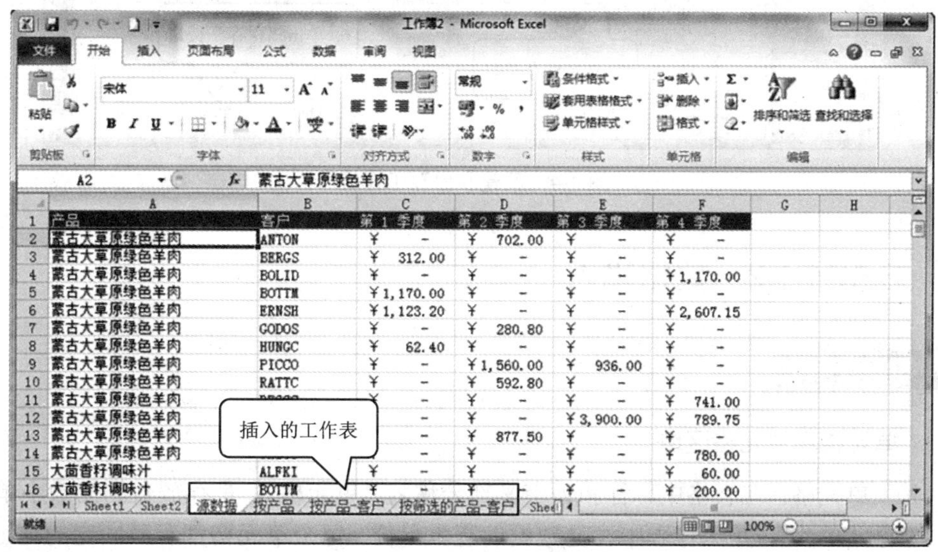

图 4-3　插入工作表

删除工作表的方法是鼠标右击该工作表，从弹出的快捷菜单中选择“删除”命令。

5. 保存工作簿

（1）单击快速访问工具栏中的“保存”按钮。

（2） 按下 Ctrl+S 组合键。

（3） 选择“文件”——“保存”命令。

保存工作簿是对所有工作表的保存，工作簿中无法单独保存某个工作表。

6. 退出 Excel 2010

（1） 单击“文件”——“退出”命令。

（2） 单击窗口右上角的“关闭”按钮。

（3） 按下 Alt+F4 组合键。

【任务操作】

新建一个工作簿，保存为“进货单.xlsx”。操作方法如图 4-4 所示。

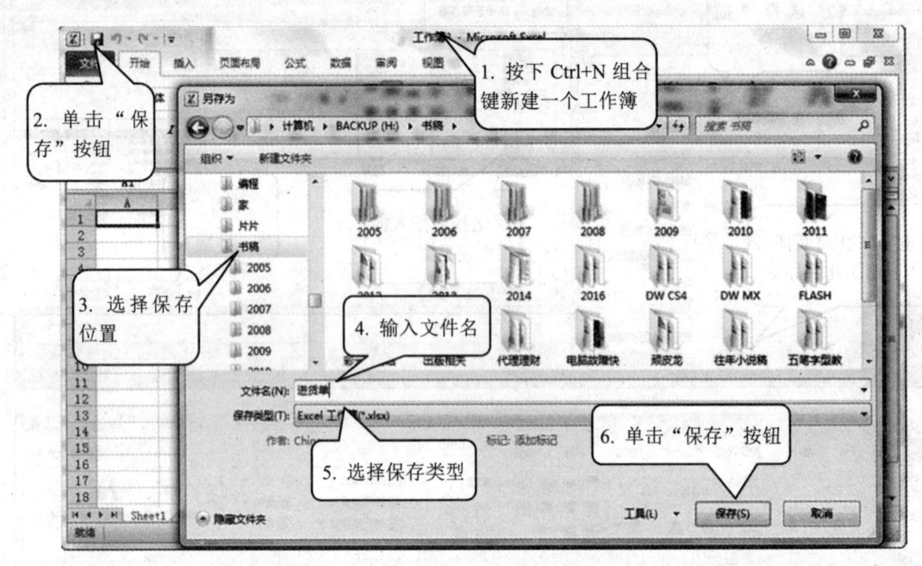

图 4-4 新建和保存工作簿

任务 4.1.2 数据输入

【知识准备】

1. 单元格和单元格区域

（1） 单元格：在表格中，行和列交叉部分称为“单元格”，是存放数据的最小单元，又称为“存储单元”，是工作表中存储数据的基本单位。每个单元格都有其固定的地址，用列号和行号表示，例如，单元格 B7 表示其行号为 7，列标为 B。

在一个单元格中输入并编辑数据之前，应选定该单元格为活动单元格，即当前正在操作的单元格，呈黑色外框显示，如图 4-5 所示。

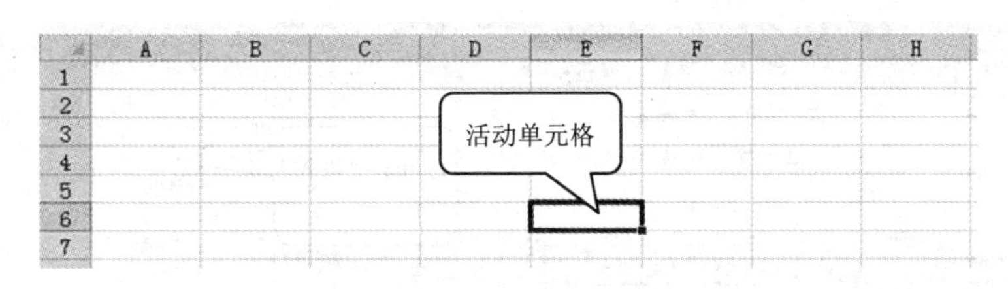

图 4-5　活动单元格

（2）　单元格区域：连续的单元格构成单元格区域。当若干个单元格参与运算时，例如要计算 B1、B2、…B10 这 10 个单元格的数据之和，如果将它们的地址全部写出来显然会降低办公效率，Excel 使用单元格区域对此进行了简化。单元区域表示法是只写出单元格区域的开始和结束两个单元格的地址，二者之间用冒号分开，以表示包括这两个单元格在内的、它们之间所有的单元格。表 4-1 列出了单元格区域的表示方法。

表 4-1　单元格区域的表示方法

区　域	示　例	表示方法
同一列连续的单元格	从 A1 到 A6，连续的、都在第一列中从第一行到第六行的 6 个单元格	A1：A6
同一行连续的单元格	从 A1 到 F1，连续的、都在第一行中从第一列到第六列的 6 个单元格	A1：F1
矩形区域中的单元格	以 A1 和 C3 作为对角线两端的矩形区域，三行三列共 9 个单元格	A1：C3

2.　工作表的切换

（1）　用鼠标切换。单击工作表标签，可迅速切换到相应的工作表。

（2）　用键盘切换。按下 Ctrl+PageDown 组合键，可顺序切换到下一张工作表。

当创建了多个工作表时，可以利用工作表标签左侧的四个滚动按钮来显示当前不可见的工作表标签。当前活动工作表的标签以白底显示，如图 4-6 所示。

图 4-6　活动工作表

3.　输入具有自动设置小数点或尾随零的数字

当需要在单元格中填充小数或后面尾随多个 0 的数字时，可以在输入数字时直接键入小数点或 0。为了不至于出错，也可以让 Excel 自动设置小数点或尾随零的数字。具体操作方法有两种：

（1）　通过设置单元格格式进行设置。操作方法如图 4-7 所示。

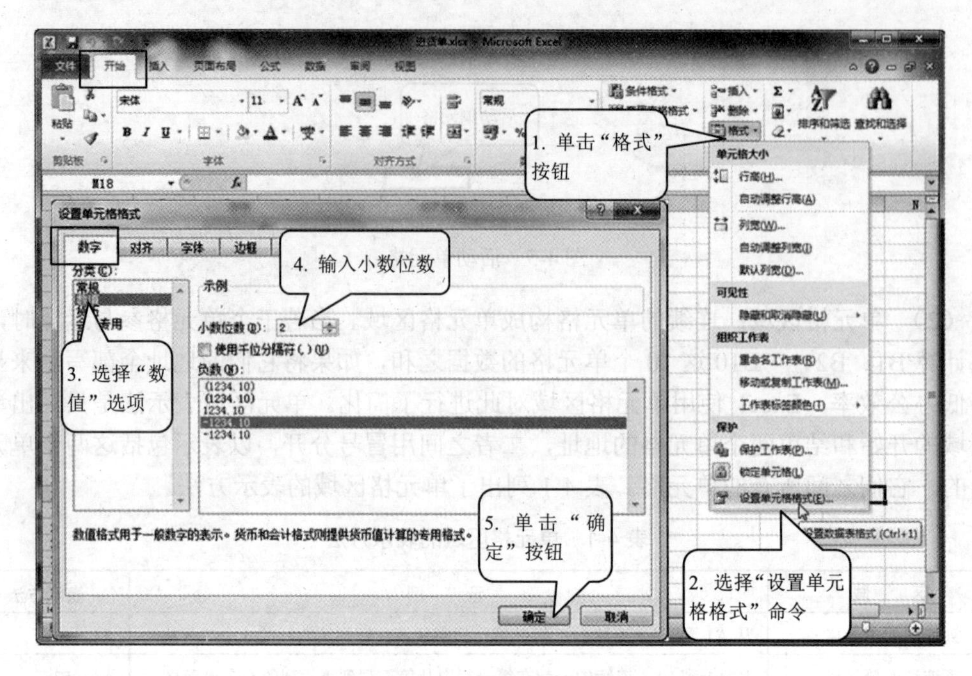

图 4-7　通过设置单元格格式设置数字格式

在指定位数时，若要设置小数点右边的位数，应输入一个正数；反之，若要设置小数点左边的位数，则应输入一个负数。例如：如果在“位数”微调框中输入“3”，然后在单元格中输入“2834”，则其值为“2.834”；而如果在“位数”微调框中输入“-3”，然后在单元格中输入“283”，则其值为“283000”。

（2） 通过设置系统参数进行设置。操作方法如图 4-8 所示。

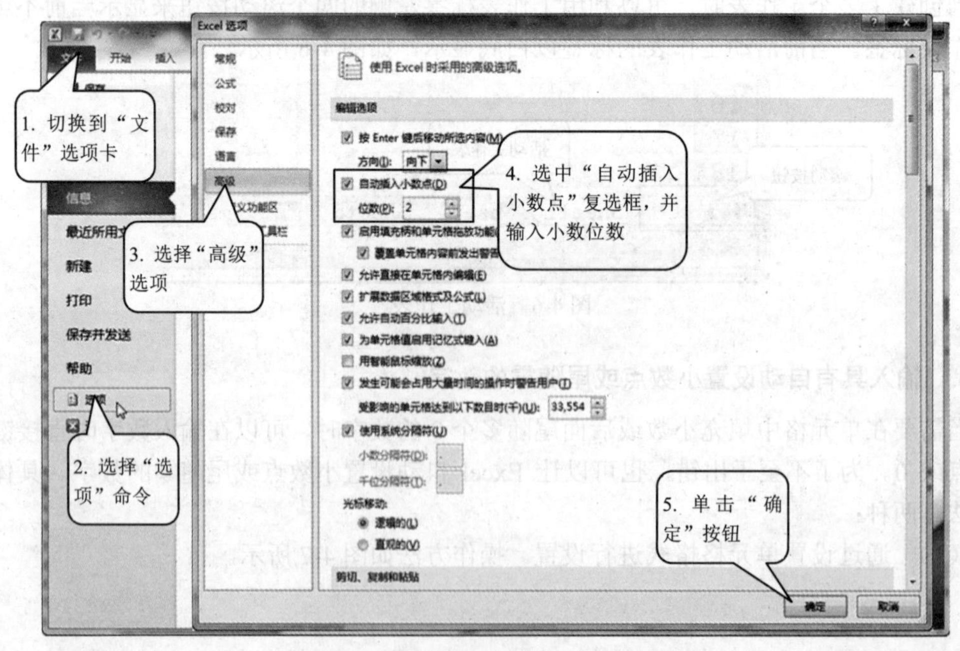

图 4-8　通过设置系统参数设置数字格式

4. 输入数字、文字、日期和时间

单击所需的单元格，即可向其中输入数字、文字、日期、时间等类型的数据。按下 Enter 键或 Tab 键，可以移动插入光标到下一行或同行的下一个单元格，继续输入数据。

在输入日期时，要用连字符分隔日期的年、月、日部分。例如，可以输入“2009-3-8”或“8-March-09”。

在输入时间数据时，如果按 12 小时制输入时间，应在时间数字后空一格，并输入字母 a（上午）或 p（下午），例如，9:00 p。否则，如果只输入时间数字，Excel 将按 AM（上午）处理；如果要输入当前的时间，则按下 Ctrl+Shift+:（冒号）组合键即可。

5. 同时在多个单元格中输入相同数据

要在多个单元格中同时输入相同的数据，必须先选定所需的单元格，这些单元格不必相邻。表 4-2 列出了选择单元格和单元格区域的方法。

表 4-2　选择单元格和单元格区域的方法

选择对象	操作方法
选择单个单元格	单击相应的单元格
选择单元格区域	单击区域的第 1 个单元格，再拖动鼠标到最后一个单元格
选择较大的单元格区域	单击区域中的第 1 个单元格，再按住 Shift 键，单击区域中的最后一个单元格。可以先滚动到最后一个单元格所在的位置
选择工作表中所有单元格	单击工作表左上角的“全选”按钮
选择不相邻的单元格或单元格区域	先选中第 1 个单元格或单元格区域，再按住 Ctrl 键选中其他的单元格或单元格区域
选择整行或整列	单击行标题或列标题
选择相邻的行或列	在行标题或列标题中拖动鼠标。或者先选中第一行或第一列，再按住 Shift 键选中最后一行或最后一列
选择不相邻的行或列	先选中第一行或第一列，再按住 Ctrl 键选中其他的行或列

选定需要输入数据的单元格后，输入相应数据，然后按下 Ctrl+Enter 组合键即可在选定的多个单元格中同时输入相同的数据。

6. 在单元格区域中输入相同数据

当需要在一个单元格区域中输入相同数据时，除了可以先选定该区域，然后输入数据并按下 Ctrl+Enter 组合键确认外，也可以先在起始单元格内输入第 1 个数据，然后将指针移动到该单元格的右下角的黑色矩形状的填充柄上，当指针变为十字（+）状时按住鼠标左键向上、下、左或右拖动，即可在矩形包围的单元格区域中添加相同的数据，如图 4-9 所示。

7. 同时在多张工作表中输入或编辑相同的数据

选定一组工作表后，在其中一张工作表中输入数据，那么在所有工作表中的相应单元格中都会被输入相同的数据。

同样地，在多张选定的工作表中编辑其中一张的数据时，其他工作表也会被修改。选

定要输入数据的工作表后，再选定需要输入数据的单元格或单元格区域，然后在第 1 张工作表的选定单元格中键入或编辑相应的数据，按下 Enter 键或 Tab 键，即可在其他工作表中输入或修改数据。

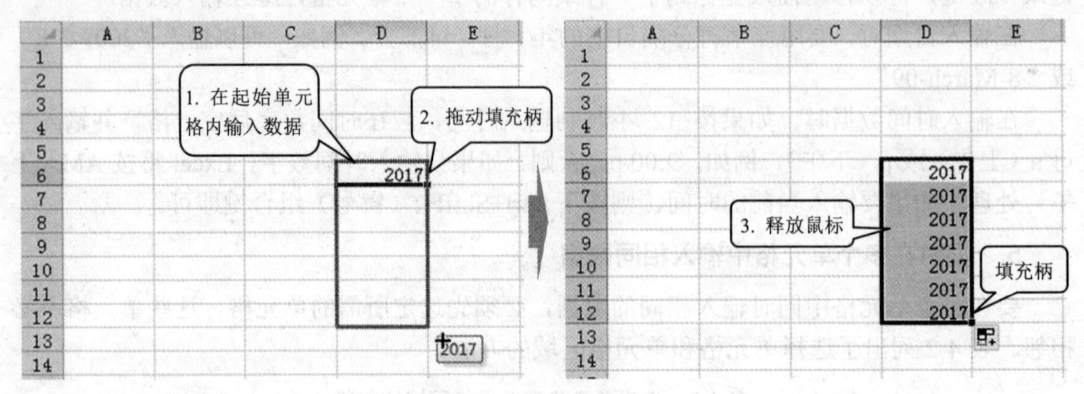

图 4-9　通过设置系统参数设置数字格式

8. 自动填充数据

在向表格中填充数据时，可以使用记忆式键入法在同一数据列中自动填写重复录入项。如果在单元格中键入的起始字符与该列已有的录入项相符，Excel 可以自动填写其余的字符。

输入起始字符后，可根据情况执行下列操作，接受或拒绝自动录入项：

（1） 接受建议的录入项：按下 Enter 键。记忆式键入法提供的录入项完全采用已有录入项的大小写格式。

（2） 不采用自动提供的字符：继续键入所需的数据。

（3） 删除自动提供的字符：按下 Backspace 键。

自动录入项中只能包含数字和没有格式的日期或时间。

9. 填充序列

利用 Excel 的自动填充功能，不但可以在相邻的单元格中填充相同的数据，还可以快速输入具有某种具体规律的数据序列，如可扩展序列、等差序列、等比序列等。

当需要在表格中填充一系列数字、日期或其他项目时，可在需要填充的单元格区域中选择第 1 个单元格，为此序列输入初始值，并在下一个单元格中输入值以创建模式。然后选定包含初始值的单元格，将填充柄拖动到待填充区域上（若要按升序排列，从上到下或从左到右填充；若要按降序排列，则从下到上或从右到左填充）。此时，Excel 将在选定填充区域中复制序列初始值，并在区域右下角显示一个“自动填充”按钮；单击此按钮，可弹出一个下拉菜单，从中单击所需的单选项，即可按序列填充一系列指定项目，如图 4-10 所示。

在输入序列模式时，应遵循以下原则：

（1） 序列为 2、3、4、5、…时，在前两个单元格中分别输入 2 和 3；序列为 2、4、6、8、…时，在前两个单元格中分别输入 2 和 4；序列为 2、2、2、2、…时，则将第 2 个单元格保留为空白。

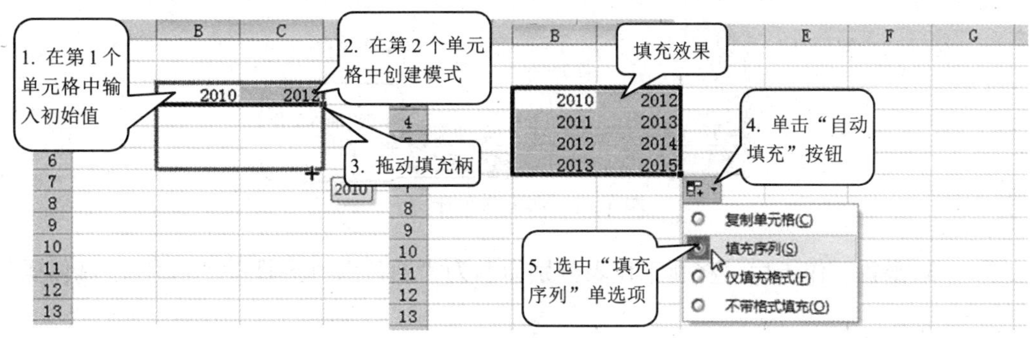

图 4-10 填充序列数据

（2） 若要指定序列类型，应按住鼠标右键拖动填充柄，在到达填充区域之上时，选择快捷菜单中的相应命令。例如，如果序列的初始值为 JAN-02，选中“以月填充”单选项，可生成序列 FEB-02、MAR-02 等；选中“以年填充”单选项，则生成序列 JAN-03、JAN-04 等。

【任务操作】

打开“进货单.xlsx”工作表，将默认的 3 个工作表标签分别改为“一月”、“二月”、“三月”，再插入 3 张新工作表，分别命名为“四月”、“五月”、“六月”，然后在“一月”工作表中输入相应数据，结果如图 4-11 所示。

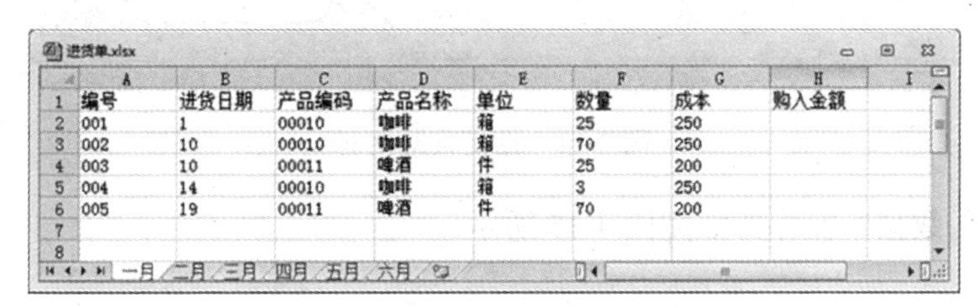

编号	进货日期	产品编码	产品名称	单位	数量	成本	购入金额
001	1	00010	咖啡	箱	25	250	
002	10	00010	咖啡	箱	70	250	
003	10	00011	啤酒	件	25	200	
004	14	00010	咖啡	箱	3	250	
005	19	00011	啤酒	件	70	200	

图 4-11 表格示例

操作方法：

（1） 重命名工作表标签。操作方法如图 4-12 所示。

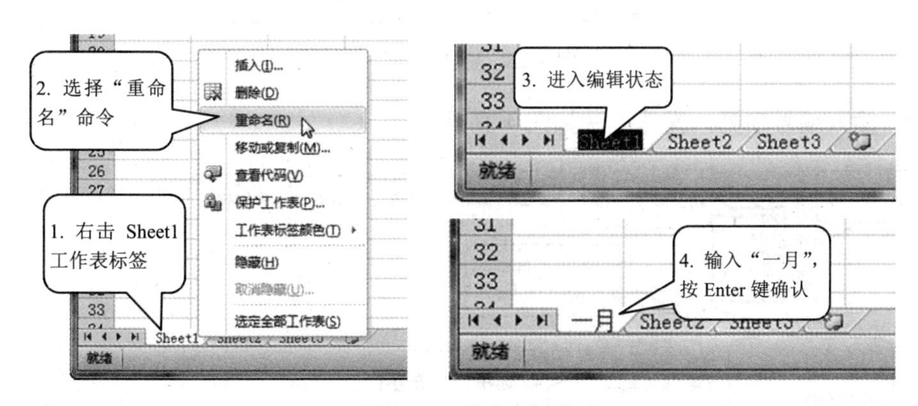

图 4-12 重命名工作表

（2） 插入新工作表。操作方法如图 4-13 所示。

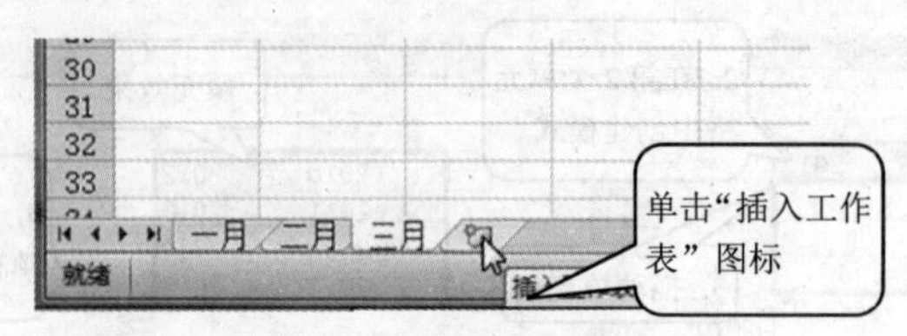

图 4-13　插入新工作表

插入 3 张新工作表后，将新工作表分别命名为“四月”、“五月”、“六月”。具体操作略。

（3） 设置数据类型。操作方法如图 4-14 所示。

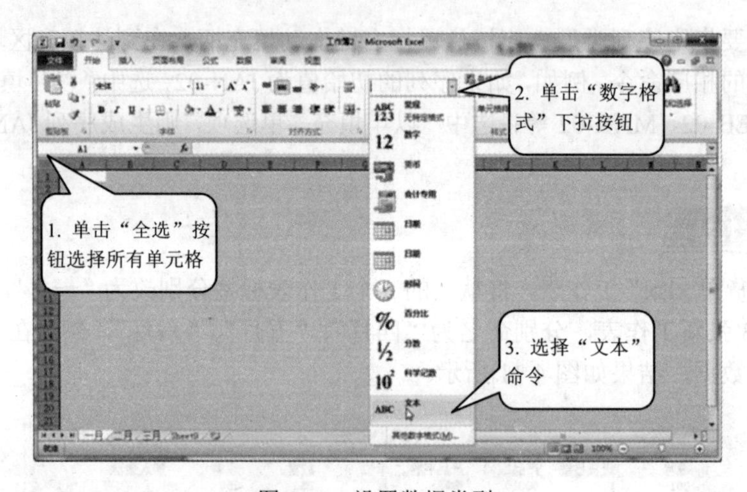

图 4-14　设置数据类型

（4） 输入数据。操作方法如图 4-15 所示。

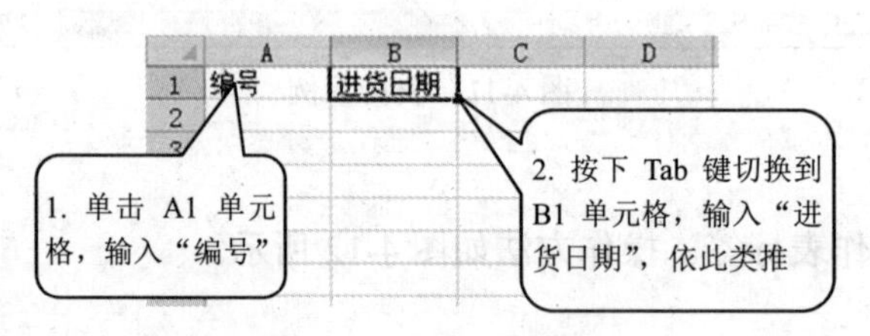

图 4-15　输入数据

（5） 输入编号序列。操作方法如图 4-16 所示。

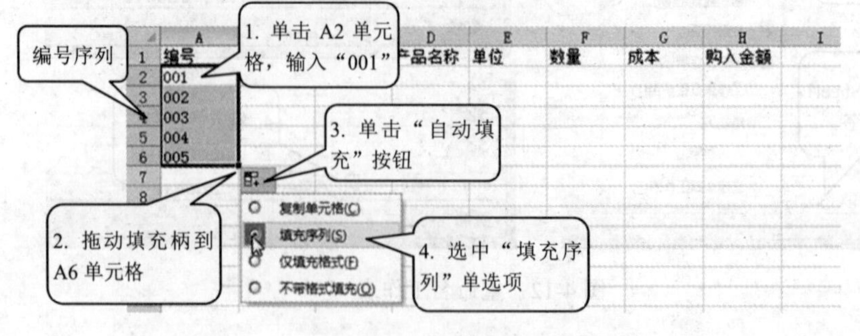

图 4-16　输入编号序列

参照步骤（4）输入其他数据。

【拓展任务】——创建手机销售表

1. 操作要求

建立一个名为“手机销售.xlsx”的电子表格，并保存到“我的作业”文件夹中。

2. 效果展示，如图 4-17 所示。

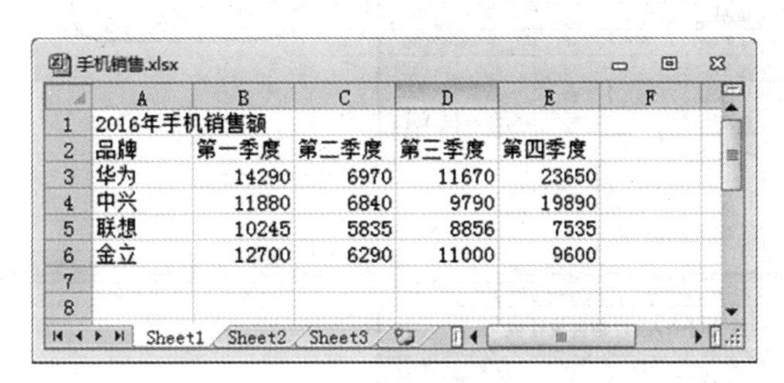

手机销售.xlsx

	A	B	C	D	E	F
1	2016年手机销售额					
2	品牌	第一季度	第二季度	第三季度	第四季度	
3	华为	14290	6970	11670	23650	
4	中兴	11880	6840	9790	19890	
5	联想	10245	5835	8856	7535	
6	金立	12700	6290	11000	9600	
7						
8						

Sheet1　Sheet2　Sheet3

图 4-17　样表

项目 4.2　电子表格基本操作

当建立了一个较为完整的工作表后，往往还需要对表格或其中的数据进行修改和编辑，如删除数据，或者插入行、列、单元格等，以确保工作表数据的正确无误。

通过本项目的学习，您将掌握以下内容：

- 数据的删除。
- 在工作表中插入/删除行、列、单元格。
- 移动、复制单元格的数据。
- 对象的插入。

任务　编辑和管理工作表

【知识准备】

1. 移动、复制单元格的数据

移动数据是指把某个单元格或单元格区域中的内容从当前的位置删除并放置到另外一个位置；而复制是指原位置内容不变，并把该内容复制到另外一个位置。如果原来的单元格中含有公式，移动或复制到新位置后，公式会因为单元格区域的引用变化生成新的计算结果。

（1） 使用按钮工具移动或复制数据。使用“开始”选项卡“剪贴板”组中的“复制”、“剪切”和“粘贴”按钮，可以方便地复制或移动单元格中的数据。

（2）使用组合键移动或复制数据。复制的组合键是 Ctrl+C，剪切的组合键是 Ctrl+X，粘贴的组合键是 Ctrl+V。

（3） 使用鼠标拖放移动或复制数据。该操作适合源单元格和目标单元格相距较近的情况，具体操作方法如图 4-18 所示。

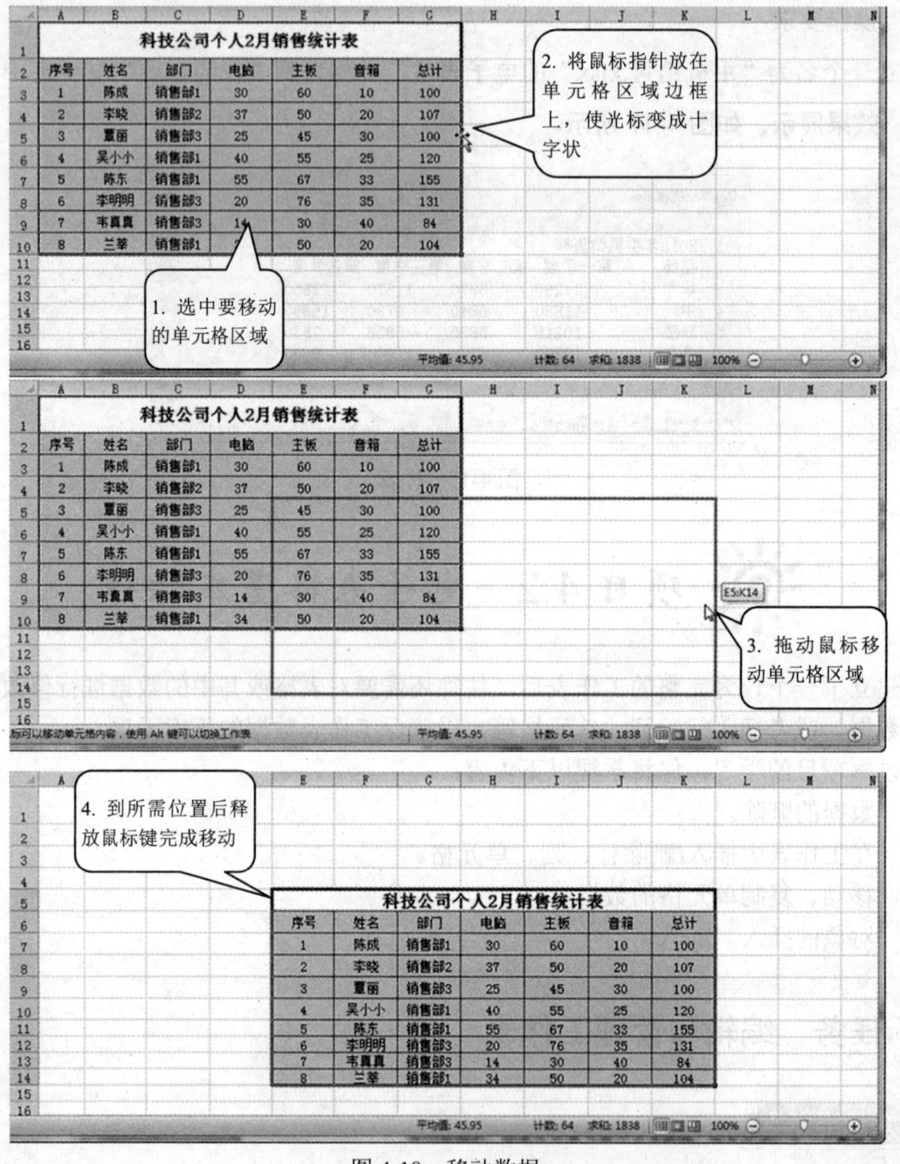

图 4-18 移动数据

移动数据时，如果目标单元格内含有数据，会弹出一个警告对话框，询问用户是否要替换目标单元格内的内容，单击“确定”按钮，则目标区域单元格中的数据将被替换。

使用鼠标拖动的方法复制单元格或单元格区域数据的操作与移动操作相似，只是在按下鼠标左键的同时要按住Ctrl键，此时在十字箭头状的鼠标旁边会出现一个加号（+），表示现在进行的是复制而不是移动操作。进行复制操作时，目标区域内所含有的数据会被自动覆盖。

（4） 使用快捷菜单移动或复制数据。操作方法如图4-19所示。

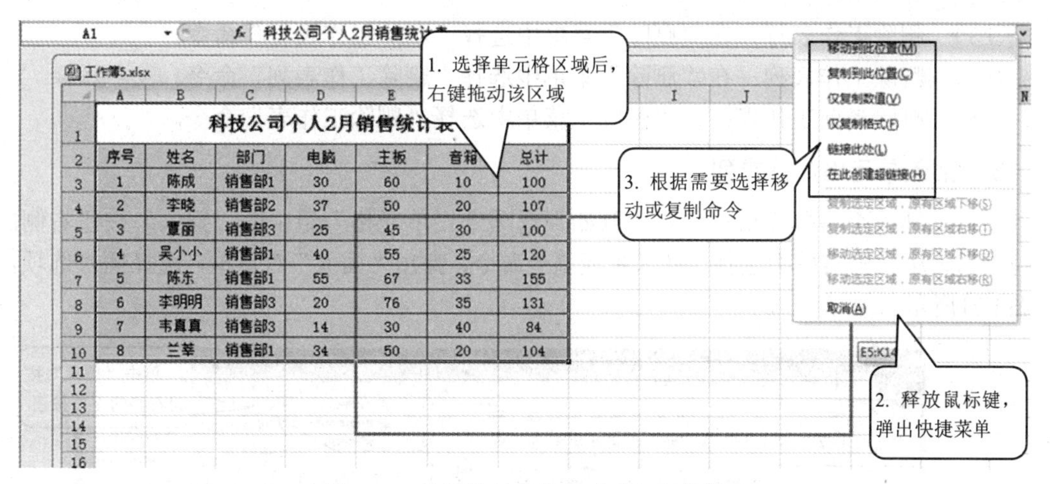

图 4-19　使用快捷菜单移动或复制数据

（5）选择粘贴方式。

对于复杂数据，可以有选择地进行数据的复制，在“开始”选项卡“剪贴板”组中的“粘贴”按钮下拉面板中，提供了多种粘贴方式，可以将复制的数据粘贴为不同的数据格式。

2. 删除数据

（1）只删除单元格中的内容：选择所需单元格后，直接按下Del键即可清除其中的数据。

（2）连同单元格和其中数据一起删除：先单击要删除的单元格，再单击“开始”选项卡“单元格”组中的“删除”按钮。默认情况下，删除单元格时，其下方的单元格会自动上移以填补被删除的单元格的空缺。也可以指定让其他单元格来填补此位置，方法是弹出“删除”对话框，从中选择让哪个单元格来填补空缺，如图4-20所示。

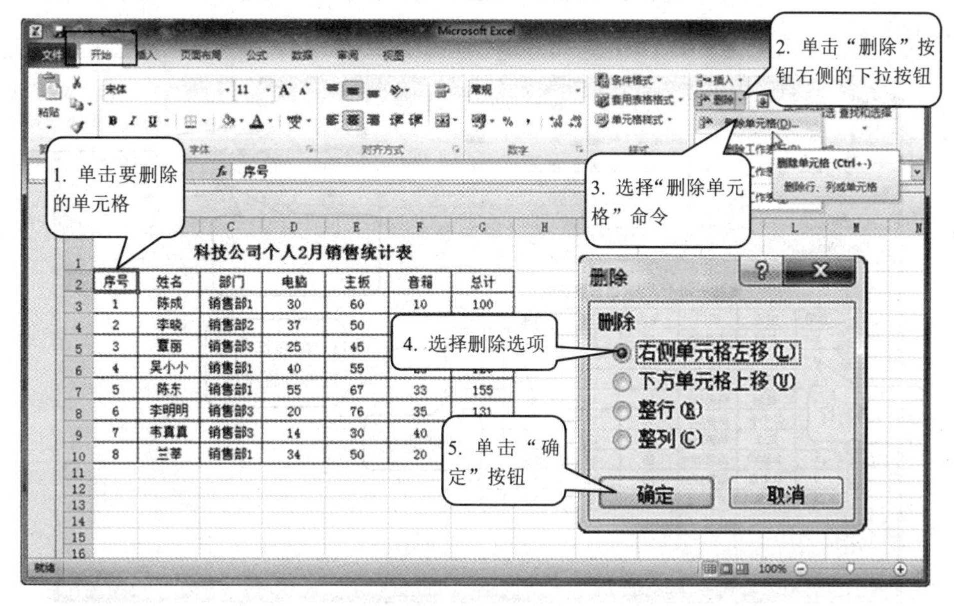

图 4-20　设置删除选项

（3） 删除工作表行：在“删除”菜单中选择“删除工作表行”命令。

（4） 删除工作表列：在“删除”菜单中选择“删除工作表列”命令。

（5） 删除当前工作表：在“删除”菜单中选择“删除工作表”命令。

3. 插入单元格、行或列

（1） 插入空白单元格：单击“开始”选项卡“单元格”组中的“插入”按钮右侧的下拉按钮，从弹出菜单中选择“插入单元格”命令，弹出“插入”对话框，选择插入选项，如图4-21所示。

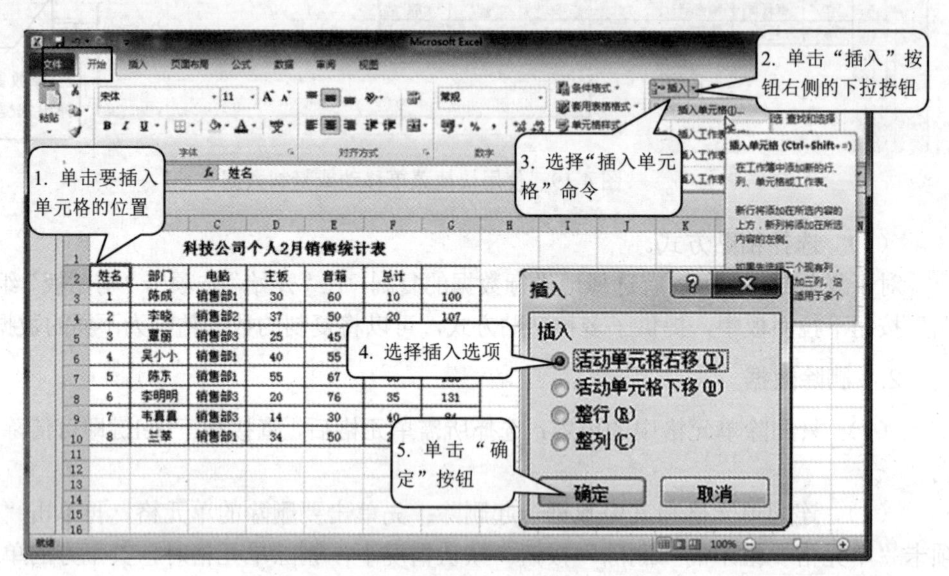

图4-21 设置插入选项

（2） 插入工作表行：在要插入新行位置单击，然后从“插入”按钮下拉菜单中选择“插入工作表行”命令。插入行后，原活动行将移向新行的下方，如图4-22所示。

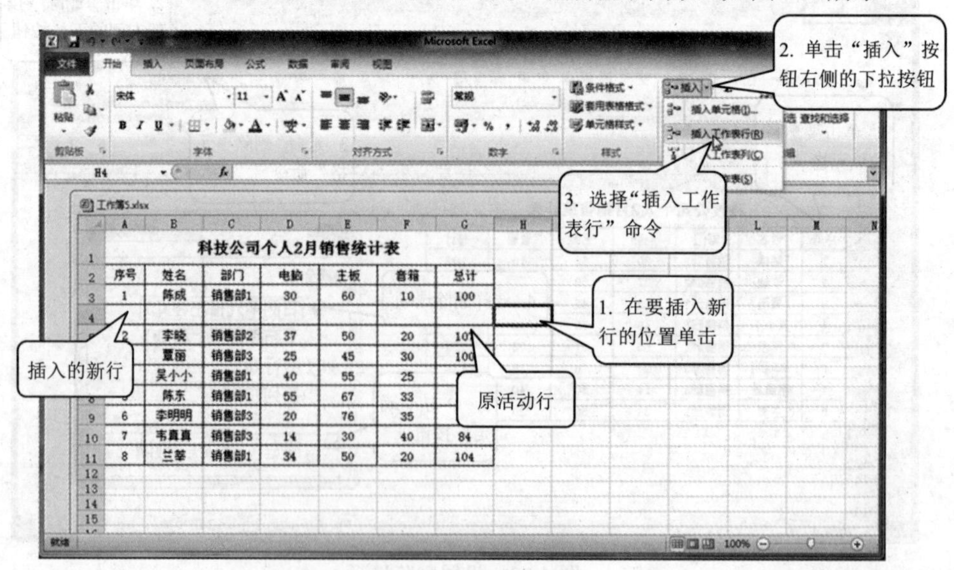

图4-22 设置插入选项

（3） 插入工作表列：在要插入新列的位置单击，然后从“插入”按钮下拉菜单中选择“插入工作表列”命令。插入列后，原活动列将移向新列的右侧。

4. 在工作表中插入对象

利用“插入”选项卡“文本”组中的“对象”按钮可以直接在电子表格中插入用其他程序创建的各种对象。不管是新建对象还是插入已有的对象，都可以通过设置“显示为图标”来让它们在工作表中显示为一个图标，双击图标即可启动创建对象的源程序，并打开相应的文件。此外，在插入已有对象时，也可以通过设置“链接到文件”来建立对象的链接，这样当用户在修改源文件后，也会反映到 Excel 中的对象中。

【任务操作】

1. 选择性粘贴

打开“素材\表格素材\销售统计表.xlsx”工作簿，将 B2:G10 单元格区域中的数据以转置的方式复制到 A12:I17 单元格区域中。具体操作方法如图 4-23 所示。

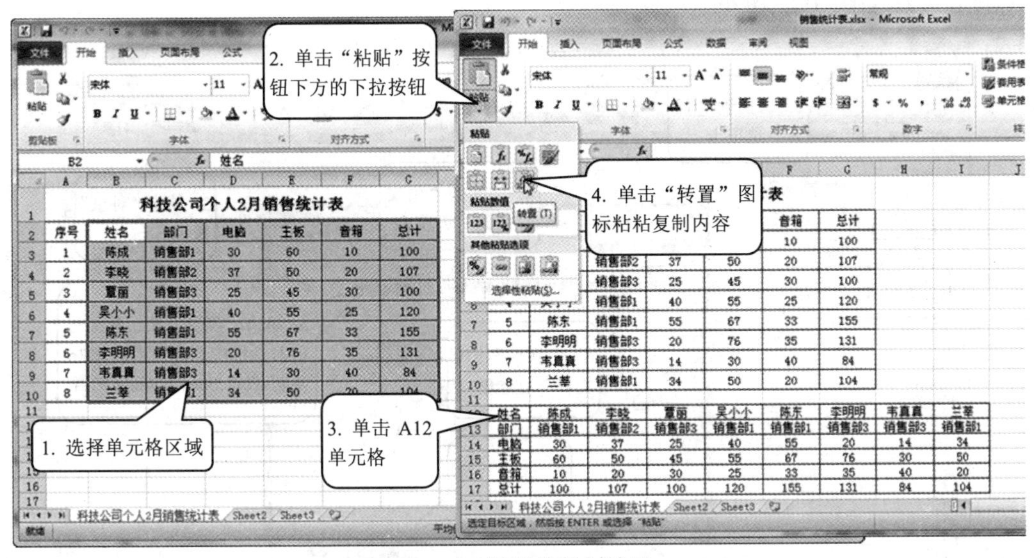

图 4-23　转置的复制结果

2. 在 Excel 中插入 Word 表格

新建一个空白工作簿，在其中插入“素材\表格素材\表格.docx”Word 文档，结果如图 4-24 所示。

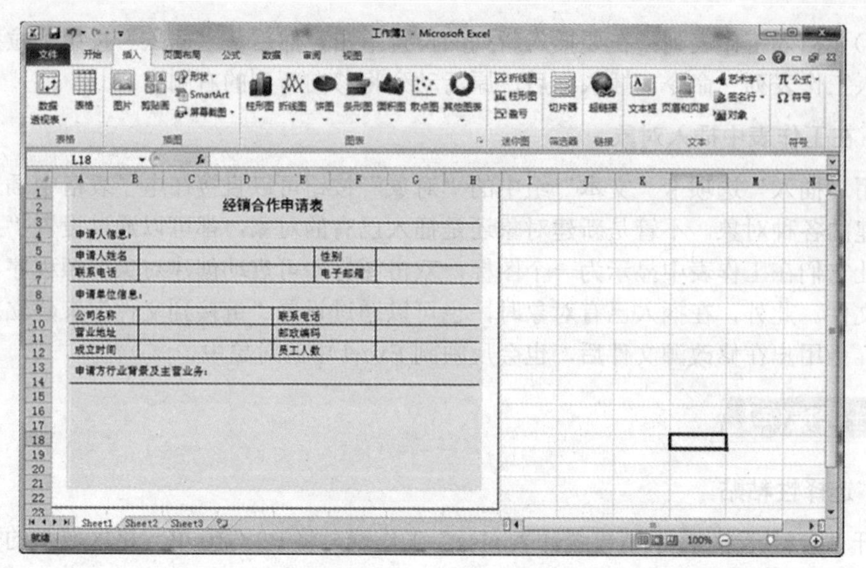

图 4-24　示例表格

操作方法如图 4-25 所示。

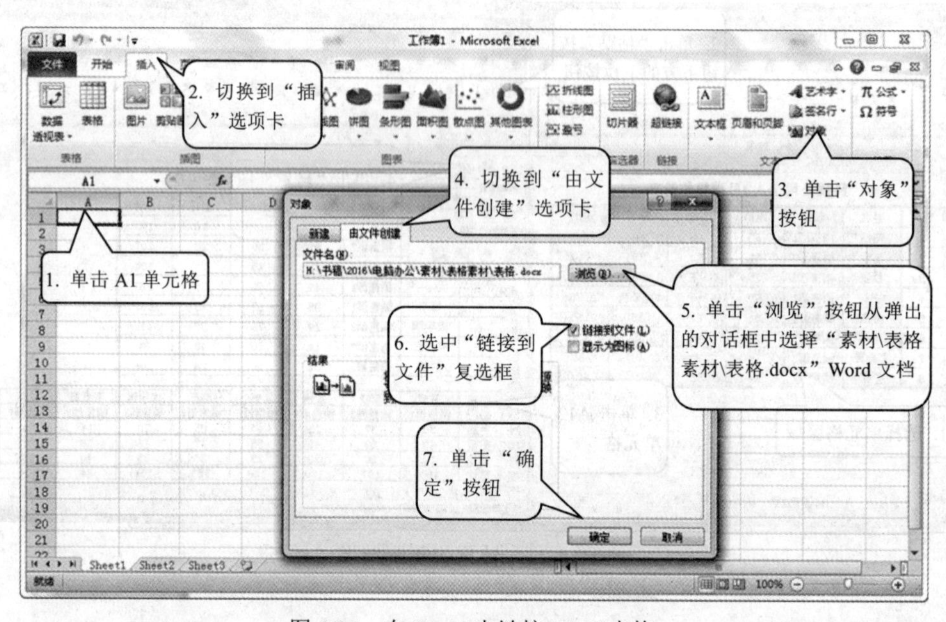

图 4-25　在 Excel 中链接 Word 表格

项目 4.3　格式化电子表格

格式化工作表是指为工作表中的表格设置各种格式，包括调整表格的行高与列宽、合并单元格及对齐数据项、设置边框和底纹的图案与颜色、格式化表格中的文本等。通过这些格式设置，可以美化工作表，使表格更显条理化。

通过本项目的学习，您将掌握以下内容。

◆ 调整列宽和行高。
◆ 设置数据格式。
◆ 设置表格边框和底纹。
◆ 自动套用格式。
◆ 绘制斜线表头。

任务　格式化数据和表格

【知识准备】

1. 数据的格式

可以使用“开始”选项卡“字体”组和“数字”组中的工具来设置文本数据和数字数据的格式。选择要设置格式的数据后，再选择所需的工具即可为所选文本数据应用相应的格式。表4-3列出了文本和数字格式工具的图标及功能。

表 4-3　文本和数字的格式设置工具

工　具	图　标	功　能
字体	宋体	设置选定字符的字体
字号	11	设置选定字符的字号
增大字体	A	增大选定字符的字号
缩小字体	A	缩小选定字符的字号
加粗	B	使选定文本笔画加粗
倾斜	I	选定文本向右倾斜
下画线	U	为选定文本添加下画线
框线		对当前所选单元格应用边框
填充颜色		设置所选单元格的背景色
字体颜色	A	改变选定文本的颜色
显示/隐藏拼音字段	文	编辑所选字词拼音的显示方式
数字格式	常规	选择单元格中值的显示方式，如百分比、货币、日期或时间等
会计数字格式		为选定单元格选择替补货样式，如选择欧元替补美元
百分比样式	%	将单元格值显示为百分比
千位分隔样式	,	显示单元格值时使用千位分隔符。这会将单元格样式更改为不带货币符号的会计格式
增加小数位数	.0 .00	增加显示的小数位数，以较高精度显示值
减少小数位数	.00 .0	减少显示的小数位数，以较低精度显示值

2. 数据的对齐方式

使用“开始”选项卡“对齐”组中的工具可以设置数据在单元格中的对齐方式、文本方向、缩进量和换行方式等格式。表4-4列出了各中对齐工具的图标及功能。

表 4-4　对齐工具的功能

工　具	图　标	功　能
顶端对齐		数据在单元格中以上边框对齐
垂直居中		数据在单元格中垂直居中对齐
底端对齐		数据在单元格中以下边框对齐
文本左对齐		数据在单元格中以左边框对齐
居中		数据在单元格中以水平居中对齐
文本右对齐		数据在单元格中以右边框对齐
方向		沿对角线或垂直方向旋转文字。通常用于标记较窄的列
减少缩进量		减少边框与单元格文字间的边距
增加缩进量		增加边框与单元格文字间的边距
自动换行		通过多行显示使单元格中的所有内容都可见
合并后居中		将所选的单元格合并成一个较大的单元格，并将单元格的内容居中。通常用于创建跨列标签

3. 合并单元格

合并单元格并不单单指合并后居中，还包括跨越合并或合并单元格区域。单击“合并后居中”按钮右侧的下拉按钮，即可看到更多的合并命令，如图4-26所示。

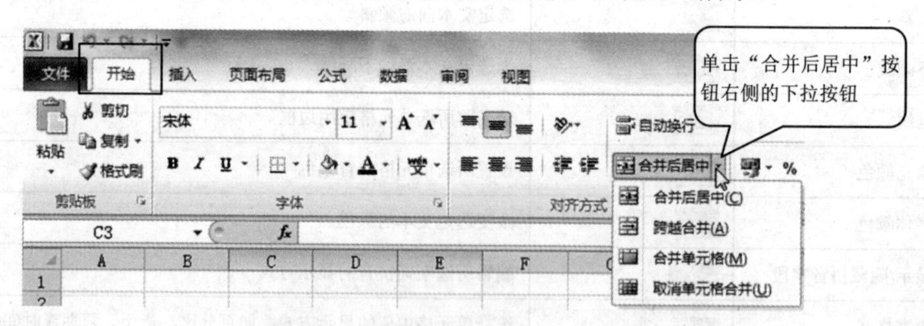

图 4-26　合并单元格下拉菜单

“合并后居中”下拉菜单中各命令的含义如下：

（1）　跨越合并：将选中区域中的每一行中的多个单元格合并成一个。

（2）　合并单元格：将选定的单元格区域合并为一个大单元格。

（3）　取消单元格合并：取消单元格的合并，恢复原来的样式。

4. 表格的列宽与行高

工作表中列的宽度和行的高度都是可以调整的，如果不需要调整得太精确，只需把鼠标移动到行标题的两行交界或列标题的两列交界处拖动鼠标即可调整其高度或宽度，如图4-27所示。

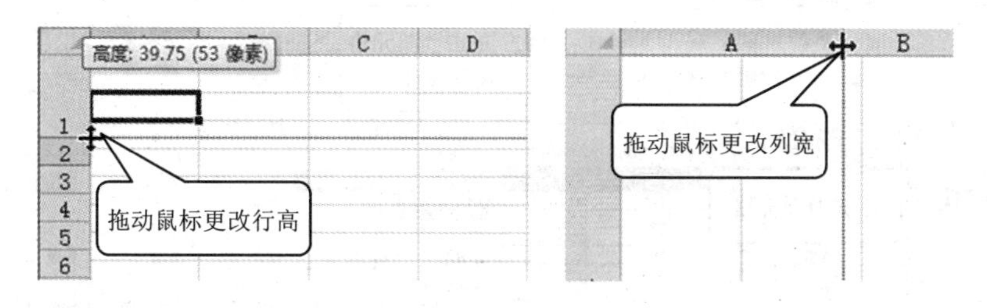

图 4-27　更改行高和列宽

当需要精确定义工作表的列宽和行高时，可以先选择所需的列或行，然后单击“开始”选项卡“单元格”组中的“格式”按钮，从弹出菜单中选择“列宽”或“行高”命令，在弹出对话框中输入精确数值。

在“格式”弹出菜单中选择“自动调整行高”或“自动调整列宽”命令，可以将所选行或所选列的行高或列宽自动调整至最适合的状态，以匹配其中的数据。

5. 自动套用格式

Excel 提供了多种专业报表格式及单元格格式供用户选择，用户可以通过套用这些格式对工作表进行设置，从而大大节省用于格式化工作表的时间。

（1） 自动套用表格样式

要套用预置的表格样式，应先选择所有包含所需数据的单元格区域，然后在“开始”选项卡中单击“套用表格格式”按钮，从弹出菜单中选择所需的样式，如图 4-28 所示。

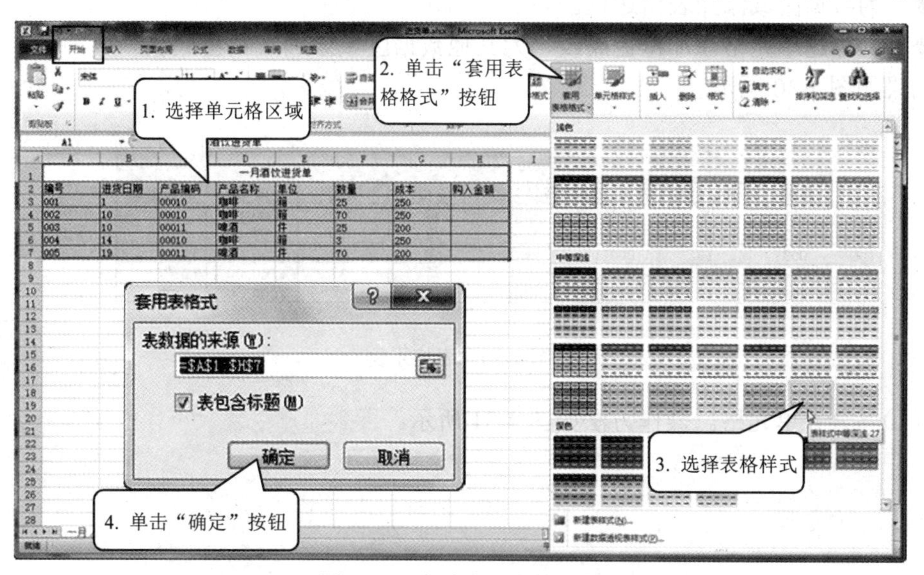

图 4-28　自动套用表格样式

（2） 自动套用单元格格式

使用“开始”选项卡“样式”组中的“单元格样式”按钮可以套用现成的单元格样式或者自定义单元格样式，如图 4-29 所示。

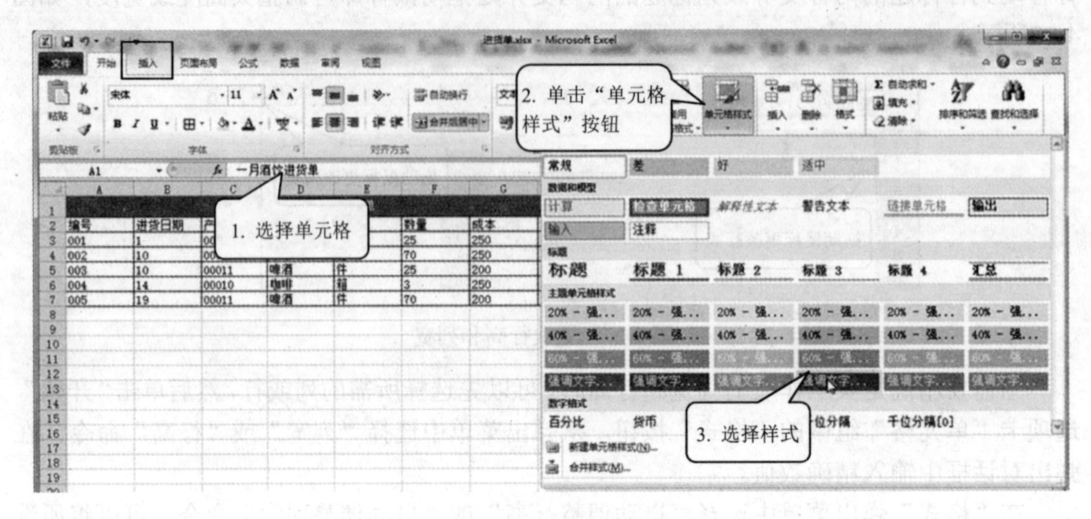

图 4-29 自动套用单元格样式

【任务操作】

打开“表格\表格素材\进货单.xlsx”工作簿，在第 1 行上方插入一个新行，输入标题文本“一月酒饮进货单”，然后进行以下设置：

- 合并 A1:H1 单元格区域。
- 将标题行的行高设置为 20，将数据区域各列的列宽设置为 10。
- 为数据区域添加表格边框。
- 为标题单元格添加橙色底纹，为其他数据区域添加浅黄色底纹。

结果如图 4-30 所示。

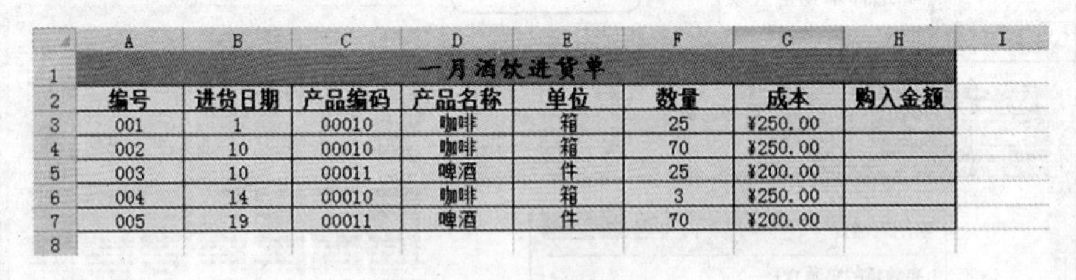

一月酒饮进货单							
编号	进货日期	产品编码	产品名称	单位	数量	成本	购入金额
001	1	00010	咖啡	箱	25	¥250.00	
002	10	00010	咖啡	箱	70	¥250.00	
003	10	00011	啤酒	件	25	¥200.00	
004	14	00010	咖啡	箱	3	¥250.00	
005	19	00011	啤酒	件	70	¥200.00	

图 4-30 表格示例

（1） 合并单元格。操作方法如图 4-31 所示。

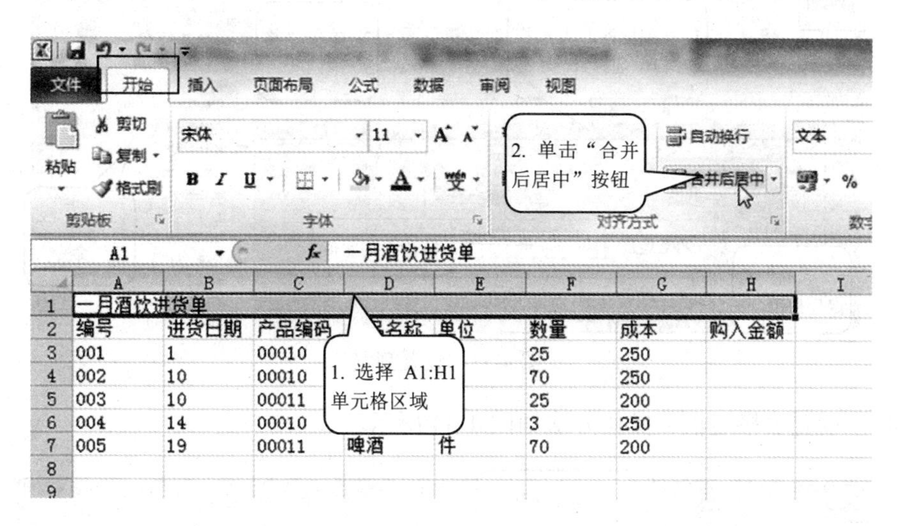

图 4-31　合并单元格

（2） 设置行高。操作方法如图 4-32 所示。

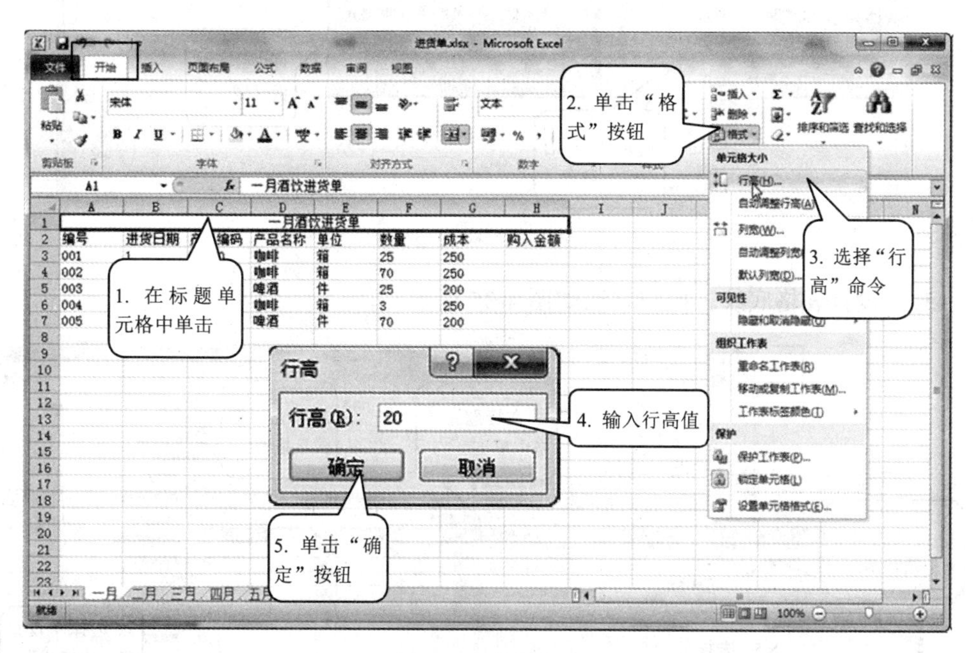

图 4-32　设置行高

（3） 设置列宽。操作方法如图 4-33 所示。

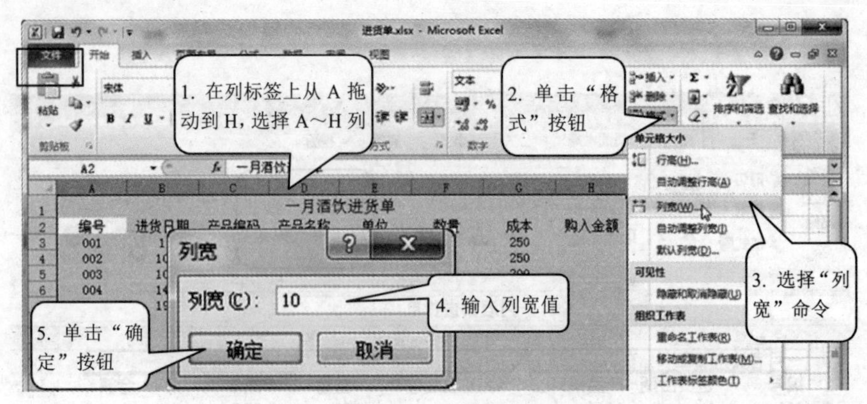

图4-33　设置列宽

（4）　设置表格边框。操作方法如图4-34所示。

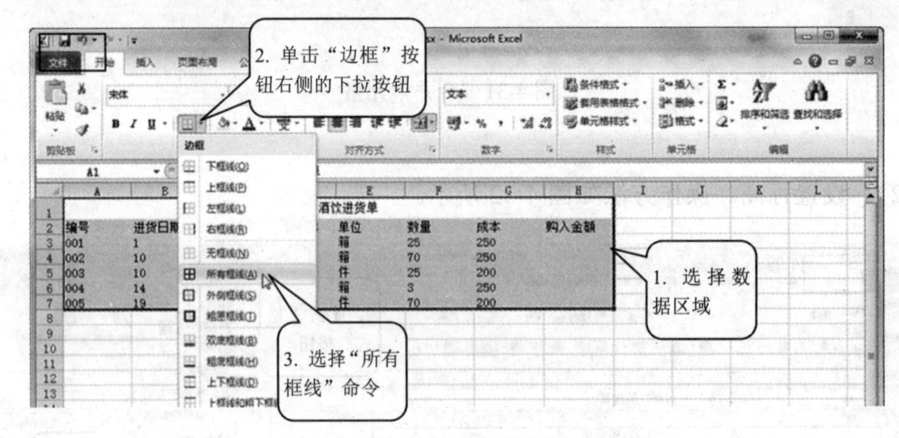

图4-34　添加边框

（5）　设置表格底纹。操作方法如图4-35所示。

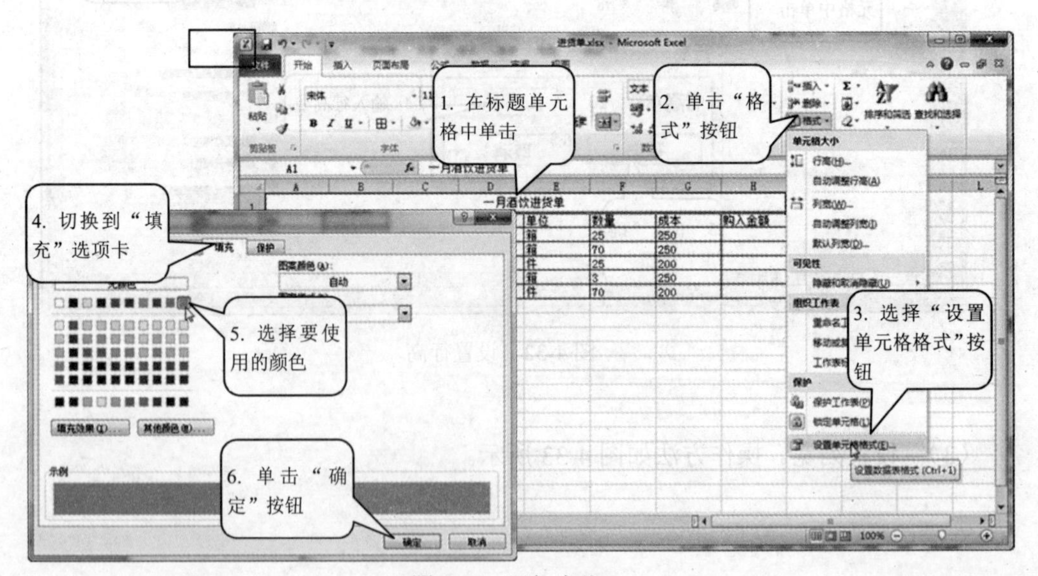

图4-35　添加底纹

（6）设置数据的显示格式。操作方法如图 4-36 所示。

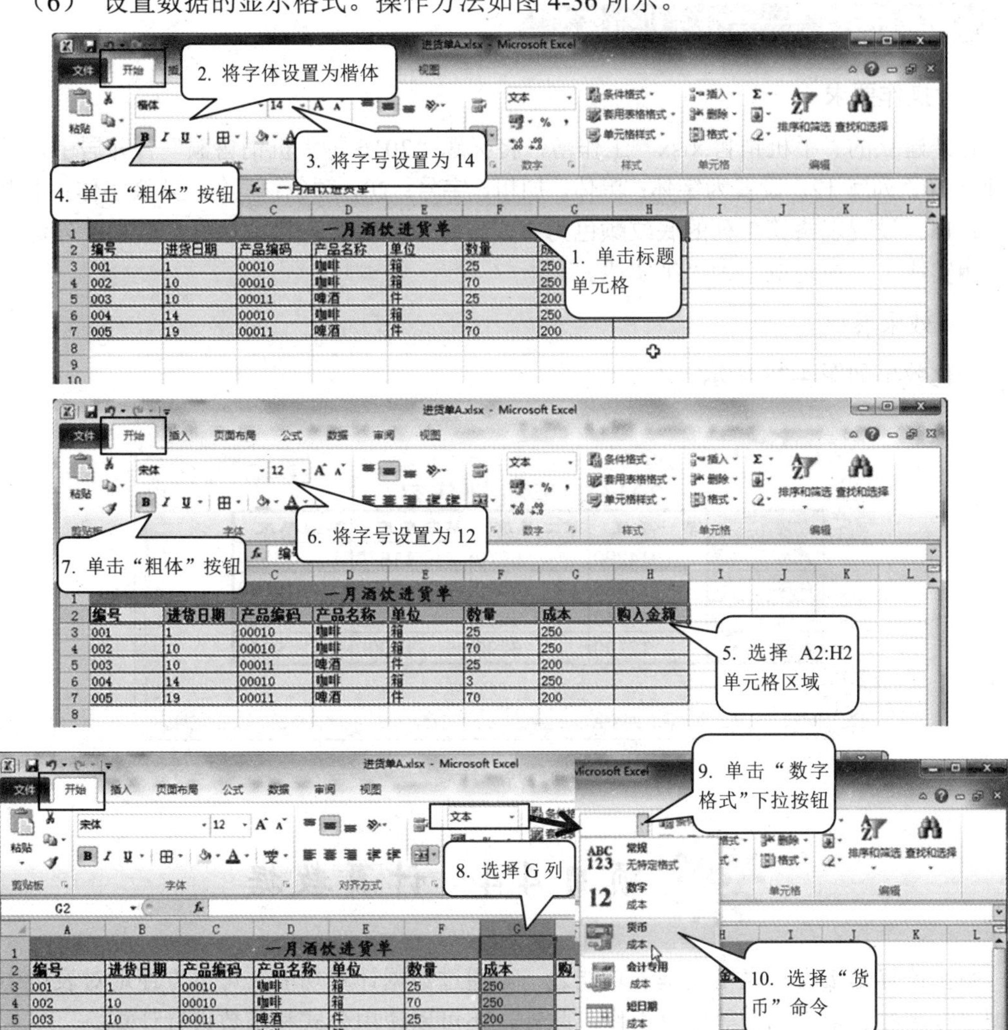

图 4-36　设置标题文本格式

（7）设置数据的对齐方式。操作方法如图 4-37 所示。

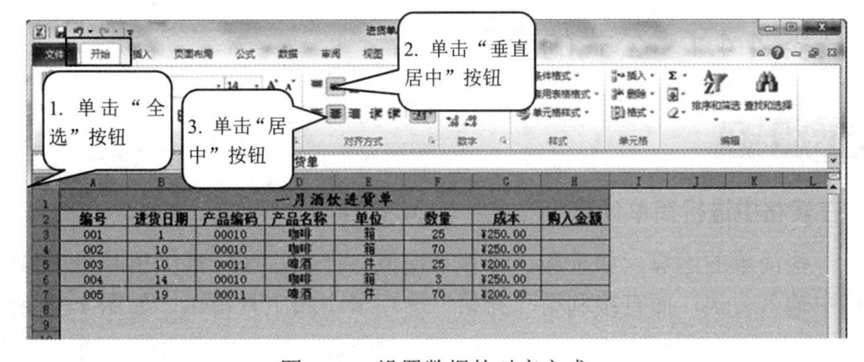

图 4-37　设置数据的对齐方式

【拓展任务】——美化手机销售表

1. 操作要求

打开建立的“手机销售.xlsx”工作簿，将标题“2016年手机销售额”合并居中，并设置行高20，列宽12。设置为字体：黑体，加粗，字号：20，颜色：蓝色；其余字体：隶书，字号：14。设置表格第1列的底纹颜色为“浅青绿色”并给表格加边框，要求“外边框”为“粗实线”，“内边框”为“细实线。

2. 效果展示

美化效果如图4-38所示。

手机销售.xlsx

2016年手机销售额				
品牌	第一季度	第二季度	第三季度	第四季度
华为	14290	6970	11670	23650
中兴	11880	6840	9790	19890
联想	10245	5835	8856	7535
金立	12700	6290	11000	9600

Sheet1 Sheet2 Sheet3

图4-38　样表

项目 4.4　计算数据

数据计算是Excel表格的基本功能之一。通过数据计算功能，可以方便地对表格中的数据进行求和、求平均数等运算操作。此外，还可以使用公式和函数进行计算。

通过本项目的学习，您将掌握以下内容：

- 公式的应用。
- 函数的应用。

任务 4.4.1　公式的应用

【知识准备】

1. 在表格中进行简单计算

对于一些简单的运算，如求和、计算平均值、计数、统计最大值和最小值等，可以不在单元格中输入公式，而直接利用“开始”选项卡中的工具得出，如图4-39所示。

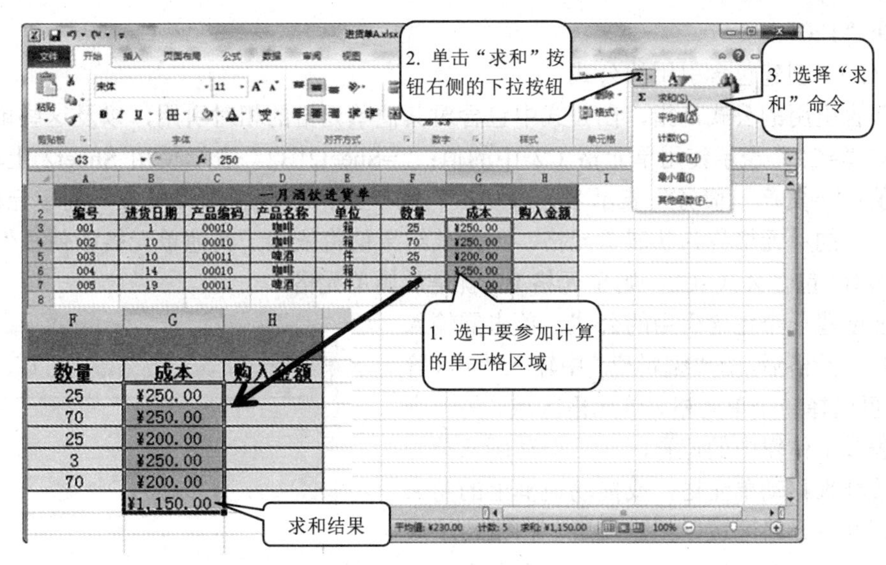

图 4-39　在 Excel 中进行简单计算

2. 公式

公式是对工作表中的数值进行计算的等式。公式要以等号（=）开始。例如，在公式“=5+2×3”中，结果等于 2 乘 3 再加 5。公式也可以包括下列所有内容或其中之一：函数、引用、运算符和常量。公式计算功能在 Excel 中是应用最广泛的，适合对大量的数据进行计算分析。

要进行公式计算，首先理清要计算的源数据所在的单元格地址及运算方式；然后，选择要建立公式的单元格，输入“=”，再输入源数据单元格的地址名称和运算符号，按下 Enter 键即可得出计算结果。

（1）　创建简单公式

创建一个简单的公式是比较容易的，例如，表示 128 加上 345 的公式“=128+345”和表示 5 的平方的公式“=5^2”就是包括运算符和常量的两个简单公式。创建诸如此类的简单公式的方法如图 4-40 所示。

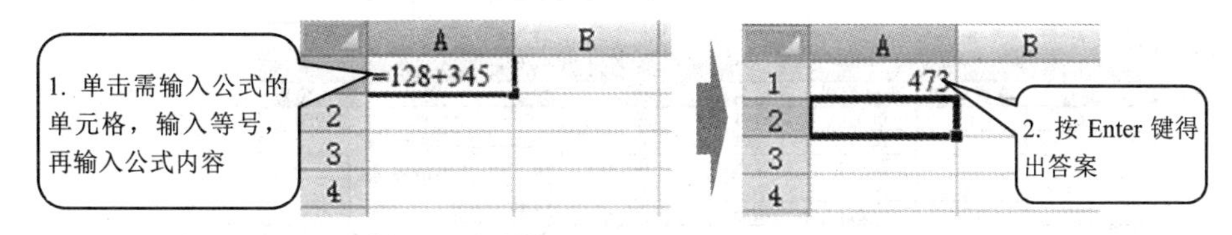

图 4-40　简单的公式计算

如果要在一个单元格区域内的所有单元格中输入同一公式，可选定该区域，再输入公式，然后按下 Ctrl+Enter 组合键即可。

不同的运算符号具有不同的优先级别。如果要更改求值的顺序，可以将公式中要先计算的部分用括号括起来。例如，公式“=10+5×8”的结果是“50”，因为 Excel 先进行乘法运算后再进行加法运算。先将“5”与“8”相乘，然后再加上“10”，即得到结果。如果使用括号改变语法“=（10+5）×8”，则 Excel 先用“10”加上“5”，再用结果乘以“8”，得到结果“120”。

（2） 创建包含引用的公式

包含引用的公式是指，在公式中包含对其他单元格的相对引用，以及这些单元格的名称，如“=C2”表示使用单元格 C2 中的值；“=Sheet2!B2”表示使用 Sheet2 上单元格 B2 中的值；“=资产－债务”表示名为“资产”的单元格减去名为“债务”的单元格，等等。包含公式的单元格称为从属单元格，因为其结果值将依赖于其他单元格的值。例如，如果单元格 B2 包含公式=C2，则单元格 B2 就是从属单元格。

要创建一个包含引用的公式，单击需输入公式的单元格后，在“编辑栏”中输入“=”（等号），再选择一个单元格、单元格区域、另一个工作表或工作簿中的位置，然后拖动所选单元格的边框来移动单元格，或拖动边框上的角来扩展所选单元格区域以创建引用，如图 4-41 所示。公式输入完成后，按下 Enter 键结束。

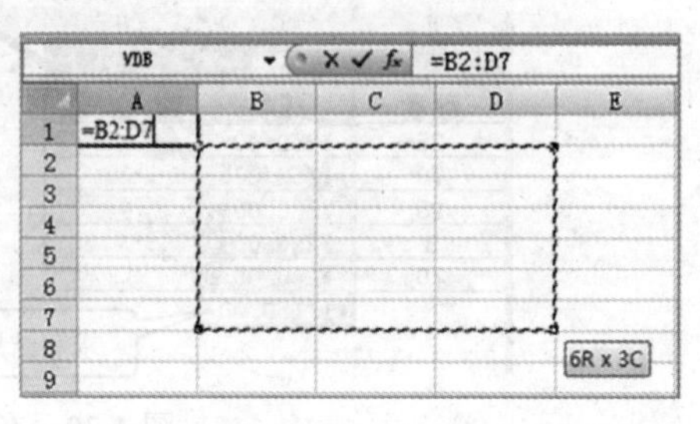

图 4-41　扩展所选单元格区域以创建引用

【任务操作】

打开“素材\表格素材\进货单.xlsx”工作簿，计算商品的购入金额，如图 4-42 所示。

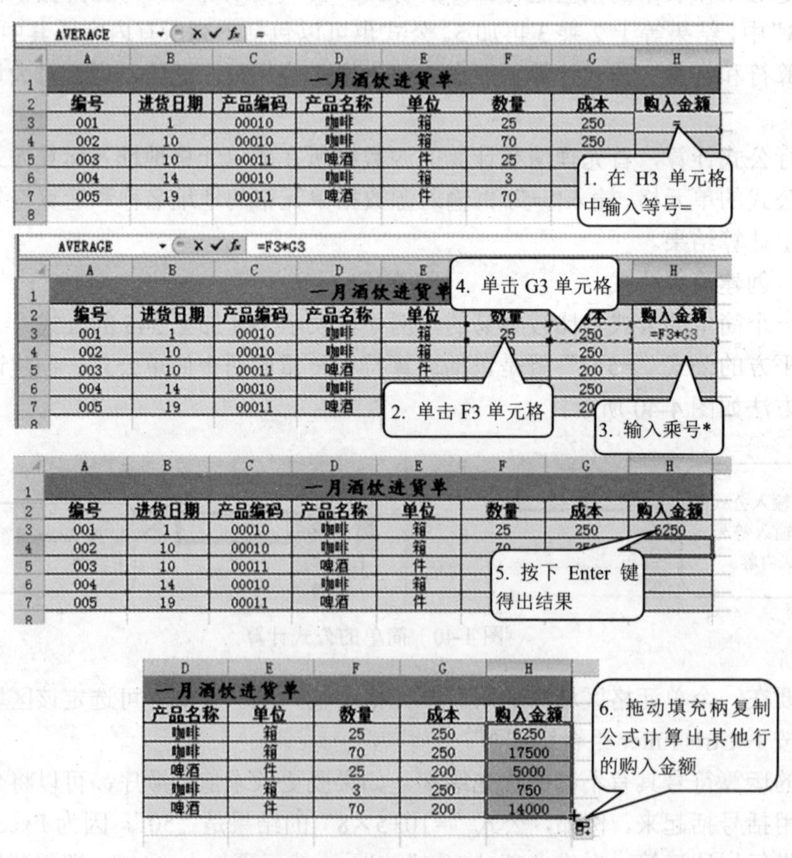

编号	进货日期	产品编码	产品名称	单位	数量	成本	购入金额
001	1	00010	咖啡	箱	25	250	6250
002	10	00010	咖啡	箱	70	250	17500
003	10	00011	啤酒	件	25	200	5000
004	14	00010	咖啡	箱	3	250	750
005	19	00011	啤酒	件	70	200	14000

图 4-42　用公式进行乘法运算

【拓展任务】——对 174 班段考成绩情况进行统计、分析

打开“174 班段考成绩表”工作簿，如图 4-43 所示，计算每位同学的总分、平均分及平均分的各分数段和百分比。

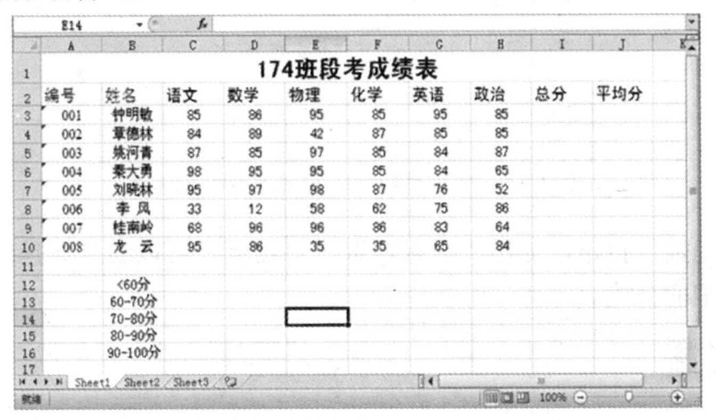

174班段考成绩表

编号	姓名	语文	数学	物理	化学	英语	政治	总分	平均分
001	钟明敏	85	86	95	85	95	85		
002	章德林	84	89	42	87	85	85		
003	姚河青	87	85	97	85	84	87		
004	秦大勇	98	95	95	85	84	65		
005	刘晓林	95	97	98	87	76	52		
006	李 风	33	12	58	62	75	86		
007	桂南岭	68	96	96	86	83	64		
008	龙 云	95	86	35	35	65	84		
	<60分								
	60-70分								
	70-80分								
	80-90分								
	90-100分								

图 4-43　用公式进行乘法运算

任务 4.4.2　函数的应用

【知识准备】

Excel 中的函数其实是一些预定义的公式，它们使用特定的参数，按照特定的顺序或结构进行计算。函数由 3 部分组成，即函数名称、括号和参数。函数的结构为：以等号“=”开始，后面紧跟函数名称和左括号，然后以逗号分隔输入参数，最后是右括号。其语法结构为：函数名称（参数 1，参数 2，……参数 N）。

在 Excel 2010 中有两种创建函数的方法：一种是直接在单元格中输入函数内容，这种方法要求用户对函数有足够的了解，熟练掌握函数的语法及参数意义；另一种方法是利用“公式”选项卡中的“函数库”工具组，这种方法比较简单，不需要对函数进行全部了解，而是可以在所提供的函数方式中进行选择。

（1）　直接输入函数

要直接在工作表单元格中输入函数的名称及语法结构，用户必须熟悉所使用的函数，并且了解此函数包括多少个参数及参数的类型。输入函数的方法与输入公式相似，即在要输入函数公式的单元格中先输入“=”号，然后再按照函数的语法直接输入函数名称及各参数，完成输入后，按下 Enter 键，或单击“编辑栏”中的“输入”按钮即可得出结果。

由于 Excel 中的函数数量巨大，不便记忆，而且很多函数的名称仅仅只相差一两个字符，因此在输入函数时为了防止出错，可利用 Excel 提供的函数跟随功能来进行输入。当在单元格或编辑栏中输入公式前的“=”以及函数名称前面的部分字符时，Excel 2010 会自动弹出包含这些字符的函数列表及提示信息，选择所需的函数即可，如图 4-44 所示。

（2）　通过函数库插入函数

如果对函数的类型和名称完全不在行，可以使用“公式”选项卡“函数库”组中的工具来插入函数。当用户用鼠标指针指向某个函数时，Excel 2010 会自动弹出屏幕提示，显

示有关该函数的提示信息。

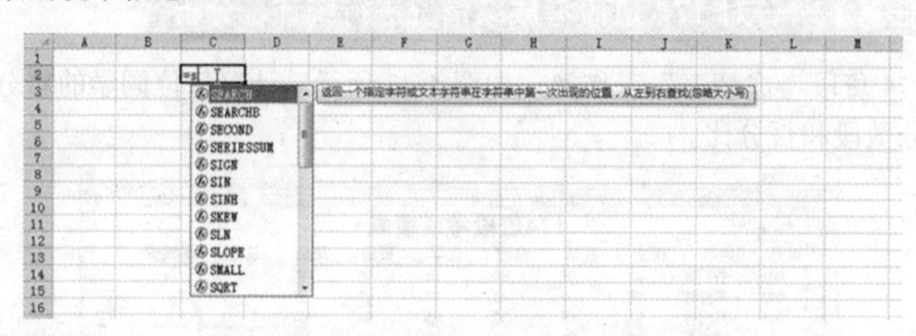

图4-44　自动跟随的函数列表及提示信息

单击“插入函数”按钮，弹出“插入函数”对话框，可以通过选择函数和编辑参数来编辑当前单元格中的公式。

【任务操作】

在“素材\表格素材\进货单.xlsx”工作簿中用函数计算购入金额的总和，如图4-45所示。

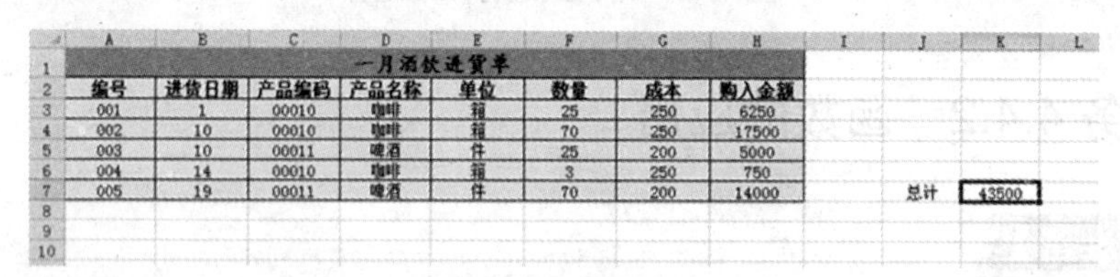

编号	进货日期	产品编码	产品名称	单位	数量	成本	购入金额
001	1	00010	咖啡	箱	25	250	6250
002	10	00010	咖啡	箱	70	250	17500
003	10	00011	啤酒	件	25	200	5000
004	14	00010	咖啡	箱	3	250	750
005	19	00011	啤酒	件	70	200	14000

图4-45　表格示例

操作方法如图4-46所示。

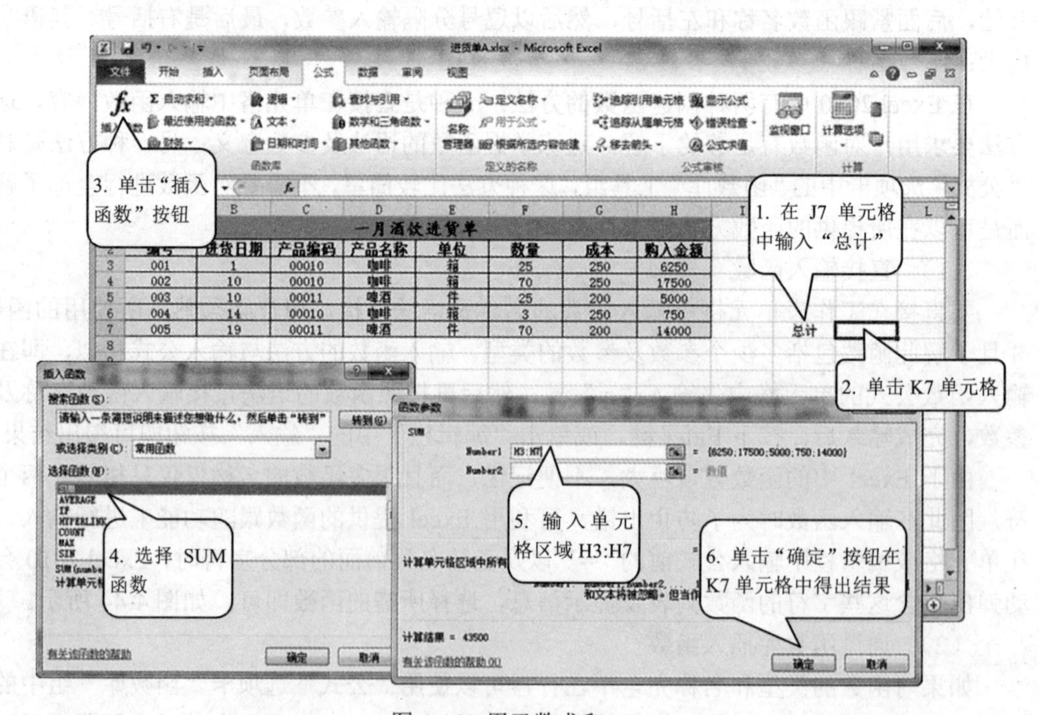

图4-46　用函数求和

【拓展任务】——统计 174 班段考成绩情况表

制作一个“174 班段考成绩表.xlsx”工作簿，如图 4-47 所示，计算每位同学的总分、平均分和每一科目最高分、最低分和平均分。

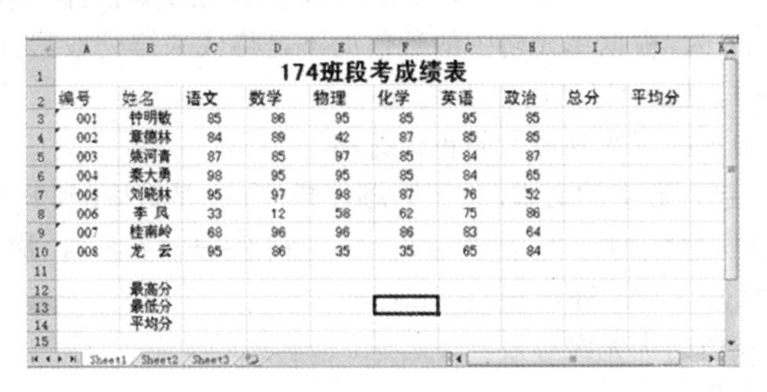

174班段考成绩表

编号	姓名	语文	数学	物理	化学	英语	政治	总分	平均分
001	钟明敏	85	86	95	85	95	85		
002	章德林	84	89	42	87	85	85		
003	姚河青	87	85	97	85	84	87		
004	秦大勇	98	95	95	85	84	65		
005	刘晓林	95	97	98	87	76	52		
006	李　凤	33	12	58	62	75	86		
007	桂南岭	68	96	96	86	83	64		
008	龙　云	95	86	35	35	65	84		
	最高分								
	最低分								
	平均分								

Sheet1　Sheet2　Sheet3

图 4-47　174 班段考成绩表

项目 4.5　处理数据

Excel 是一个功能强大的电子表格工具，经常用于处理一些复杂数据，因此在平时制作数据多而复杂的 Excel 工作表时，如果需要找一组数据就会比较麻烦。Excel 提供了排序、筛选和分类汇总功能，可以很轻松地帮助我们将数据排序、分类汇总，或者筛选出符合一定条件的数据。

通过本项目的学习，您将掌握以下内容：

- ◆ 将数据按升序或降序进行排序。
- ◆ 筛选数据。
- ◆ 将数据进行分类汇总。

任务 4.5.1　数据的排序

【知识准备】

1.　数据排序的概念和原则

数据排序是指按照一定的顺序重新排列数据清单中的数据，通过排序，可以根据某特定列的内容来重新排列数据清单中的行。排序并不改变行的内容。当两行中有完全相同的数据或内容时，Excel会保持它们的原始顺序。

对工作表中的数据进行排序时，Excel会遵循以下排序原则：

（1）　如果按某一列进行排序，则在该列上完全相同的行将保持它们的原始次序。

（2）　被隐藏起来的行不会被排序，除非它们是分级显示的一部分。

（3）　按多列进行排序时，主要列中如果有完全相同的记录行，会根据指定的第二列进行排序；如果第二列中有完全相同的记录行时，则会根据指定的第三列进行排序。

（4）　在排序列中有空白单元格的行会被放置在排序的数据清单的最后。

（5） 排序选项中如果包含选择的列、顺序和方向等，则在最后列次排序后会被保存下来，直到修改它们或修改选择区域或列标记为止。

2. 按单列进行排序

在对数据清单中的数据进行排序时，Excel也有其自己默认的排列顺序。其默认的排序是使用特定的排列顺序，根据单元格中的数值而不是格式来排列数据。

在按升序排序时，Excel将使用以下顺序：

（1） 数字从最小的负数到最大的正数排序。

（2）文本以及包含数字的文本，按下列顺序排序：先是数字0到9，然后是字符“' -（空格） ! " # $ % & （ ） * , . / : ; ? @ “ \ ” ^ _ ` { | } ~ + < = > ”，最后是字母A到Z。

（3） 在逻辑值中，FALSE排在TRUE之前。

（4） 所有错误值的优先级等效。

（5） 空格排在最后。

在按降序排序时，除了空格总是在最后外，其他的排序顺序反转。

利用“数据”选项卡中的“升序”和“降序”按钮可以快速为数据进行排序。

3. 按多列进行排序

利用“升序”和“降序”按钮进行数据排序方便快捷，但缺点是只能按某一字段名的内容进行排序。如果要按两个或两个以上字段名的内容进行排序时，则应在“排序”对话框中进行。

切换到“数据”选项卡，单击“排序和筛选”组中的“排序”按钮，弹出“排序”对话框，即可设置主要关键字、次要关键字、排序依据、排序次序等。可指定多个排序条件。全部设置完毕，单击“确定”按钮，Excel 2010即会按照指定的方式来进行排序。

【任务操作】

打开“素材\表格素材\库存.xlsx”工作簿，按“数量”和“单价”进行排序，如图4-48所示。

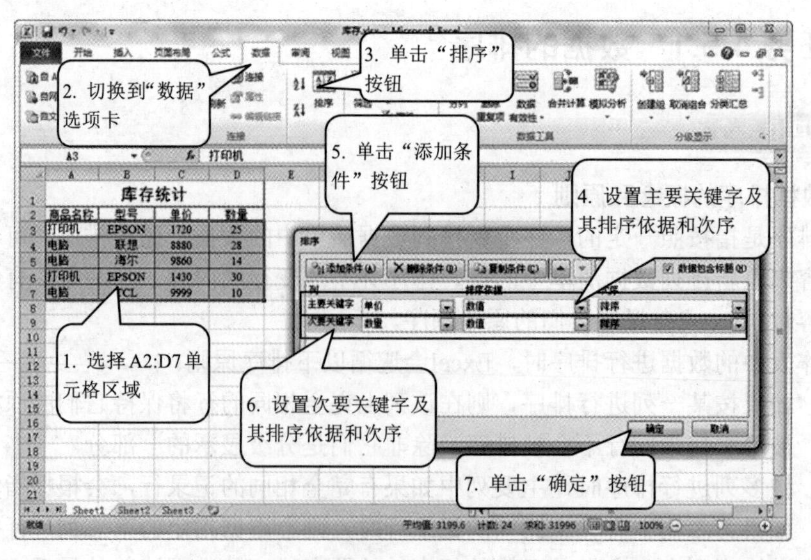

图4-48 多列排序

任务 4.5.2 数据的筛选

【知识准备】

1. 筛选的概念

筛选是指在工作表中只显示满足给定条件的数据，而不显示不满足条件的数据。因此，筛选是一种用于查找表格中满足给定条件的快速方法。它与排序不同，它并不重排表格，而只是将不必显示的行暂时隐藏。筛选数据之后，对于筛选过的数据的子集，不需要重新排列或移动就可以复制、查找、编辑、设置格式、制作图表和打印。

可以按多个列进行筛选。筛选器是累加的，这意味着每个追加的筛选器都基于当前筛选器，从而进一步减少了数据的子集。

2. 筛选的类型

使用自动筛选可以创建三种筛选类型：按列表值、按颜色或按条件。对于每个单元格区域或列表来说，这三种筛选类型是互斥的。例如，不能既按单元格颜色又按数字列表进行筛选，只能在两者中任选其一；不能既按图标又按自定义筛选进行筛选，只能在两者中任选其一。

（1） 按列表值筛选

按列表值筛选是指按表格中的特定数据值来进行筛选的方法。在数据清单中单击，然后切换到“数据”选项卡，单击“排序和筛选”组中的“筛选”按钮，在每个字段的右边都将出现一个下拉按钮▾。单击要进行筛选的字段名右侧的下拉按钮，可弹出一个下拉菜单，其中除了筛选命令外，还有一个列表框，其中列出该字段中的数据项。数据项列表框中最多可以列出10000条数据，单击并拖动右下角的尺寸控制柄可以放大自动筛选菜单。在列表框中选择符合条件的项，即可在数据清单中只显示符合条件的记录。如果列表很大，可先清除顶部的“（全选）”复选框，然后选择要作为筛选依据的特定数据值。

（2） 按颜色筛选

有时，为了突出某一类型的数据，用户可能会给某些单元格或者其中的数据设置颜色。在Excel 2010中，当需要将设置了相同颜色的单元格或者数据筛选出来的时候，只需单击要进行筛选的字段名右侧的下拉按钮，从弹出菜单中选择“按颜色筛选”子菜单中的所需颜色，即可得出相应的筛选结果。

（3） 按指定条件筛选

按列表值或按颜色筛选数据时虽然方便快捷，但只能用于简单的筛选，而在实际操作中，常常涉及更复杂的筛选条件，利用这些筛选功能已无法完成，这时就需要指定筛选条件进行更高级的筛选。

不同类型的数据可设置的条件也不一样，对于文本数据，可指定“等于”、“不等于”、“开头是”、“结尾是”、“包含”、“不包含”等条件；对于数字数据，可指定“等于”、“不等于”、“大于”、“大于或等于”、“小于”、“小于或等于”、“介于”、“10个最大的值”、“高于平均值”、“低于平均值”等条件；而对于时间和日期数据，则可以指定“等于”、“之前”、

“之后”、“介于”、“明天”、“今天”、“昨天”、“下周”、“本周”、“上周”、“下月”、“本月”、“上月”、“下季度”、“本季度”、“上季度”、“明年”、“今年”、“去年”、“本年度截止到现在”以及某一段时间期间所有日期等条件。此外，每种类型的数据都可以自定义筛选条件。

根据所选的数据类型，在筛选菜单中选择“数字筛选”、“文本筛选”或者“日期筛选”子菜单中的所需条件命令，可打开相应的对话框，指定所需的条件，然后单击“确定”按钮，即可按指定条件筛选出所需数据。

【任务操作】

1. 简单筛选

打开“素材\表格素材\进货单.xlsx”工作簿，筛选啤酒的记录，如图4-49所示。

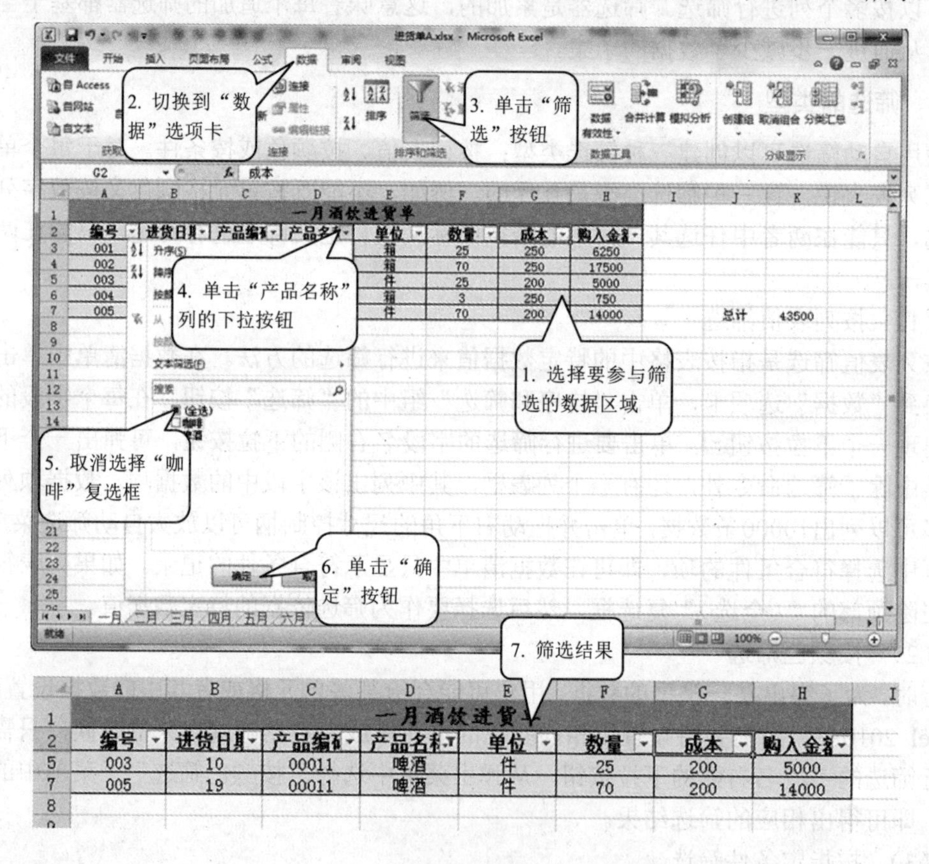

图4-49　按列表值进行简单筛选

2. 条件筛选

打开“素材\表格素材\工资表.xlsx”工作簿，筛选实领工资在2500~2600元之间的人员记录，如图4-50所示。

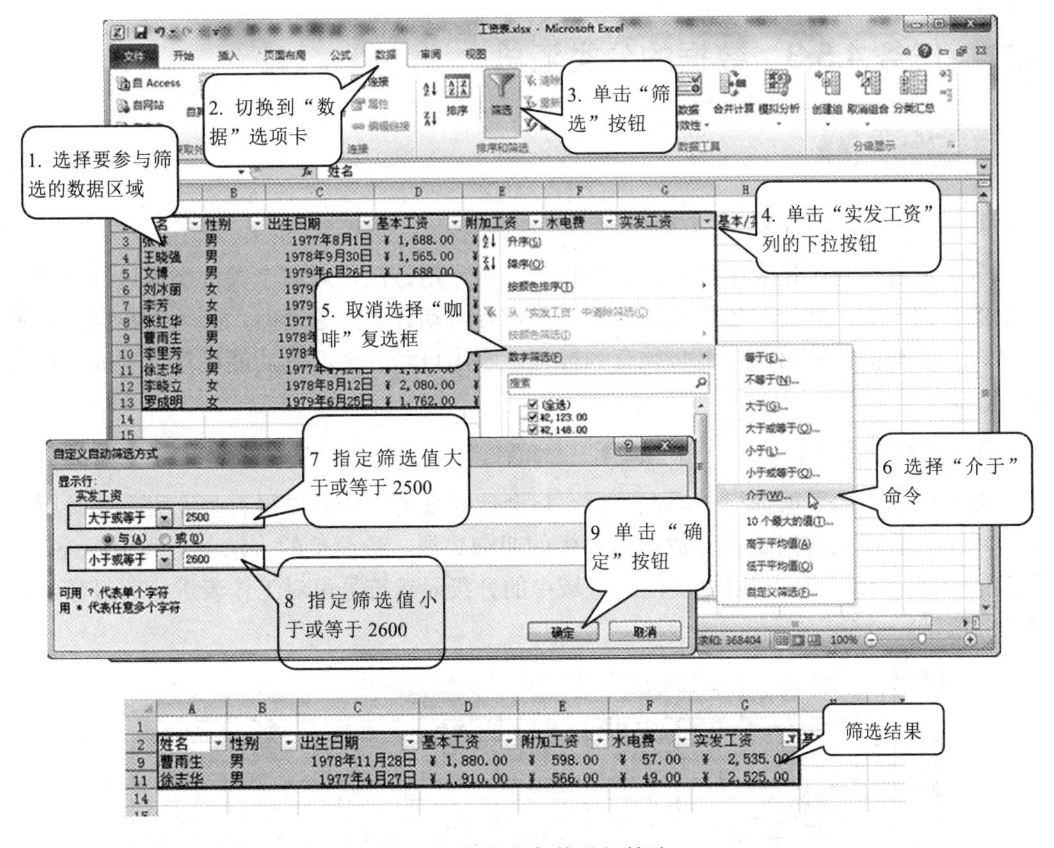

图 4-50　按指定条件进行筛选

【拓展任务】——按要求从会计 11-4 班期中考试表中筛选符合条件的记录

制作一个“会计 11-4 班成绩表.xlsx”工作簿，如图 4-51 所示，完成如下操作：

（1） 筛选出姓名为“刘大林”的记录。

（2） 筛选出收银实务成绩小于 80 分大于 70 分的记录。

（3） 筛选出总分大于 450 且语文成绩大于 80 分或总分大于 450 分且珠算成绩大于 85 分的记录。

会计11-4班期中考试成绩表

编号	姓名	基础会计	收银实务	语文	计算机	珠算	体育	总分	平均分
001	李小明	86	74	72	69	90	75	466	78
002	韦小宝	99	89	84	77	88	79	516	86
003	王晶晶	56	65	73	87	70	64	415	69
004	陈兰	85	70	81	60	84	71	451	75
005	罗佳	49	80	69	64	90	62	414	69
006	周杰伦	78	83	65	78	67	58	429	72
007	朱叶	92	79	70	91	55	69	456	76
008	黄梅	66	82	63	87	81	85	464	77
009	谢彩虹	55	60	69	66	67	90	407	68
010	刘大林	90	71	73	77	75	76	462	77
011	莫海华	52	68	80	75	80	63	418	70
012	张晓军	67	80	89	63	87	70	456	76

图 4-51　样表

任务 4.5.3 数据的分类汇总

【知识准备】

1. 分类汇总的含义

分类汇总是对工作表中数据进行分析的一种常用方法，对某个关键字段进行分类，相同值的分为一类，然后对各类进行汇总。在进行自动分类汇总之前，必须对数据清单进行排序，且数据清单的第一行里必须有列标记。利用自动分类汇总功能可对一项或多项指标进行汇总。

2. 分级显示工作表

对工作表中的数据进行分类汇总后，将会使原来的工作表显得有些庞大，此时用户如果要单独查看汇总数据或查看数据清单中的明细数据，最简单的方法就是利用Excel 2010提供的分级显示功能。利用分类汇总区域中的分级显示符号可对工作表进行分级显示，如图4-52所示。

	A	B	C	D	E	F	G	H
1	一月酒饮进货单							
2		日期	产品编码	产品名称	单位	数量	成本	购入金额
3			00010	咖啡	箱	25	250	6250
4							250	
5		10	00010	咖啡	箱	70	250	17500
6	002 汇总						250	
7	003	10	00011	啤酒	件	25	200	5000
8	003 汇总						200	
9	004	14	00010	咖啡	箱	3	250	750
10	004 汇总						250	
11	005	19	00011	啤酒	件	70	200	14000
12	005 汇总						200	
13	总计						1150	
14								
15								

分级显示符号

图 4-52 分类汇总的数据区域

汇总窗口中出现的符号在Excel中称为分级显示符号，各自功能如下：

（1） 明细数据级别符号 1 2 3：表示明细数据级别，一级数据为最高级，二级数据是一级数据的明细数据，又是三级数据的汇总数据。单击 1 图标可以直接显示一级汇总数据。单击 2 图标可以显示一级和二级数据，单击 3 图标可以显示一级、二级、三级即全部数据。

（2） 隐藏明细数据符号 - 和显示明细数据符号 +：单击 - 符号可隐藏该级及以下各级的明细数据，单击 + 符号则可以展开该级明细数据。

如果不想利用分级显示功能对工作表的明细数据进行隐藏，还可以将分级显示功能取消。在“分类汇总”对话框中单击“全部删除”按钮即可。

3. 删除分类汇总

打开“分类汇总”对话框，单击“全部删除”按钮可删除已创建的分类汇总。

【任务操作】

打开“表格\表格素材\考试报名表.xlsx”工作簿，对报考专业进行分类汇总，统计申请专业的报考人数，如图4-53所示。

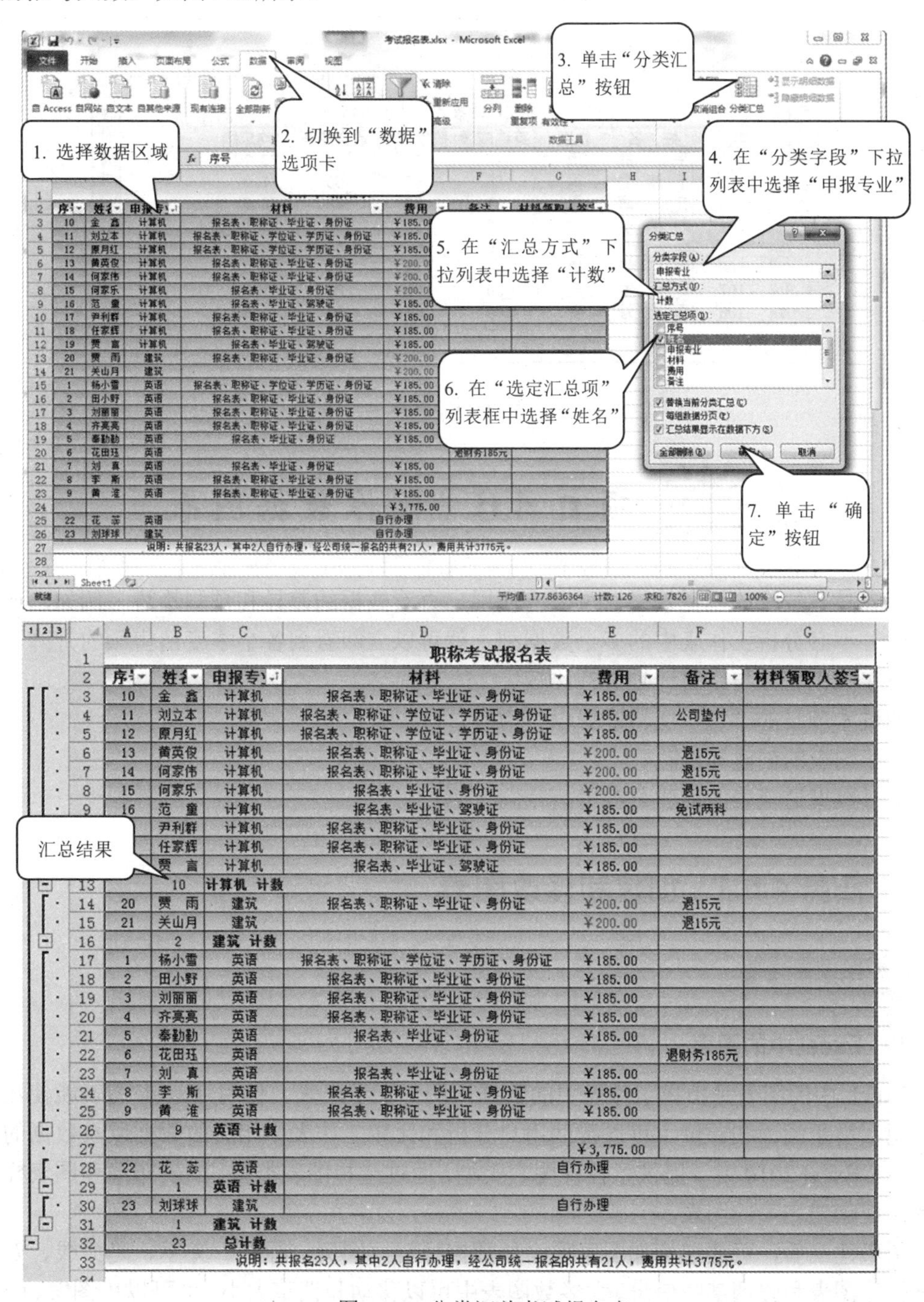

图 4-53　分类汇总考试报名表

【拓展任务】——对学生成绩表进行分类汇总

打开“素材\表格素材\学生成绩表.xlsx”工作簿，如图4-54所示。完成以下操作：进行分类汇总，显示总计结果和男女分类计数结果。

学生成绩表.xlsx

	A	B	C	D	E	F	G
1	学生成绩表						
2	学号	姓名	性别	英语成绩	数学成绩	语文成绩	平均成绩
3	101	张林	男	88	56	77	73.7
4	102	王晓强	男	65	82	66	71.0
5	103	文博	男	87	83	88	86.0
6	104	刘冰丽	女	63	59	75	65.7
7	105	李芳	女	60	68	59	62.3
8	106	张红华	男	84	76	77	79.0
9	107	曹雨生	男	80	81	83	81.3
10	108	李里芳	女	60	63	60	61.0

Sheet1 Sheet2 Sheet3

图4-54　样表

项目4.6　制作数据图表

图表具有较好的视觉效果，可以方便用户查看数据的差异和预测趋势。例如，通过使用图表，不必分析工作表中的多个数据列，就可以立即看到各个季度销售额的升降，很方便地对实际销售额与销售计划进行比较。

通过本项目的学习，您将掌握以下内容：

◆ 图表的创建与修改。

◆ 数据透视表的创建与应用。

任务4.6.1　创建和修改图表

【知识准备】

1. Excel中的图表

Excel 中的图表是指将工作表中的数据用图形表示出来。使用 Excel 图表能使数据更加直观，易于阅读和评价。可以帮助用户分析和比较工作表中相关的数据以及数据的变化趋势。在Excel 2010 中，提供了各种图表类型，通过选择图表类型、图表布局和图表样式，可轻松地创建完美的图表。

图表建立后，可通过增加图表项，如数据标记、图例、标题、文字、趋势线、误差线等来美化图表和强调某些信息。大多数图表中可以移动和调整大小，也可以用图案、颜色、对齐、字体等其他格式属性来设置这些图表项的格式。

在 Excel 2010 中制作图表的方法非常简单。准备好要用于创建图表的工作表数据后，使用“插入”选项卡“图表”组中的工具即可创建各种类型的图表，生成的图表可以单独位于一张工作表中，也可以将其作为对象嵌入到包含数据的工作表内。

2. 图表的修改

在图表的选定状态下，Excel 会自动显示图表工具。Excel 图表工具包括“设计”、“布局”和“格式”选项卡，可用来对图表进行美化、修改和设置格式。

对图表中的数据、图表对象及整个图表的显示风格等进行修改，如更改图表的类型、更改数据系列产生的方式、添加或删除数据系列，以及向图表中添加文本等。

在更改创建图表的表格中的数据时，与表格相对应的图表能够自动进行调整，但如果更改了数据范围之外的表格元素，如添加新的行或列时，图表将无法进行自动调整，此时需要手工添加或删除图表中的数据系列。

3. 选择图表对象

在对图表或图表中的元素进行编辑时，必须先选择相应的对象。选择整个图表的方法是在图表中的空白处单击。若要选择图表中的元素，则单击该元素即可。选中的图表或图表元素外侧将出现选择框。

若要取消对图表或图表元素的选择，只需在图表或图表元素外任意位置单击即可。

【任务操作】

打开“素材\表格素材\工资表.xlsx”工作簿，将“实发工资”数据列转换为图表；并更改图表样式和标题格式，结果如图 4-55 所示。

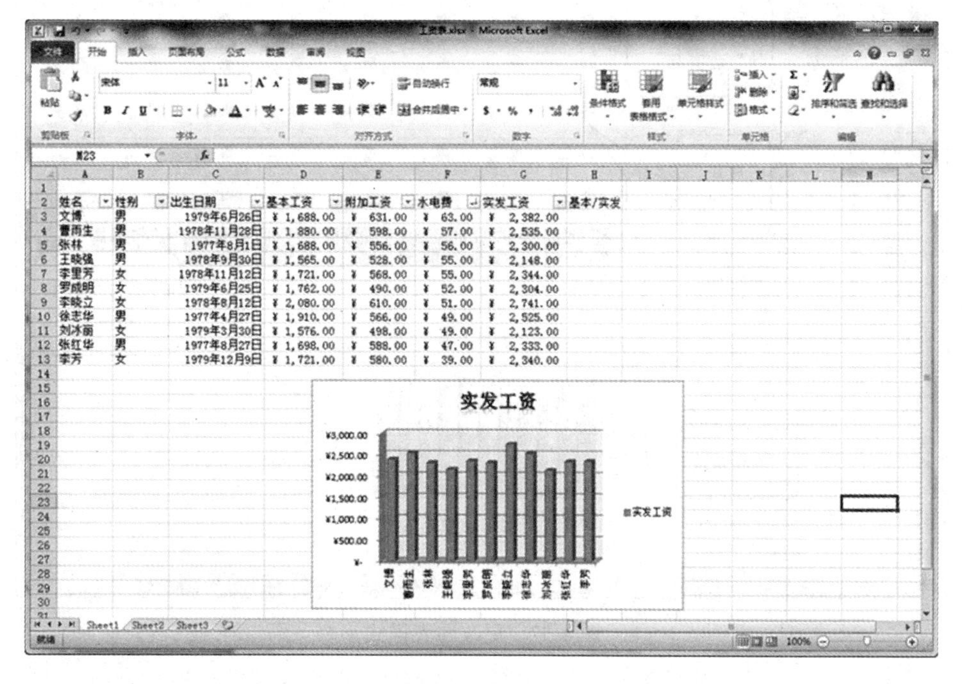

图 4-55　图表示例

（1） 创建图表。操作方法如图 4-56 所示。

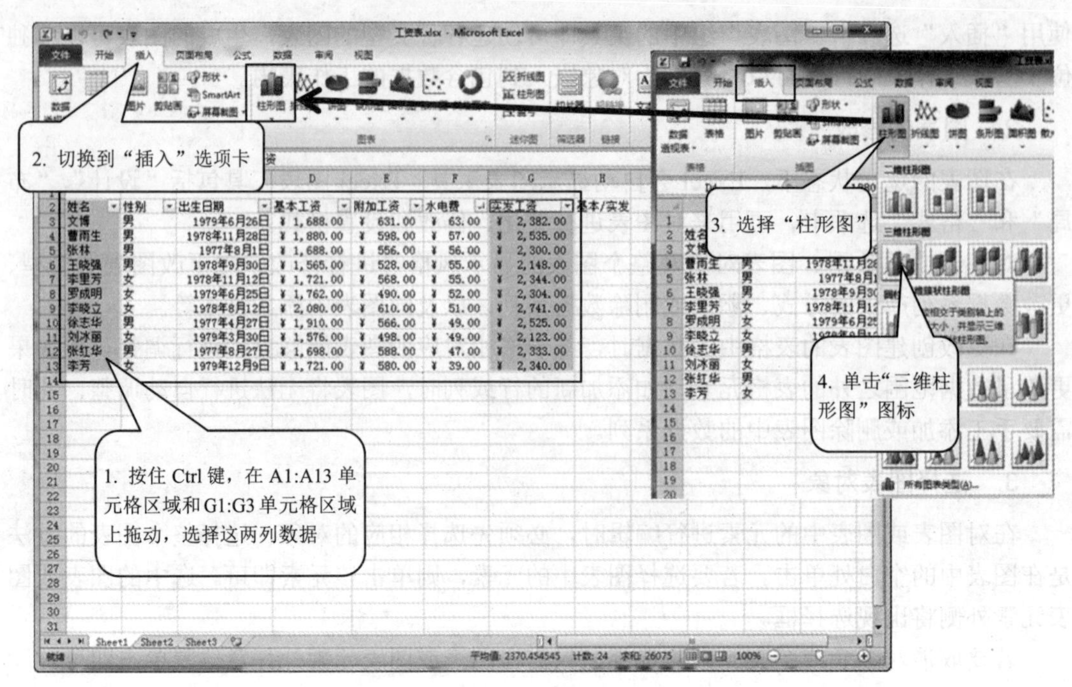

图 4-56　创建图表

（2）　更改图表样式。操作方法如图 4-57 所示。

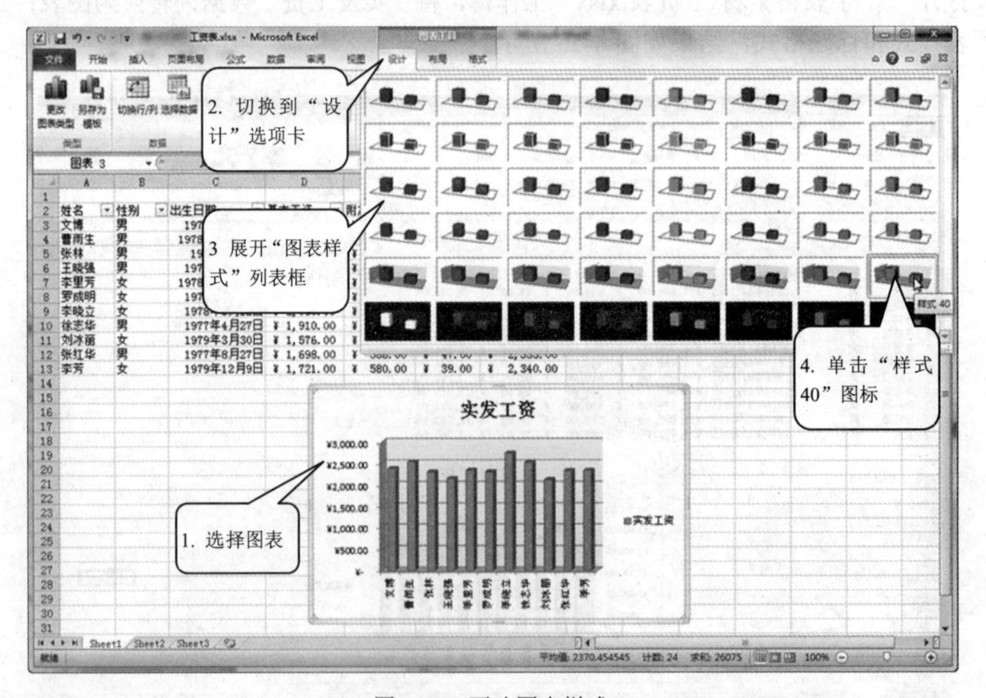

图 4-57　更改图表样式

（3）　设置标题格式。操作方法如图 4-58 所示。

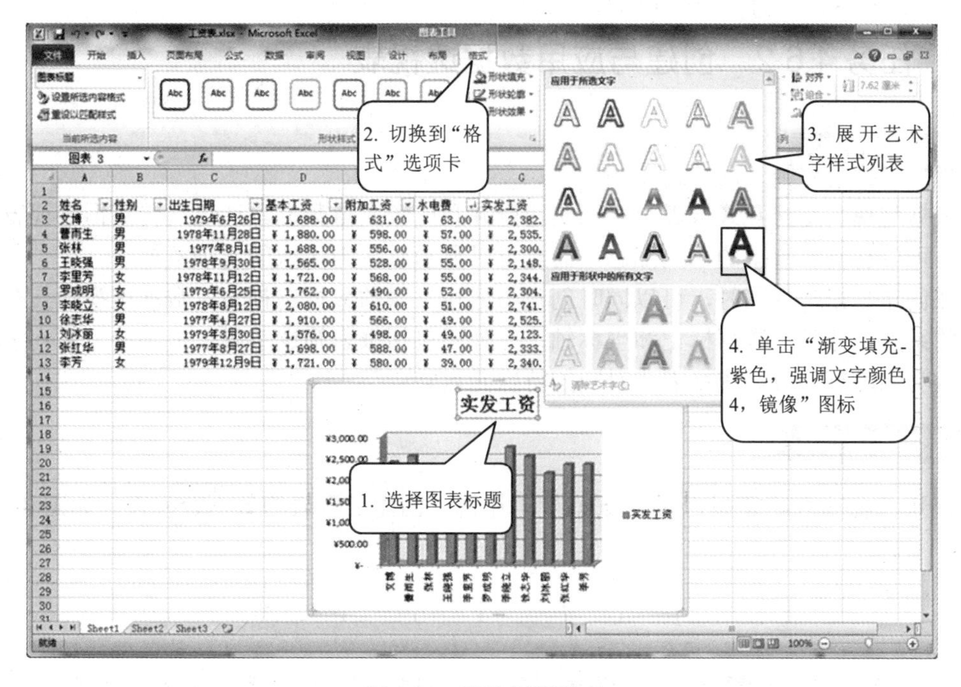

图 4-58　更改标题样式

【拓展任务】——创建手机销售情况分析表饼图

1. 操作要求

打开“手机销售.xlsx”，创建华为手机销售情况分析表柱形图。要求：

（1） 图表区域、图例为宋体，10 号。

（2） 将图表标题“2016 年手机销售额”设为黑体 16 号，加粗，蓝色。

（3） 图表区域背景设为渐变填充。

2. 效果展示

图表最终效果如图 4-59 所示。

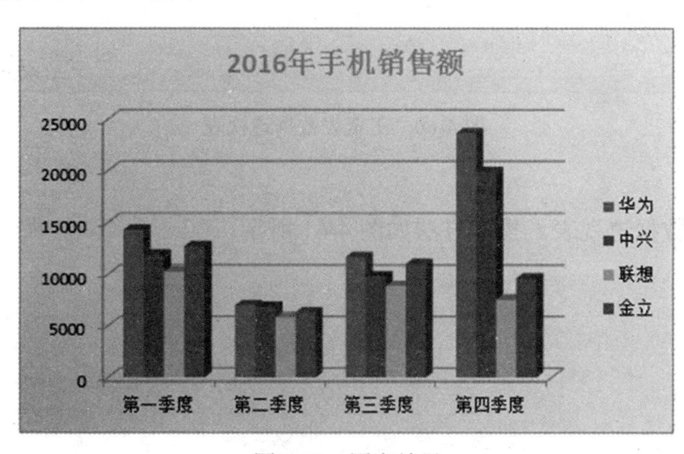

图 4-59　图表效果

任务 4.6.2　创建与应用数据透视表

【知识准备】

数据透视表是交互式报表，可以快速合并和比较大量数据。通过旋转数据透视表的行和列，可以看到源数据的不同汇总，而且可以显示感兴趣区域的明细数据。

在创建数据透视图时，可以同时创建与之相关联的数据透视表。数据透视图具有标准图表的系列、分类、数据标记和坐标轴，此外还包括报表筛选字段、值字段、系列字段、项和分类字段等与数据透视表相对应的特殊元素。

【任务操作】

打开“素材\表格素材\工资表.xlsx”工作簿，创建工资表的数据透视表，如图 4-60 所示。

姓名	性别	出生日期	基本工资	附加工资	水电费	实发工资
张林	男	1977年8月1日	¥ 1,688.00	¥ 556.00	¥ 56.00	¥ 2,300.00
王晓强	男	1978年9月30日	¥ 1,565.00	¥ 528.00	¥ 55.00	¥ 2,148.00
文博	男	1979年6月26日	¥ 1,688.00	¥ 631.00	¥ 63.00	¥ 2,382.00
刘冰丽	女	1979年3月30日	¥ 1,576.00	¥ 498.00	¥ 49.00	¥ 2,123.00
李芳	女	1979年12月9日	¥ 1,721.00	¥ 580.00	¥ 39.00	¥ 2,340.00
张红华	男	1977年8月27日	¥ 1,698.00	¥ 588.00	¥ 47.00	¥ 2,333.00
曹雨生	男	1978年11月28日	¥ 1,880.00	¥ 598.00	¥ 57.00	¥ 2,535.00
李里芳	女	1978年11月12日	¥ 1,721.00	¥ 568.00	¥ 55.00	¥ 2,344.00
徐志华	男	1977年4月27日	¥ 1,910.00	¥ 566.00	¥ 49.00	¥ 2,525.00
李晓立	女	1978年8月12日	¥ 2,080.00	¥ 610.00	¥ 51.00	¥ 2,741.00
罗成明	女	1979年6月25日	¥ 1,762.00	¥ 490.00	¥ 52.00	¥ 2,304.00

行标签	求和项:基本工资	求和项:附加工资
曹雨生	1880	598
李芳	1721	580
李里芳	1721	568
李晓立	2080	610
刘冰丽	1576	498
罗成明	1762	490
王晓强	1565	528
文博	1688	631
徐志华	1910	566
张红华	1698	588
张林	1688	556
总计	19289	6213

图 4-60　工资表数据透视表

（1）创建数据透视表。操作方法如图 4-61 所示。

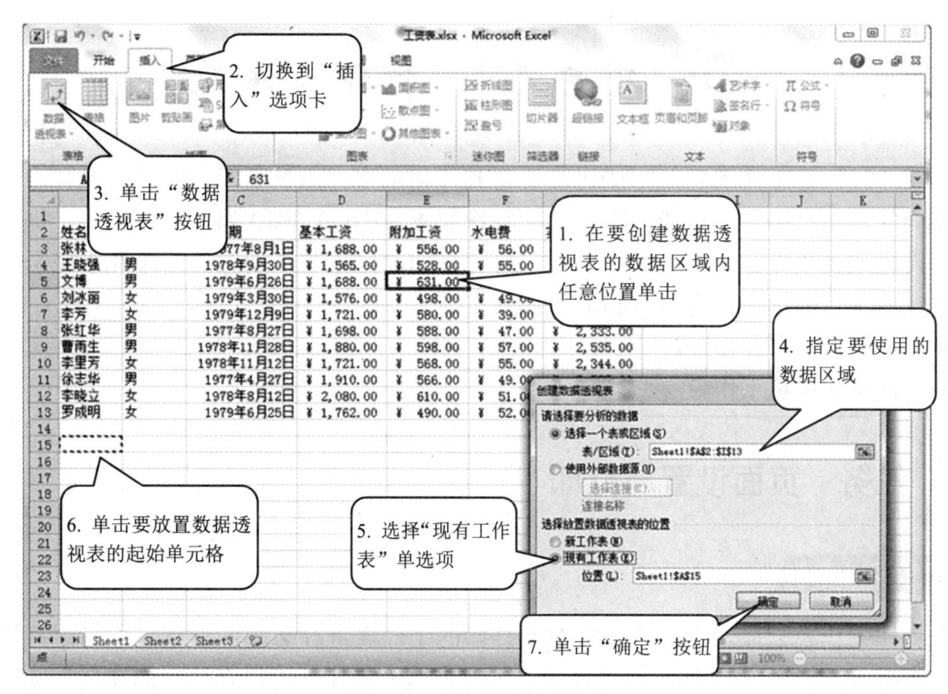

图 4-61　创建数据透视表

（2） 查看数据透视表。操作方法如图 4-62 所示。

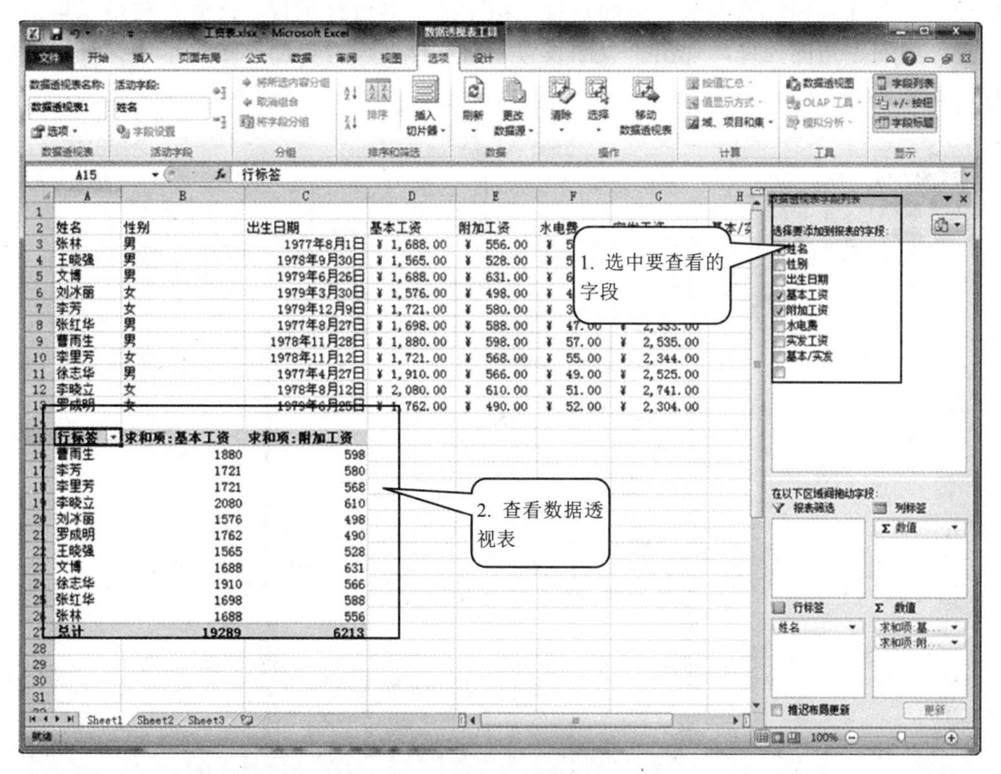

图 4-62　查看数据透视表

项目 4.7 打印工作表

当用户设计好工作表后，可能还需要将其打印出来。由于不同行业需要的打印报告样式是不同的，每个用户都可能会有自己的特殊要求。Excel 2010 为了方便用户，提供了许多用来设置或调整打印效果的实用功能，可使打印的结果与所期望的结果几乎完全一样。

通过本项目的学习，您将掌握以下内容：

◆ 工作表的页面设置。

◆ 打印和预览工作表。

任务 页面设置与打印

【知识准备】

在打印工作表之前，用户需要先对要打印的工作表进行必要的设置，如指定打印范围和纸张大小、添加页眉/页脚、设置打印选项等，这些操作都可以在“页面布局”选项卡中来完成。

（1） 设置页面选项。页面选项主要包括纸张大小、打印方向、缩放和起始页码等，可以使用“页面布局”选项卡“页面设置”组中的工具进行设置。此外，也可以单击“页面设置”组右下角的控件，弹出“页面设置”对话框，在“页面”选项卡中详细设置页面选项，如图4-63所示。

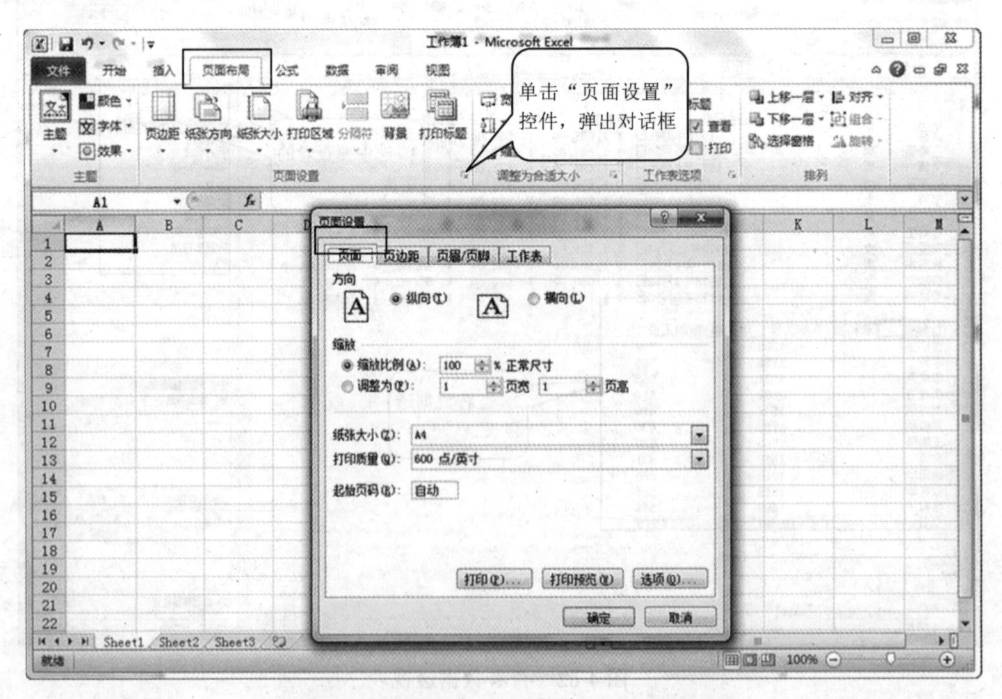

图 4-63 “页面设置”对话框的“页面”选项卡

（2） 缩放工作表。通过缩放工作表可以拉伸或收缩打印输出的高度和宽度，以便将打印输出的内容调整为合适大小。使用“页面布局”选项卡“调整为合适大小”组中的工具即可缩放工作表。

（3） 设置工作表选项。设置工作表选项是指确定是否在工作表中显示或打印网格线以及行、列标题。使用“页面布局”选项卡“工作表选项”组中的工具可设置工作表选项，此外也可以单击“工作表选项”组右下角的控件弹出“页面设置”对话框的“工作表”选项卡，设置详细的工作表选项，如图4-64所示。

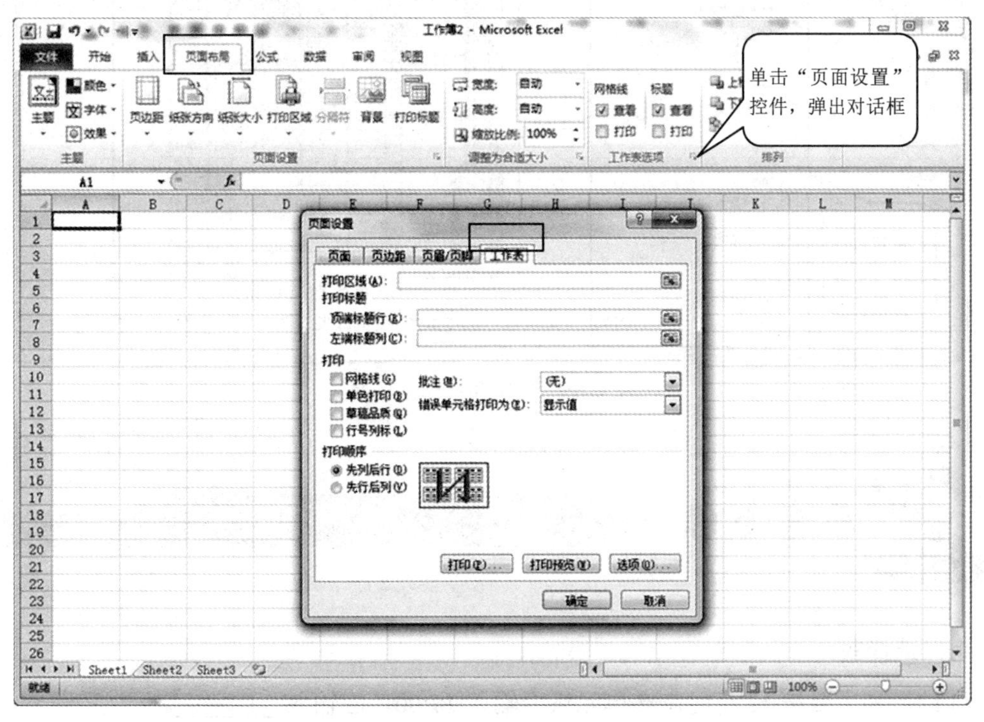

图 4-64　“页面设置”对话框的“工作表”选项卡

（4） 设置对象的排列方式及主题。

当在工作表中插入对象（如图片、形状、图表等）后，可用“页面布局”选项“排列”组中的工具设置其排列方式。插入对象（“插入”选项卡“插图”组）和设置排列方式的操作与在Word中相同，此处不再赘述。

此外，同 Word 2010 一样，Excel 2010 也提供了设置工作簿主题的功能，使用“页面布局”选项卡“主题”工具组即可更改工作簿的总体设计，包括颜色、字体和效果。

【任务操作】

预览和打印“素材\表格素材\库存报告.xlsx”工作簿，操作方法如图 4-65 所示。

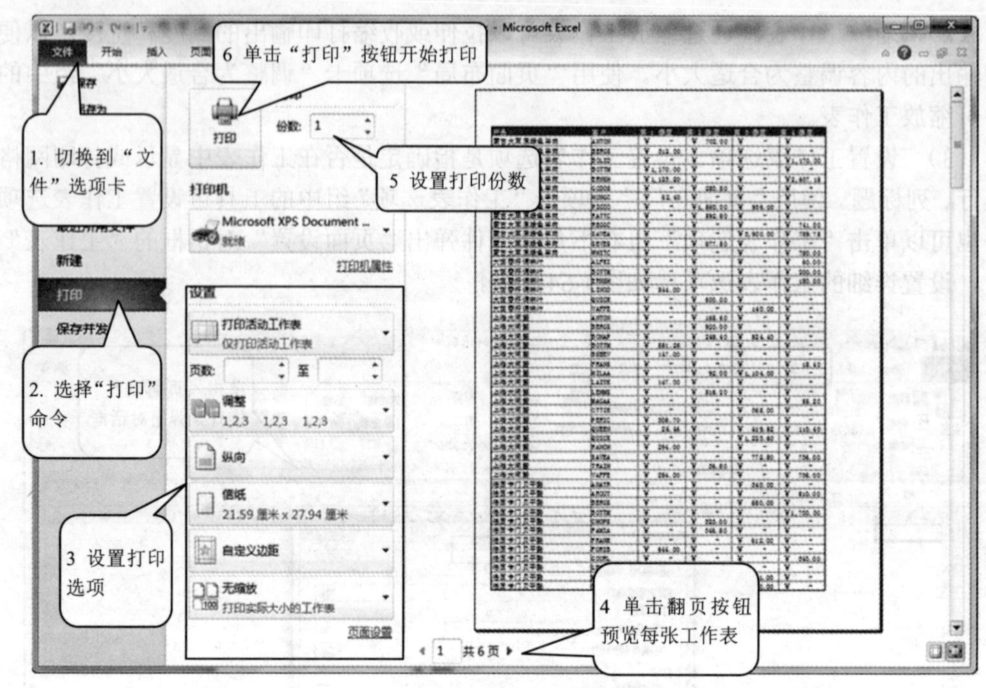

图4-65　预览和打印工作簿

思考与练习

1. 选择题

（1） 如果要按12小时制在单元格内输入17:00，应输入________。

A. 5:00 p　　B. 5:00

C. 17:00 p　　D. 17:00

（2） 要同时在多个单元格中输入相同的数据，在选定的单元格中输入所需的数据后，应按______键。

A. Enter　　B. Ctrl+Enter

C. Shift+Enter　　D. Ctrl+Shift+Enter

（3） 在同一数据列中自动填写重复录入项时，若要接受建议的录入项，可执行的操作是__________。

A. 按Enter键　　B. 按Tab键

C. 按Backspace键　　D. 从录入项列表中选择数据列中已存在的录入项

（4） 求和函数的表达式是__________。

A. SIN　　B. SUM

C. SUMIF　　D. COUNT

（5）当直接启动Excel而不打开一个已有的工作簿文件时，Excel主窗口中_________。

A. 没有任何工作簿窗口　　B. 自动打开最近一次处理过的工作簿
C. 自动打开一个空工作簿　　D. 询问是否打开最近一次处理的工作簿

（6） 如果一个工作簿中含有若干个工作表，在该工作簿的窗口中________。
A. 只能显示其中一个工作表的内容
B. 只能同时显示其中 3 个工作表的内容
C. 能同时显示多个工作表的内容
D. 可同时显示内容的工作表数目由用户设定

（7） “视图”选项卡上的“新建窗口”按钮的功能是在主窗口中________。
A. 新建一个文档窗口，在其中打开一个新的空工作簿
B. 新建一个文档窗口，在其中打开的仍是当前工作簿
C. 在当前文档窗口中关闭当前工作簿而打开一个新工作簿
D. 在当前文档窗口中为当前工作簿新建一个工作表

（8） 要删除一个选中的单元格及其中的数据，可执行以下操作________。
A. 按 Del 键
B. 在“开始”选项卡上单击“单元格”组中的“删除”按钮
C. 在“开始”选项卡上单击“编辑”组中的“清除”按钮
D. 在“开始”选项卡上单击“剪贴板”组中的“剪切”按钮

（9） 在 Excel 中，所有数据的输入及计算都是通过________来完成的。
A. 工作表　　B. 活动单元格　　C. 文档　　D. 工作簿

（10） Excel 2010 中工作簿的默认名是________。
A. Book1　　B. Excel1　　C. Sheet1　　D. 工作簿 1

（11） Excel 中工作表的默认名是________。
A. 工作簿 2　　B. Book3　　C. Sheet4　　D. Document3

（12） 在 Excel 中，不能在单元格中直接输入的常量类型是________。
A. 字符型　　B. 数值型　　C. 备注型　　D. 日期型

（13）如果在工作表的 A5 单元格中存有数值 24.5，那么当在 B3 单元格中输入“=A5*3”后，默认情况下该单元格显示________。
A. A53　　B. 73.5　　C. 3A5　　D. A5*3

（14） 在 C3 单元格中输入了数值 24，那么公式“=C3>=30”的值是________。
A. 24　　B. 30　　C. -6　　D. FALSE

（15） 在输入公式时，必须以（　　）作为开始。
A. 等于号　　B. 数字　　C. 函数　　D. 运算符号

（16） 在对文本以及包含数字的文本按升序排序时，排在最后的是________。
A. 数字　　B. 字符　　C. 文本　　D. 字母

2. 填空题

（1） 在 Excel 中，处理数据的任务都是在________、________和________中完成的。

（2） 如果要在工作表中输入当前的时间，可按__________键。

（3） Excel 2010 工作簿的默认保存格式为*________。

（4）“全选”按钮位于________。

（5） 工作表是显示在工作簿窗口中的________，由________的行和列组成。

（6） 工作表中的行以________进行编号，列以________进行编号。

（7） 在 Excel 中，若要将光标向右移到下一个单元格中，可按________键；若要将光标向下移到下一个单元格中，可按________键。

（8） 如果 A1 单元格的内容为“＝A3*2”，A2 单元格为一个字符串，A3 单元格为数值 22，A4 单元格为空，则函数 COUNT（A1:A4）的值是________。

（9） 在 Excel 中，若活动单元格在 F 列 4 行，其引用的位置以________表示。

（10） 假设在 E6 单元格内输入公式＝E3+$C8，再把该公式复制到 A5 单元格，则在 A5 单元格中的公式实际是________；如果把该公式移到 A5 单元格，则在 A5 单元格的公式实际是________。

（11） 如果在工作表中已经填写了内容，现在需要在 D 列和 E 列之间插入 3 个空白列，首先要选取的列名称是________。

（12） 在 Excel 中，若想输入当天日期，可以通过________键快速完成。

（13） 在 Excel 中，被选中的单元格称为________。

（14） 在 Excel 工作表中，如未特别设定格式，则文字数据会自动________对齐。

（15） 工作表中若插入一列，这一列一定位于当前列的________边；若插入一行，这一行一定位于当前行的________边。

（16） 在输入公式时一定要先输入________，然后输入________。

（17） 在进行自动分类汇总之前，必须对数据清单进行________，并且数据清单的第一行里必须________。

（18） 筛选唯一值只是______________，而不是删除值。

3. 判断题

（1） Excel 工作表的顺序和表名可由用户指定。（　　）

（2） 删除单元格的操作只能清除单元格中的信息，而不能清除单元格本身。（　　）

（3） 在 Excel 公式中可以对单元格或单元格区域进行引用。（　　）

（4）“分类汇总”指将表格的数据按照某一个字段的值进行分类，再按这些类别求和，求平均值等。（　　）

（5） Excel 2010 的图表建立有两种方式：在原工作表中嵌入图表；在新工作表中生成图表。（　　）

（6） 任一时刻所操作的单元称为当前单元格，又叫活动单元格。（　　）

（7） 默认情况下新建的工作簿中只包含 3 个工作表，可以在“Excel 选项”对话框中更改工作簿中所包含的工作表数。（　　）

（8） 如果要删除某个区域的内容，可以先选定要删除的区域，然后按 Del 键或 Backspace 键。（　　）

（9） 默认情况下，工作表以 Sheet1、Sheet2 和 Sheet3 命名，且不能改名。（　　）

（10） 按下 Ctrl+S 组合键可以保存工作簿。（　　）

（11） 在某单元格中单击即可选中此单元格，被选中的单元格边框以黑色粗线条突出显示，且行、列号以高亮显示。（ ）

（12） 数值型数据只能进行加、减、乘、除和乘方运算。（ ）

（13） 执行“粘贴”操作时，只能粘贴单元格的数据，不能粘贴格式、公式和批注等其他信息。（ ）

（14） Excel 2010 工作表的基本组成单位是单元格，用户可以向单元格中输入数据、文本、公式，还可以插入小型图片等。（ ）

（15） 在 Excel 中进行筛选时，第二次筛选将在第一次筛选的基础上进行，而不是在全部数据中进行筛选。（ ）

4. 简答题

（1） 在表格中输入数据序列时应遵循哪些原则？

（2） 如何在其他工作表中输入相同数据？

（3） 如何创建一个包含引用的公式？

（4） 如何使用函数进行计算？

（5） 如何更改图表类型？

模块 5

演示文稿 PowerPoint 的应用

Microsoft Office PowerPoint 2010 是一个专业的演示文稿制作软件，可使用文字、图片和表格等各种信息表达方式，并且可以链接 Excel 工作表、声音和视频等多种多媒体技术，制作的演示文稿可用于会议、企业介绍、产品展示等各种场合，是自动化办公的得力工具之一，学会 PowerPoint 的应用是日后工作中必不可少的技能之一。

项目 5.1　PowerPoint 入门

一份完整的电子演示文稿是由具有相关内容的多张幻灯片构成的，为了充分表达出设计者的意图，还可以辅以备注、讲义和大纲等说明性文字。幻灯片是演示文稿的主体，也就是说，演示文稿的创建主要是对幻灯片的设计与制作。

通过本项目的学习，您将掌握以下内容：

- 演示文件的创建和保存。
- 幻灯片的插入和删除。
- 幻灯片的移动和复制。

任务　新建、保存演示文稿

【知识准备】

1. 新建演示文稿

和其他 Office 文档一样，在 PowerPoint 2010 中创建新演示文稿的方法也有 3 种：

（1） 选择“新建”——“文件”命令，依模板创建一个新演示文稿，如图 5-1 所示。

（2） 按下 Ctrl+N 组合键，创建一个空白演示文稿。

（3） 在快速访问工具栏上添加一个“新建”工具按钮，然后单击“新建”按钮，创建一个空白演示文稿。

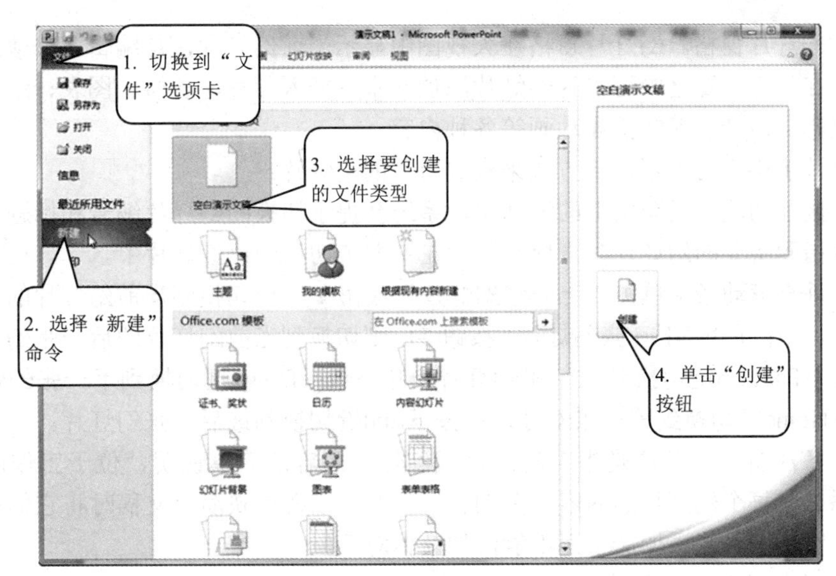

图 5-1　新建演示文稿

2. 演示文稿的工作界面

PowerPoint 2010的程序主窗口中除了包括与其他Office程序所共有的标题栏、快速访问工具栏、功能区和状态栏外，还包括幻灯片窗格、备注窗格和大纲/幻灯片窗格，如图5-2所示。

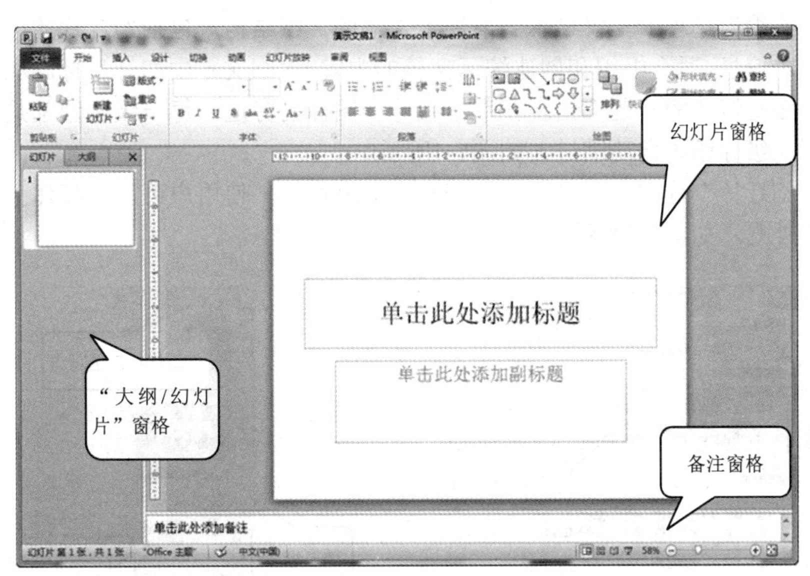

图 5-2　PowerPoint 2010 工作界面

（1）　状态栏。PowerPoint 2010的状态栏中显示当前演示文稿的幻灯片数量、当前幻灯片的编号、主题名称，如图5-3所示。用户可以通过状态栏对当前的操作状态有所了解。

图 5-3　PowerPoint 2010 的状态栏

（2） 幻灯片窗格。幻灯片窗格在大视图中显示当前幻灯片，是编辑、修改幻灯片的主要场所。在幻灯片窗格中可以为幻灯片添加文本、插入图片、表格、图表、绘图对象、文本框、电影、声音、超链接和动画等各种内容。

在幻灯片窗格中可以用以下方式来查看所需的幻灯片：

- 直接拖动垂直滚动条上的滚动块，系统会提示切换的幻灯片编号和标题。如果已经指到所要的幻灯片时，松开鼠标左键即可切换到该幻灯片中。
- 在垂直滚动条中单击“上一张幻灯片”按钮，可切换到当前幻灯片的前一张幻灯片中；单击“下一张幻灯片”按钮，则切换到当前幻灯片的后一张幻灯片中。
- 按下PageUp键切换到上一张幻灯片；按下PageDown键切换到下一张幻灯片；按下Home键切换到第一张幻灯片；按下End键切换到最后一张幻灯片。

（3） 备注窗格。备注是指对幻灯片或幻灯片内容的简单说明，位于工作区域的下方，用于添加与每个幻灯片的内容相关的备注，并可以在放映演示文稿时将它们打印为讲义。在备注窗格中只能添加文字而不能添加其他对象。

（4） “大纲/幻灯片”窗格。大纲/幻灯片窗格位于程序主窗口的最左侧，单击“大纲”或“幻灯片”标签可在两个选项卡之间相互切换。当窗格变窄时，“大纲”和“幻灯片”标签变为显示图标。在“大纲”和“幻灯片”选项卡中可以直接插入、删除、移动或复制幻灯片。如果在“大纲”选项卡中单击某幻灯片的内容，或者在“幻灯片”选项卡中单击某幻灯片的缩略图，则可在幻灯片窗格中显示此幻灯片。在普通视图中拖动窗格边框可以调整“大纲/幻灯片”窗格的大小，与此同时幻灯片窗格也会做出相应的调整。

- “大纲”选项卡。仅显示当前演示文稿的大纲结构，包括幻灯片的标题和主要的文本信息，适合组织和创建演示文稿的内容。大纲文本由幻灯片标题和正文组成，每张幻灯片的标题都出现在数字编号和图标的旁边，每一级标题都是左对齐，而下一级标题则自动缩进，如图5-4所示。
- “幻灯片”选项卡。显示所有幻灯片的缩略图，使用户可以从整体上浏览幻灯片的外观，如图5-5所示。

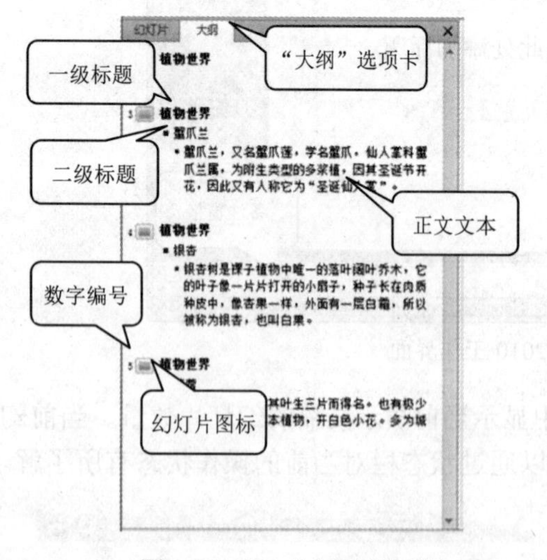

图 5-4 显示“大纲”选项卡

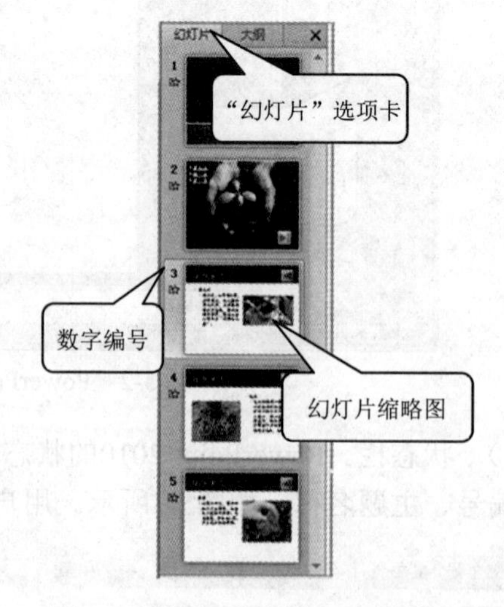

图 5-5 显示“幻灯片”选项卡

3. PowerPoint 2010 的视图方式

PowerPoint 2010提供了多种视图方式，每种视图中都包含特定的显示方式和加工特色，且在一种视图中对演示文稿的修改和加工会自动反映在该演示文稿的其他视图中。视图之间的切换可通过单击状态栏上的视图切换图标或者使用“视图”选项卡上的相应工具来实现。

（1） 普通视图。普通视图是启动PowerPoint 2010时默认的视图方式，也是使用最多的视图，主要用于创建和编辑演示文稿。在默认状态下，普通视图中的“大纲/幻灯片”窗格中显示幻灯片选项卡，以便用户能够快速浏览幻灯片的外观。

（2） 幻灯片浏览视图。在幻灯片浏览视图中可以看到整个演示文稿的内容，它与普通视图不同的是，这些幻灯片是以缩略图形式显示的。这样用户不仅可以了解整个演示文稿的大致外观，还可以轻松地组织和编辑幻灯片，如插入/删除或移动幻灯片、设置幻灯片放映方式、设置动画特效以及设置排练时间等，如图5-6所示。

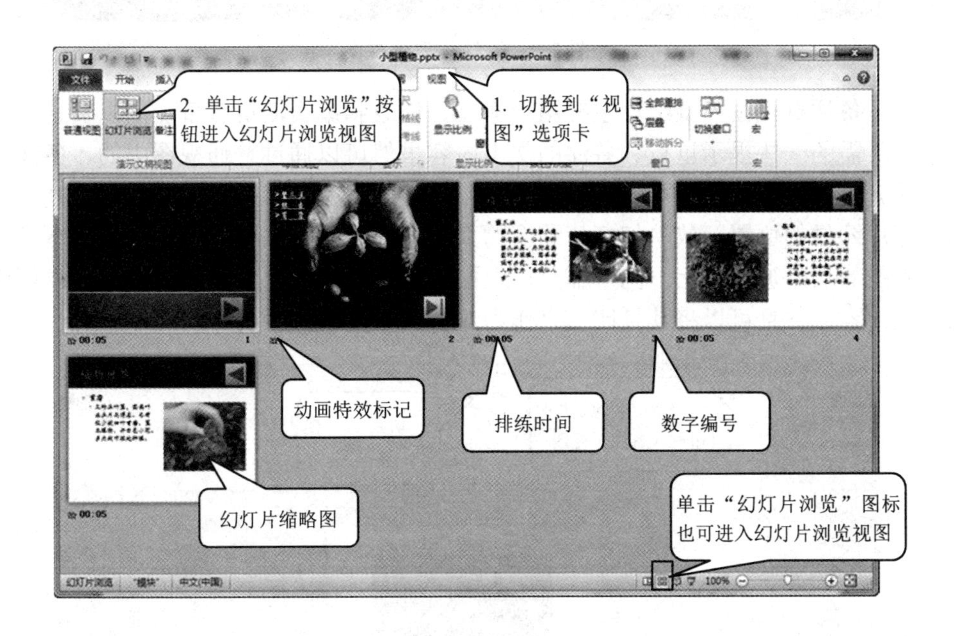

图 5-6　幻灯片浏览视图

（3） 幻灯片放映视图。在幻灯片放映视图中，演示文稿占据整个计算机屏幕，就像对演示文稿在进行真正的幻灯片放映，用户可以在此查看图形、时间、影片、动画元素以及将在实际放映中看到的切换效果。在放映幻灯片时还可以加入许多特效，使演示过程更加生动有趣。另外，PowerPoint 2010还允许在放映过程中设置绘图笔，加入屏幕注释，或者指定切换到特定的幻灯片等。在幻灯片视图中右击屏幕，在弹出菜单中选择相应的命令即可进行所需设置，如图5-7所示。

图 5-7　幻灯片放映视图

（4） 备注页视图。备注页主要用于建立、修改和编辑演讲者备注，以及记录演讲者在讲演时所需的一些提示重点。备注的文本内容虽然可以通过普通视图中的“备注”窗格进行输入编辑，但使用备注页视图更方便进行备注文字的编辑操作。在备注页视图中可以移动幻灯片缩像的位置、放映幻灯片缩像的大小，并且可以输入或编辑备注文本及图片。备注页视图的页面被分为上下两个部分，上面是幻灯片，下面是文本框，在文本框中可以输入备注内容，并且可以将其打印出来作为演讲稿，如图5-8所示。

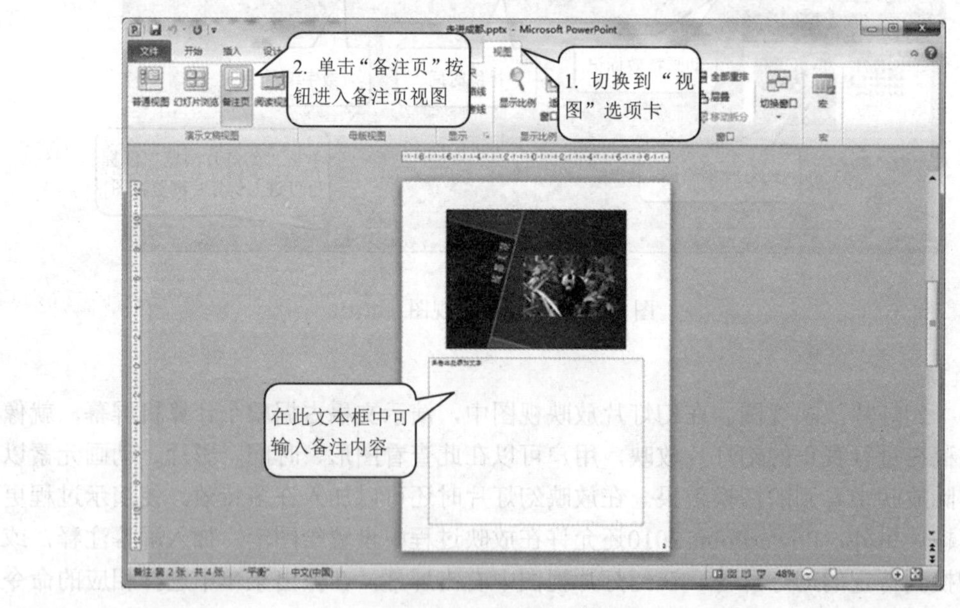

图 5-8　备注页视图

在默认情况下，PowerPoint 2010以整页方式显示备注页，这样在输入或编辑演讲备注内容时可能会比较困难，可以使用状态栏上的“显示比例”工具来适当增大显示比例。在备注文本框中可以插入各种对象，并可以设置备注文本的格式。

4. 重用幻灯片

在 PowerPoint 2010 中，可以将已创建的幻灯片存放在幻灯片库中，以便以后重复使用，也可以使用其他演示文稿中的幻灯片，这个功能为我们创建演示文稿大大提供了便利。重用幻灯片的具体操作方法如图 5-9 所示。

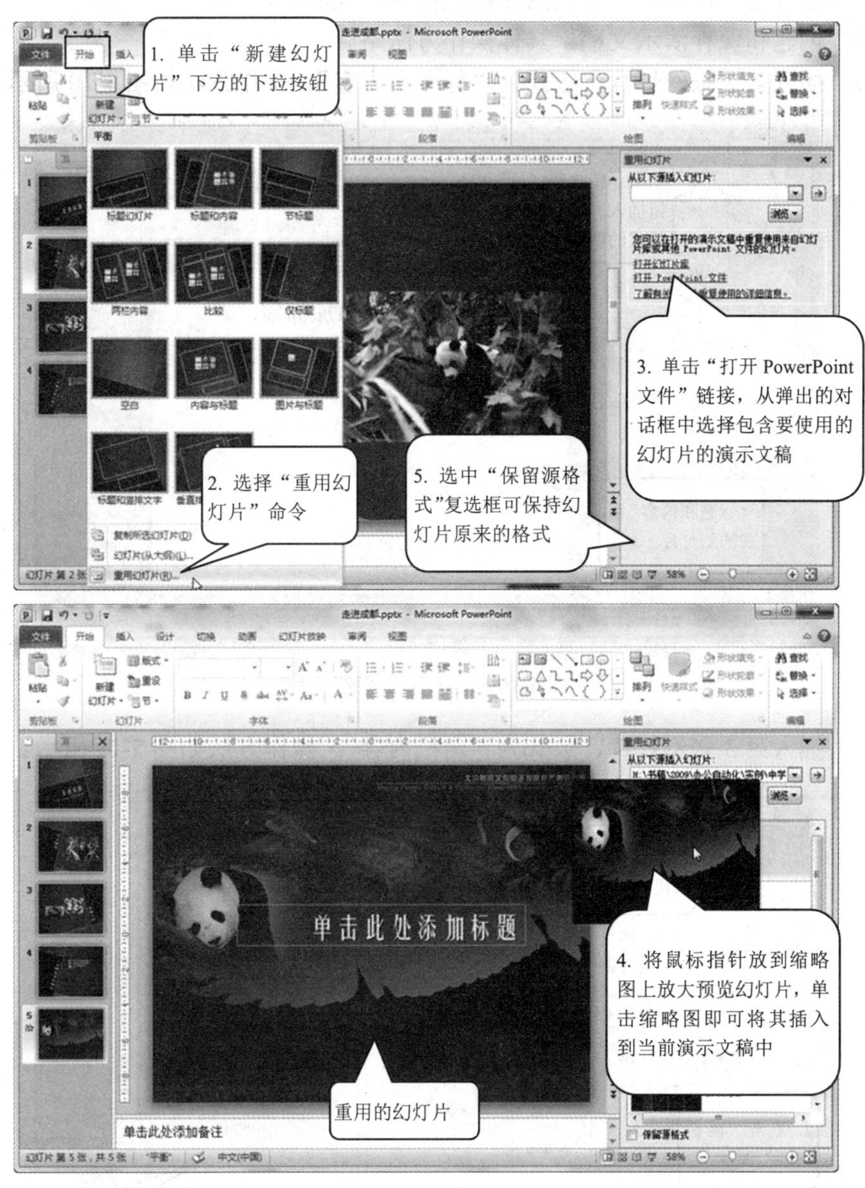

图 5-9　重用幻灯片

5. 保存演示文稿

（1） 单击快速访问工具栏上的“保存”按钮。

（2） 选择“文件”——“保存”命令。

（3） 按下 Ctrl+S 组合键。

PowerPoint 2010 演示文稿的默认保存格式为.pptx。

【任务操作】

创建一个新演示文稿，保存为“中华美食.pptx”，通过插入新幻灯片使之包含一张标题版式、一张标题和内容版式以及两张两栏内容版式的幻灯片。

（1） 创建和保存演示文稿，具体操作方法略。

（2） 插入第 2 张幻灯片，版式为“标题和内容”。操作方法如图 5-10 所示。

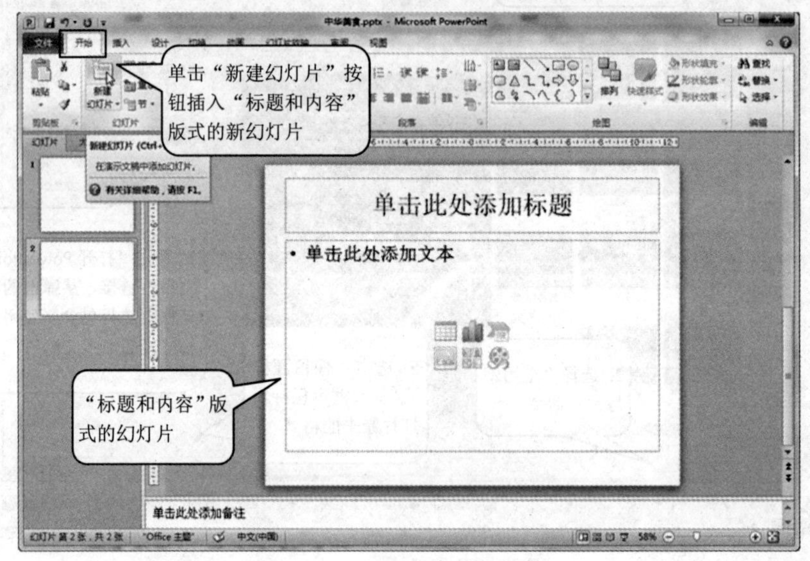

图 5-10 插入第 2 张幻灯片

（3） 插入第 3 张幻灯片，版式为“两栏内容”。操作方法如图 5-11 所示。

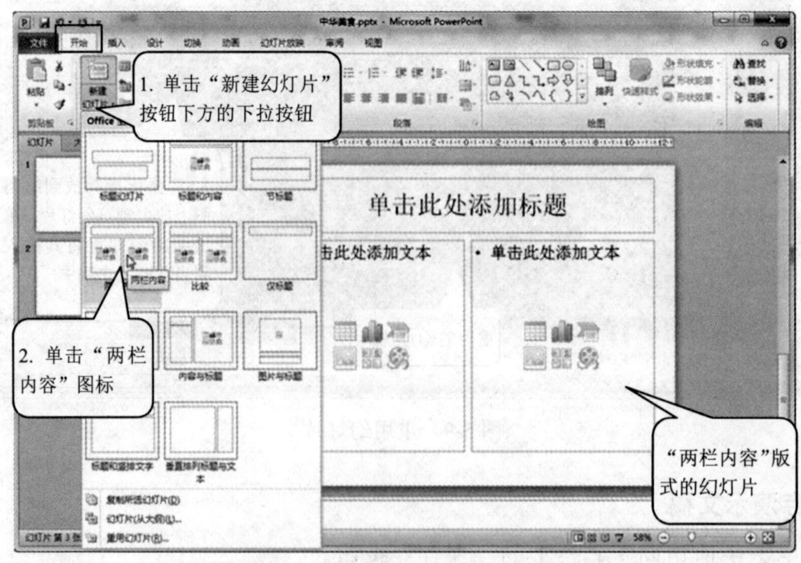

图 5-11 “中华美食”演示文稿

（4）插入第 4 张幻灯片，版式同第 3 张。操作方法如图 5-12 所示。

图 5-12　复制幻灯片

（5）单击快速访问工具栏上的“保存”按钮，保存更改。

【拓展任务】

利用“都市相册”模板创建一个相册演示文稿。

提示：“都市相册”模板位于样本模板中。

项目 5.2　修饰演示文稿

一份好的演示文稿不但要有充实的内容，还要有和谐统一的格式。由于幻灯片是演示文稿的主体，因此对演示文稿风格的设计主要就是对幻灯片格式的设置。在 PowerPoint 2010 中控制幻灯片外观的方法有应用主题、修改母版、更改幻灯片版式、设置幻灯片背景等。

通过本项目的学习，您将掌握以下内容：

- 更改幻灯片版式。
- 修改幻灯片母版。
- 应用设计主题。
- 设置幻灯片背景。

任务 5.2.1 使用版式和母版

【知识准备】

1. 幻灯片版式

通过更改幻灯片的版式可以更改所选幻灯片的布局。默认情况下，新创建的空白演示文稿中会包含一张标题版式的幻灯片，插入幻灯片时可以在“新建幻灯片”弹出菜单中选择新幻灯片的版式。这些幻灯片的版式并不是不可改变的，我们也可以更改已有幻灯片的版式，更改幻灯片版式后，原幻灯片中的各种内容和对象也会随之更改为适应新版式的格式，如图 5-13 所示。

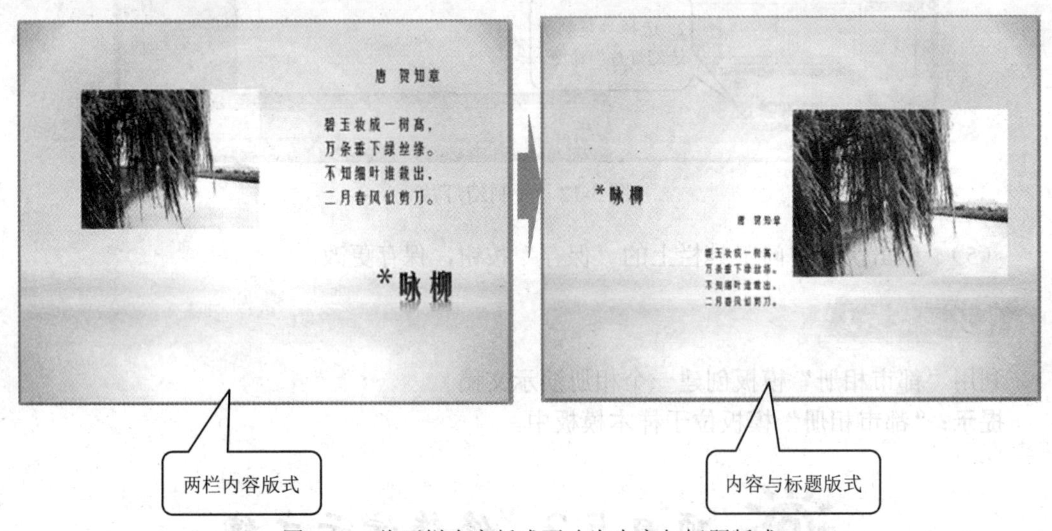

图 5-13 将两栏内容版式更改为内容与标题版式

2. 母版

母版是指包含一定预设格式的模板。演示文稿中包括幻灯片母版、讲义母版、备注母版 3 种母版，可分别用于编辑幻灯片、讲义或备注。在“视图”选项卡中单击“母版视图”组中的按钮即可在各母版视图中切换。

（1） 幻灯片母版。幻灯片是演示文稿的主体，因此演示文稿中母版的应用主要体现在幻灯片母版上。幻灯片母版是指存储有关应用的设计模板信息的幻灯片，包括字形、占位符大小或位置、背景设计和色彩方案，如图 5-14 所示。

幻灯片母版控制幻灯片上所输入的标题和文本的格式与类型。对幻灯片母版的修改会反映在每张幻灯片上。如果要使个别幻灯片的外观与母版不同，应直接修改该幻灯片而不是修改母版。

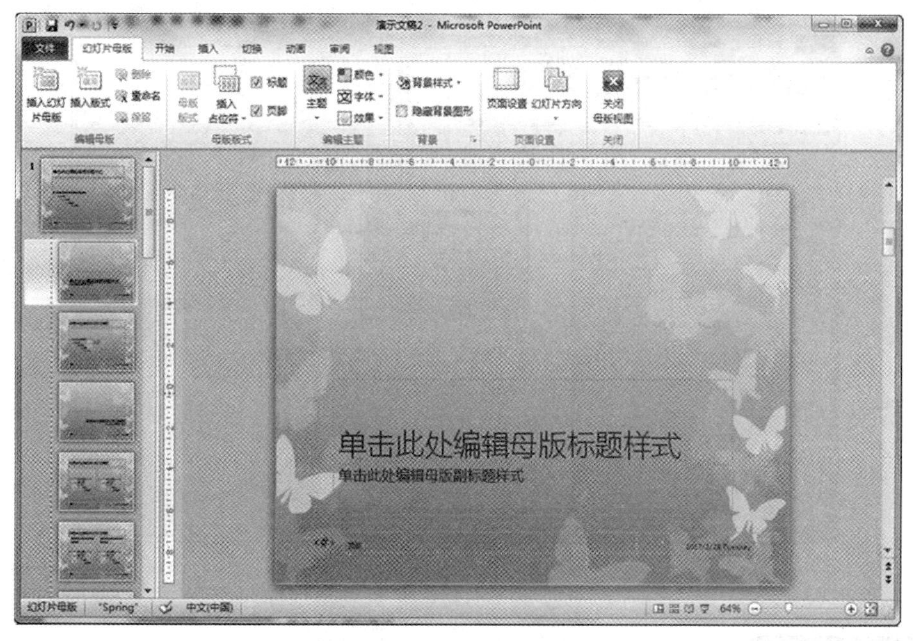

图 5-14　幻灯片母版

（2） 讲义母版。演示文稿的讲义是指将演示文稿的内容打印在纸上，发放给观众以做参考的纸质文件。使用讲义母版可以设置将多张幻灯片进行排版，然后打印在一张纸上。在 PowerPoint 2010 中，最多可以将 9 张幻灯片打印在一张纸上，如图 5-15 所示。

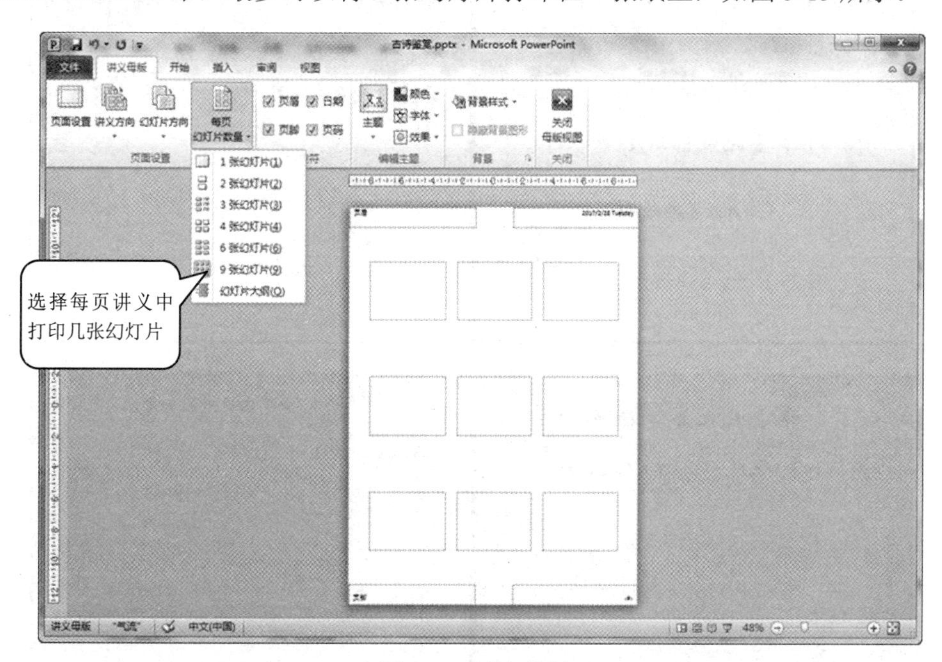

图 5-15　讲义母版

（3） 备注母版。备注母版决定备注页视图的页面元素格式，如图 5-16 所示。

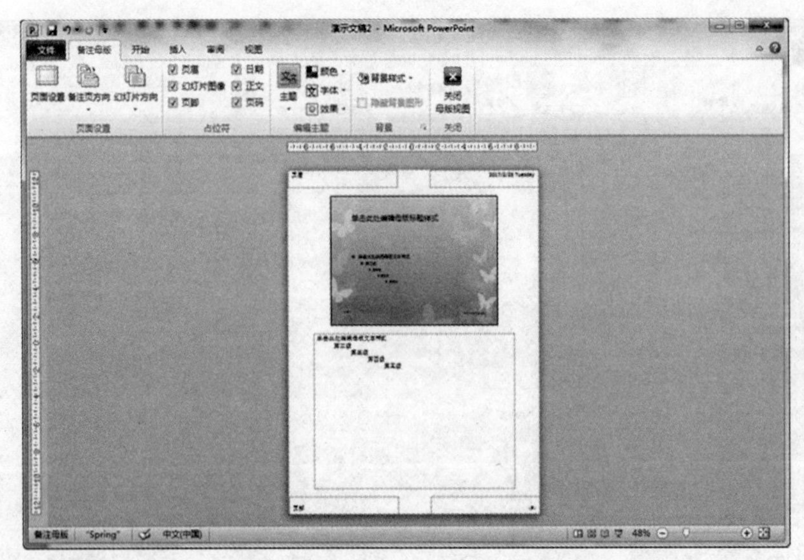

图 5-16　备注母版

【任务操作】

打开“中华美食.pptx”演示文稿，将第 4 张幻灯片的版式更改为“内容与标题”版式，并通过修改母版更改演示文稿的整体风格，如图 5-17 所示。

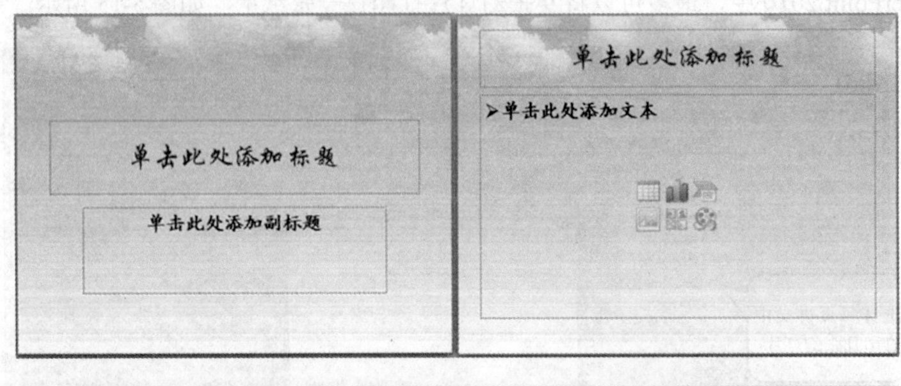

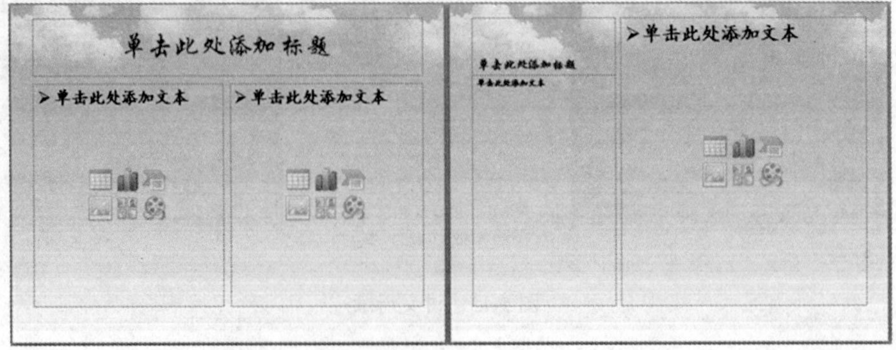

图 5-17　通过修改母版更改演示文稿风格

操作方法：

（1） 更改幻灯片版式。具体操作方法如图 5-18 所示。

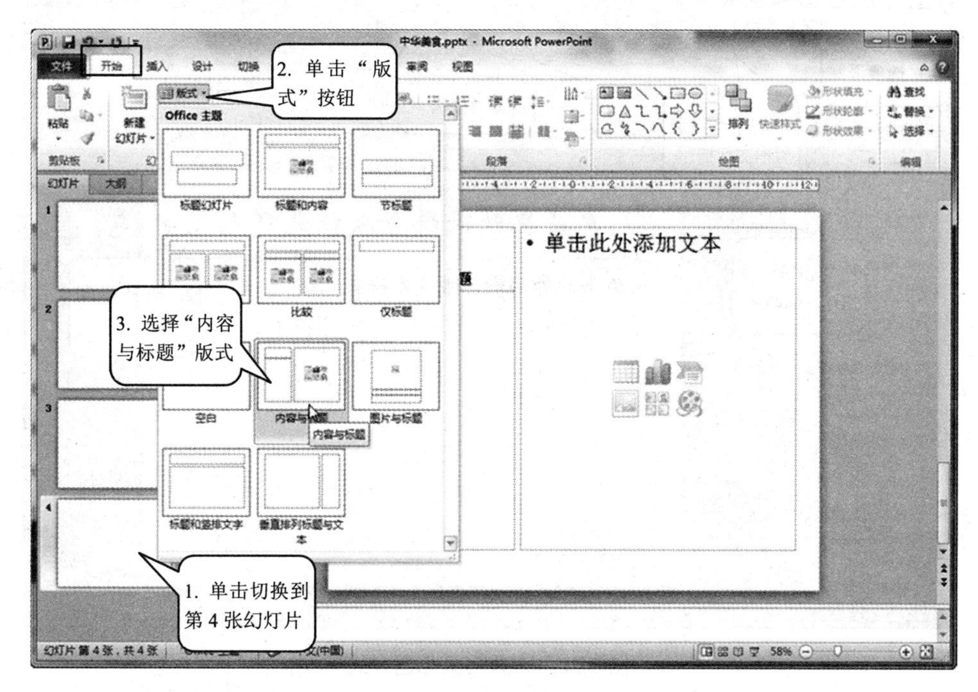

图 5-18　更改幻灯片版式

（2） 切换到幻灯片母版视图。操作方法如图 5-19 所示。

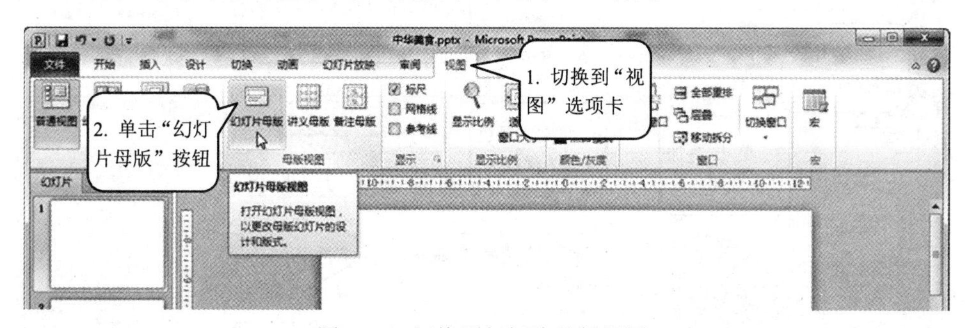

图 5-19　切换到幻灯片母版视图

（3） 设置母版标题样式。操作方法如图 5-20 所示。

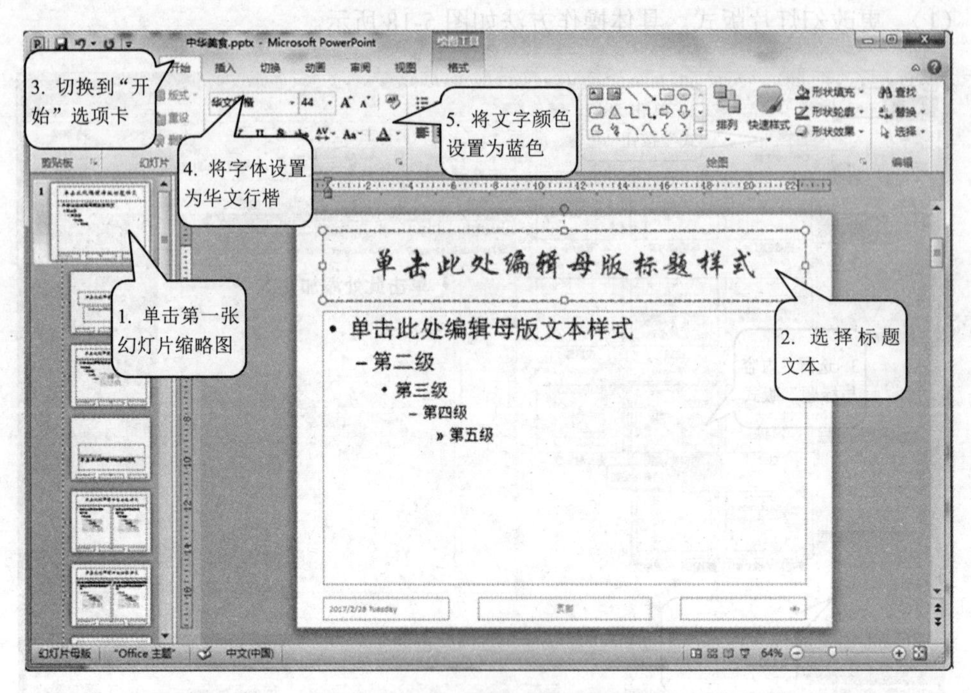

图 5-20　设置母版标题样式

（4）设置一级正文文本样式。操作方法如图 5-21 所示。

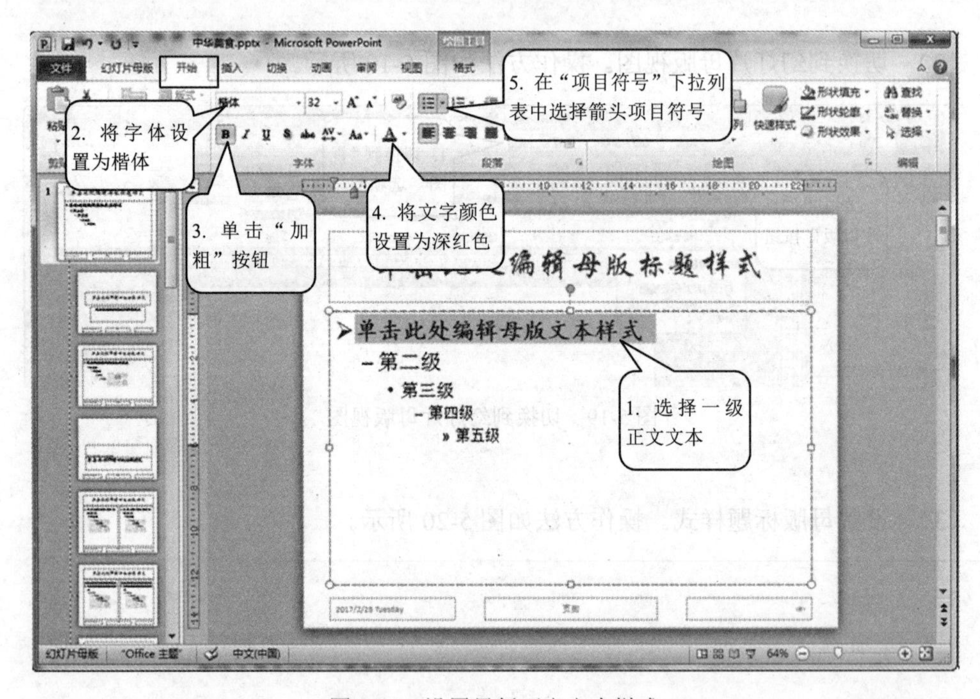

图 5-21　设置母版正文文本样式

（5）　设置母版背景。操作方法如图 5-22 所示。

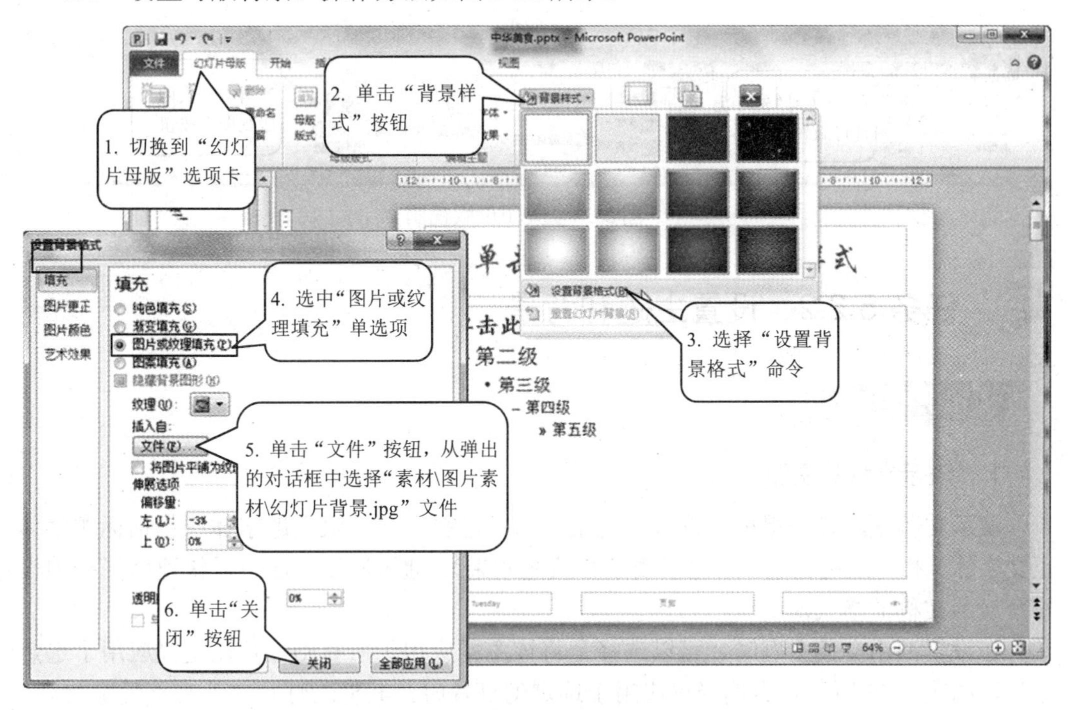

图 5-22　设置母版背景

（6）　设置副标题文本格式。操作方法如图 5-23 所示。

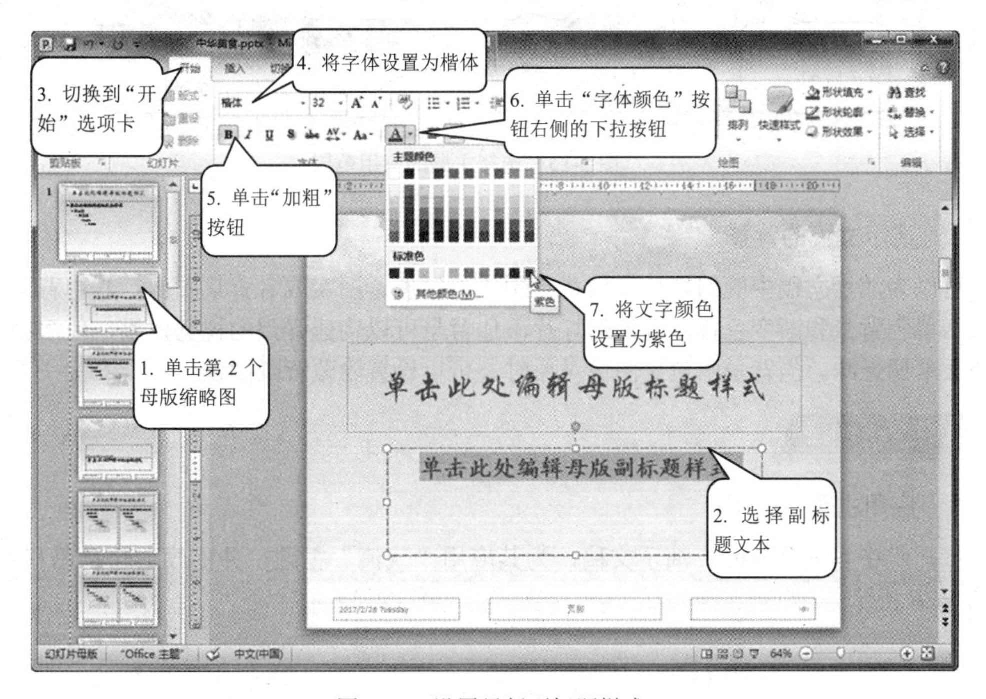

图 5-23　设置母版副标题样式

（7） 退出幻灯片母版视图，操作方法如图 5-24 所示。

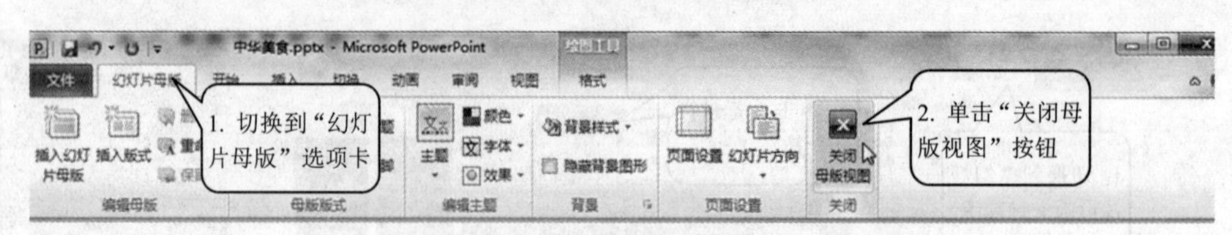

图 5-24 关闭母版视图

任务 5.2.2 设置主题和背景

【知识准备】

1. 演示文稿的主题

演示文稿主题是一组格式选项，包括一组主题颜色、一组主题字体（包括标题字体和正文字体）和一组主题效果（包括线条和填充效果）。通过应用主题可以快速而轻松地设置整个演示文稿的格式。

在设置演示文稿主题时，可以选择是将该主题应用于所有幻灯片还是仅应用于选定幻灯片，如图 5-25 所示。当选择仅应用于选定幻灯片时，其他幻灯片的外观不受影响。

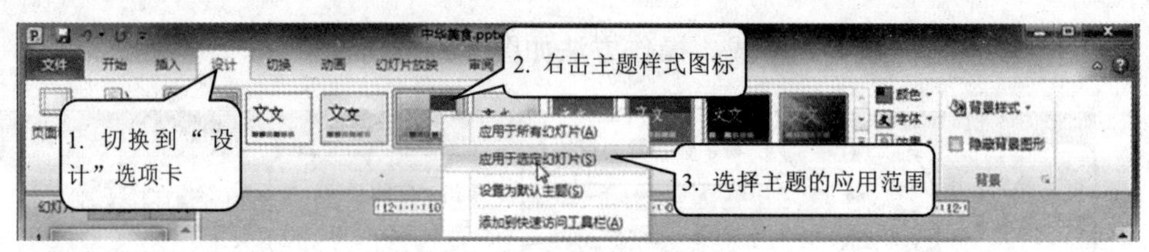

图 5-25 选择主题的应用范围

2. 演示文稿的背景

可以为演示文稿中的幻灯片添加背景颜色、纹理、图案或者背景图像，其中背景颜色又包括单色背景和渐变色背景。为幻灯片添加背景可以构建强烈的视觉效果，使演播效果不那么单调乏味。当背景中包含图像对象时，可以设置隐藏背景图像。

【任务操作】

1. 应用主题

打开“中华美食.pptx”演示文稿，为其应用“气流”主题，并更改主题颜色和字体，如图 5-26 所示。

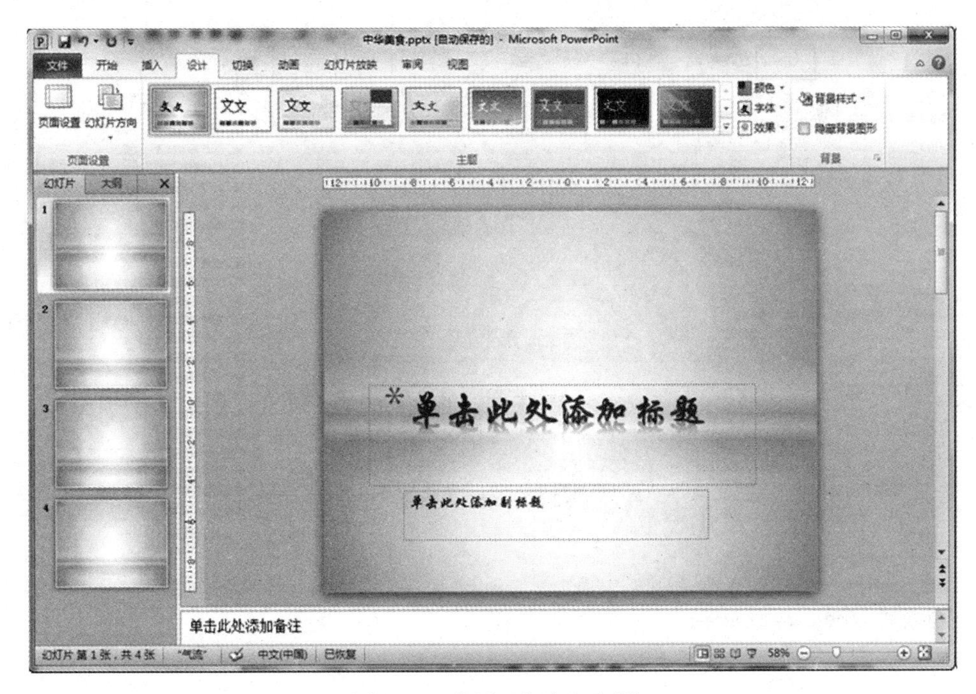

图 5-26　应用“气流”主题

操作方法：

（1）　应用主题。操作方法如图5-27所示。

图 5-27　应用主题

（2）　修改主题颜色。操作方法如图5-28所示。

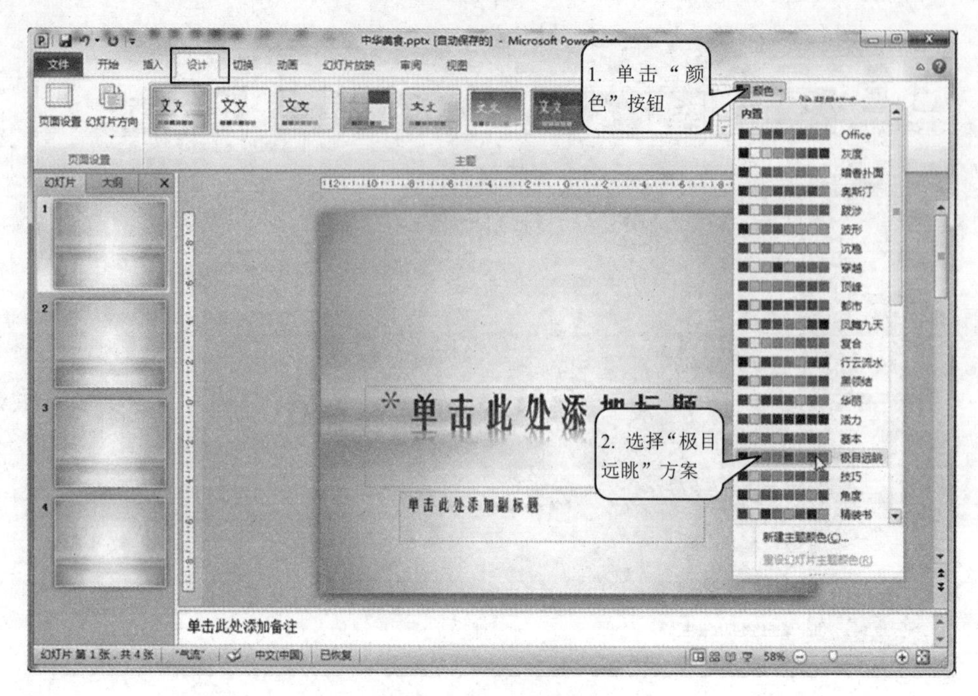

图 5-28　修改主题颜色

（3）　修改主题文本字体。操作方法如图5-29所示。

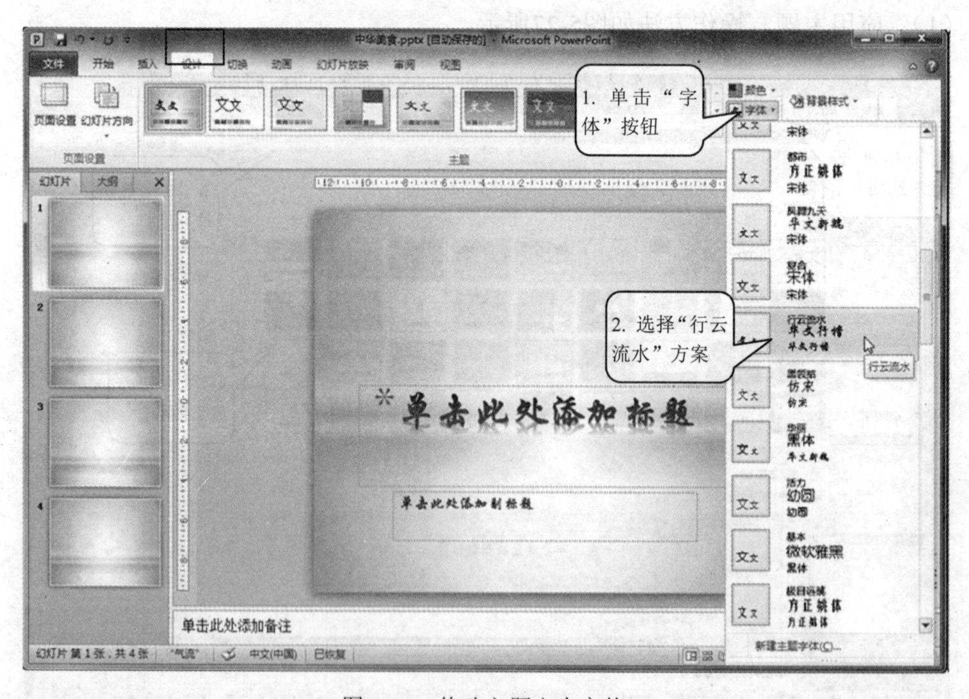

图 5-29　修改主题文本字体

2.　应用背景

在“中华美食.pptx”演示文稿中插入一张新幻灯片，为其单独应用图片背景，如图 5-30

所示。

图 5-30　为单张幻灯片应用图片背景

具体操作方法如图 5-31 所示。

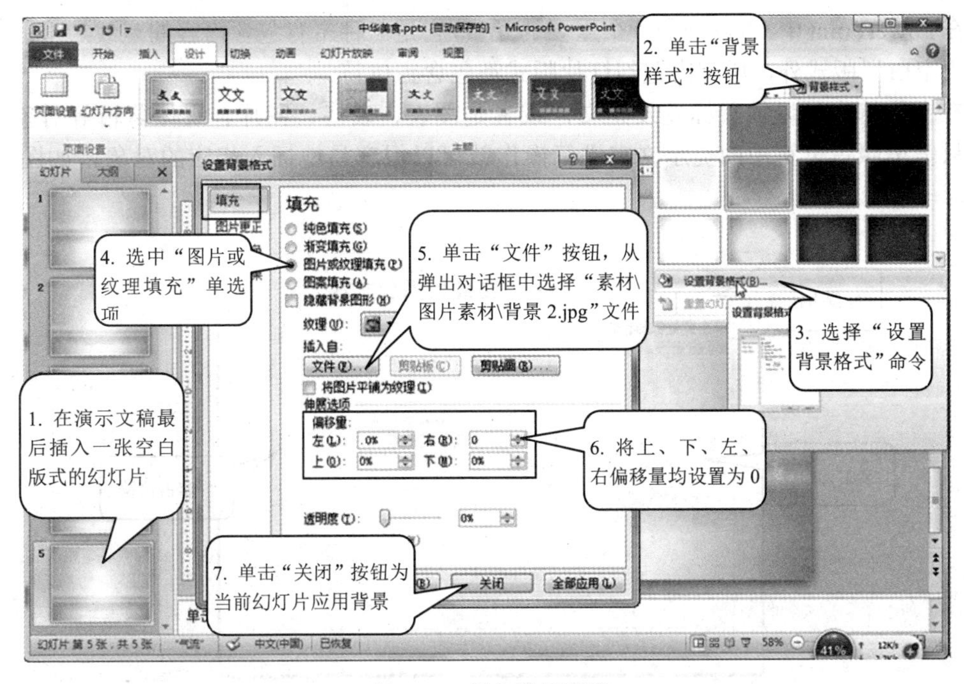

图 5-31　插入背景图像

项目 5.3　编辑演示文稿对象

在演示文稿中可以包含文字、图片、剪贴画、表格、图表、SmartArt 图形、艺术字等内容，并可为其添加动画效果。

通过本项目的学习，您将掌握以下内容：

- ◆ 文本内容的输入方法。
- ◆ 图片和剪贴画的插入方法。
- ◆ 艺术字的使用。
- ◆ 图形的绘制。
- ◆ 屏幕截图或屏幕剪辑的获取方法。
- ◆ 视频和音频文件的添加。

任务 5.3.1　添加文本与插入对象

【知识准备】

1. 占位符

在 PowerPoint 中，占位符是一个重要的元素，它是一种带有包含内容的点线边框的框，除了“空白”版式外，所有内置幻灯片版式都包含占位符。

在占位符中可以放置标题及正文，或者是图表、表格、图片、媒体剪辑等对象，编辑时只需按照占位符中的提示文字进行操作就可以很容易地插入相应的对象，如图 5-32 所示。

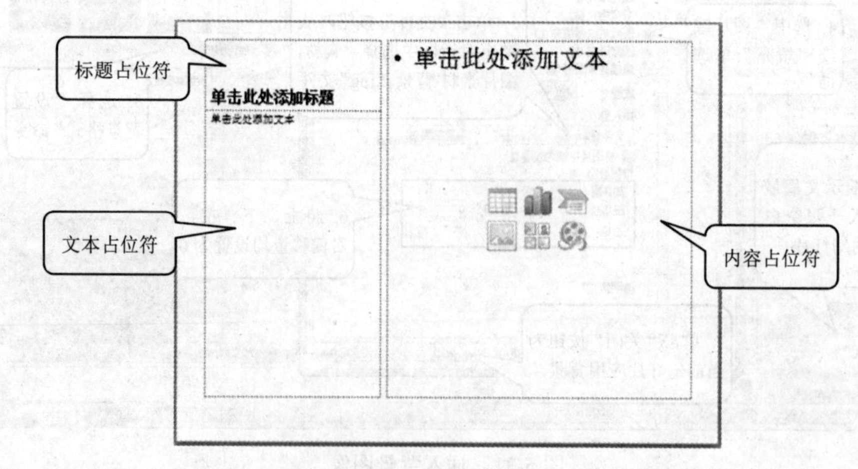

图 5-32　占位符

2. 在幻灯片中添加文本内容的方法

在 PowerPoint 中，文本位于文本占位符或文本框中，这样有利于调整文本在幻灯片中的位置。不同的文本占位符用于放置不同类型的文本内容，例如，标题占位符用于放置标题文本，正文占位符则用于放置正文文本等。

向幻灯片中添加文本的方法有以下 3 种：

（1） 在内容占位符中输入文字。按照提示在内容占位符内单击鼠标，然后输入或粘贴文本即可。默认情况下，内容占位符中的文本带有项目符号，按下 Backspace 键即可取消当前行的项目符号。按 Shift+Enter 组合键可以在段落中换行，按下 Enter 键直接换段。在内容占位符中输入文本时，如果输入的文本超出了占位符的大小，PowerPoint 会逐渐减小输入的字号和行间距，以使文本大小与占位符相适应。

（2） 在“大纲”选项卡中输入文字。在“大纲”选项卡中将插入点放置在要添加文字的幻灯片图标后面，然后输入所需的文字，此文字即成为该幻灯片的标题文字。按下 Enter 键，可在当前幻灯片下方插入一张新幻灯片，再按下 Tab 键，则可取消新幻灯片，输入下一级大纲文字。包括标题在内一共可以使用 10 级大纲文字。

（3） 在幻灯片中插入文本框。使用文本框可以将文本放置到幻灯片的任何位置，而不必拘泥于文本占位符之中。例如，可以利用文本框将文字放置在图片旁边以成为图片的说明文字，或者为“空白”版式的幻灯片添加文字。文本框内的文本有横排和竖排两种排列方式，并且可以为文本框本身设置各种特殊效果。文本框中可以直接输入文字，也可以复制粘贴外部文本。

3. 其他对象

PowerPoint 2010 的幻灯片中可以包含各种对象，如形状、剪贴画、图片、表格、图表、SmartArt 图形、媒体剪辑等。与在 Word 中的操作一样，它们都可以通过使用“插入”选项卡“插图”组中的工具来进行插入，并使用“格式”选项卡中的工具来为其设置格式。

为了简便操作，PowerPoint 还专门提供了包含各种对象占位符的幻灯片版式，当选择这些版式后，可以直接通过单击占位符中的图标来插入相应的对象。使用内容占位符来插入对象十分方便，只需在占位符中单击与要插入的对象所对应的图标按钮，打开相应的对话框，选择或者设置所需的对象即可。

4. 屏幕截图和屏幕剪辑

在 Office 2010 中可以快速而轻松地将屏幕截图添加到文档中。这项功能适用于捕获可能更改或过期的信息的快照，如重大新闻报道或旅行网站上提供的讲求时效的可用航班和费率的列表等。屏幕截图可以完好地保存网页或其他来源的内容格式，且当源中的信息发生变化时，丝毫不会影响屏幕截图。

单击“插入”选项卡“图像”组中的“屏幕截图”按钮可插入整个程序窗口；如果要截取窗口的一部分，则需要使用下拉菜单中的“屏幕剪辑”命令，如图 5-33 所示。

图 5-33　屏幕截图下拉菜单

屏幕截图功能只能捕获没有最小化到任务栏的窗口。打开的程序窗口以缩略图的形式显示在“可用窗口”库中，当把鼠标指针悬停在缩略图上时，将弹出工具提示，其中显示程序名称和文档标题，单击某个缩略图即可将该程序窗口插入到幻灯片中。当选择“屏幕剪辑”命令时，整个窗口会暂时变得模糊，拖动鼠标选择要截取的区域，该区域中的内容将清晰显示，如图 5-34 所示。

图 5-34　截取屏幕

添加屏幕截图后，可以使用图片工具编辑和增强该屏幕截图。

5. 音频文件和视频文件

幻灯片中的声音可以是位于计算机或“Microsoft剪辑管理器”中的音乐文件，也可以录制自己的声音或者使用CD中的音乐。将音乐或声音插入幻灯片后，幻灯片上会显示一个代表该声音文件的声音图标。用户除了可以将它设置为幻灯片放映时自动开始或单击时开始播放外，还可以设置为带有时间延迟的自动播放，或作为动画片段的一部分播放。

在幻灯片中还可以插入来自文件、网络或剪辑库中的视频，在 PowerPoint 2010 中，可以直接将视频文件嵌入到演示文稿中。嵌入视频的方法非常简单，但会增加演示文稿的大小。链接视频会让演示文稿保持较小的文件，但可能会因某种原因断开链接。为了防止可能出现的问题，在链接视频时，最好将视频文件与演示文稿复制到相同文件夹中，并建立它们之间的链接。

【任务操作】

1. 在幻灯片中添加内容

打开“中华美食.pptx”演示文稿，在前4张幻灯片中添加文本和图片，如图5-35所示。

图 5-35　在幻灯片中添加内容

操作方法：

（1）　在第一张幻灯片中添加标题和副标题。操作方法如图5-36所示。

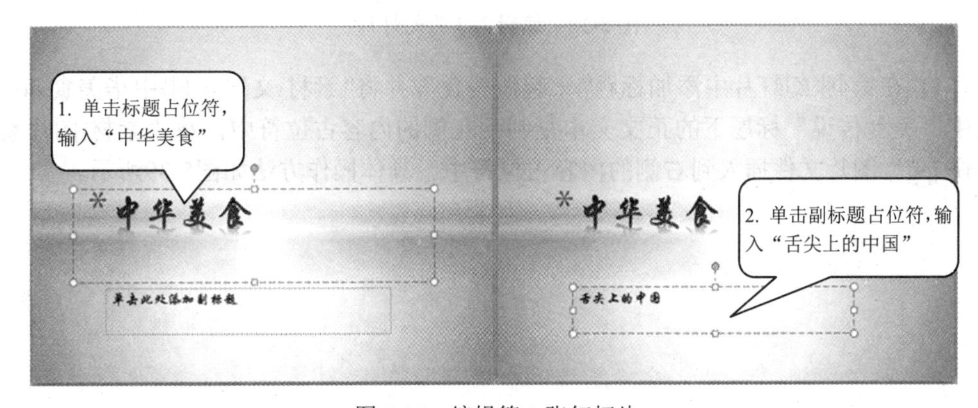

图 5-36　编辑第 1 张幻灯片

（2） 在第2张幻灯片中添加标题“四大菜系”，并打开“素材\文字素材\中华美食.docx”文档，将“四大菜系”标题下面的正文内容复制到文本占位符中。具体操作方法如图5-37所示。

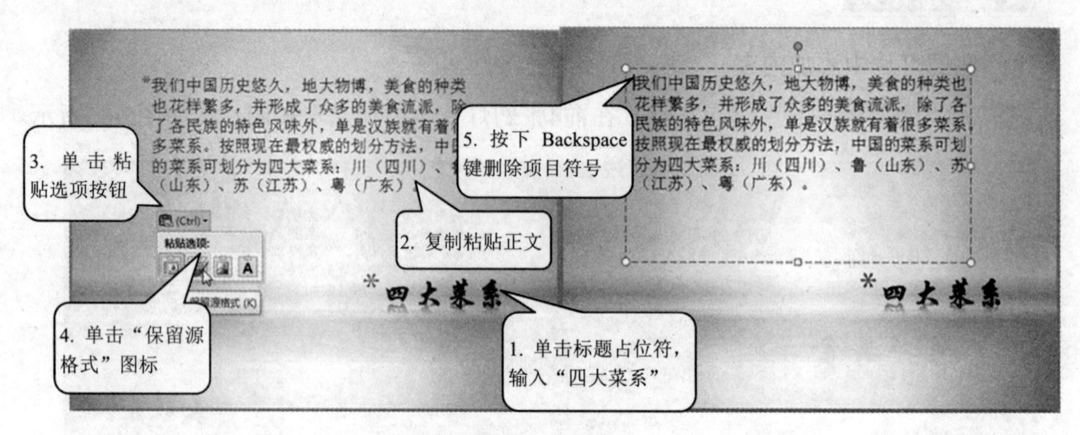

图 5-37 编辑第 2 张幻灯片

（3） 在第3张幻灯片中添加标题“美食传说”，并将“素材\文字素材\中华美食.docx”文档中“美食传说”标题下的正文文本复制到左侧的内容占位符中，将“素材\图片素材\老婆饼.jpg”图片文件插入到右侧的内容占位符中。具体操作方法如图5-38所示。

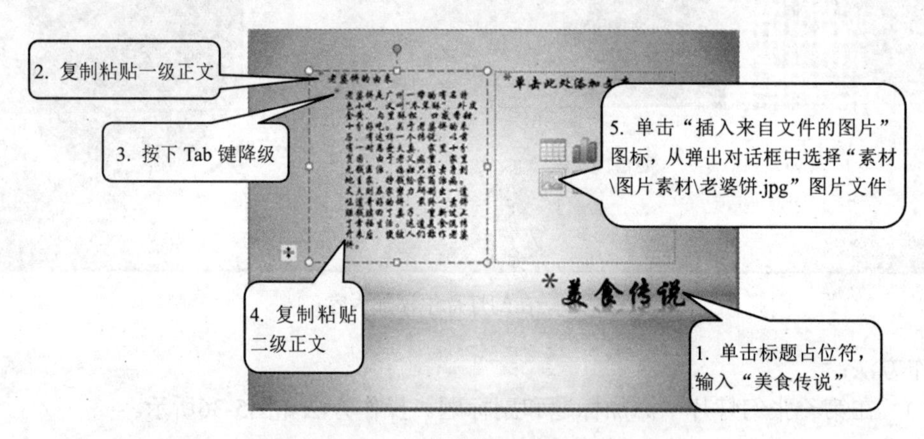

图 5-38 编辑第 3 张幻灯片

（4）在第4张幻灯片中添加标题“一起做美食”，并将“素材\文字素材\中华美食.docx”文档中“美食传说”标题下的正文文本复制到左侧的内容占位符中，将“素材\图片素材\老婆饼.jpg”图片文件插入到右侧的内容占位符中。具体操作方法如图5-39所示。

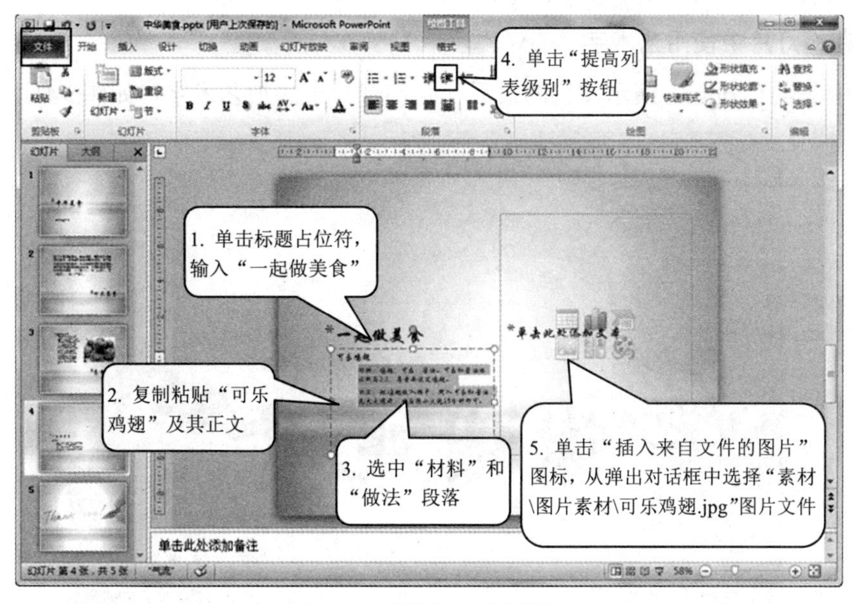

图 5-39　编辑第 4 张幻灯片

2.　在幻灯片中添加背景音乐

为“中华美食.pptx”演示文稿添加背景音乐“素材\音乐素材\背景音乐.mp3”。插入文件中的音乐文件。操作方法如图5-40所示。

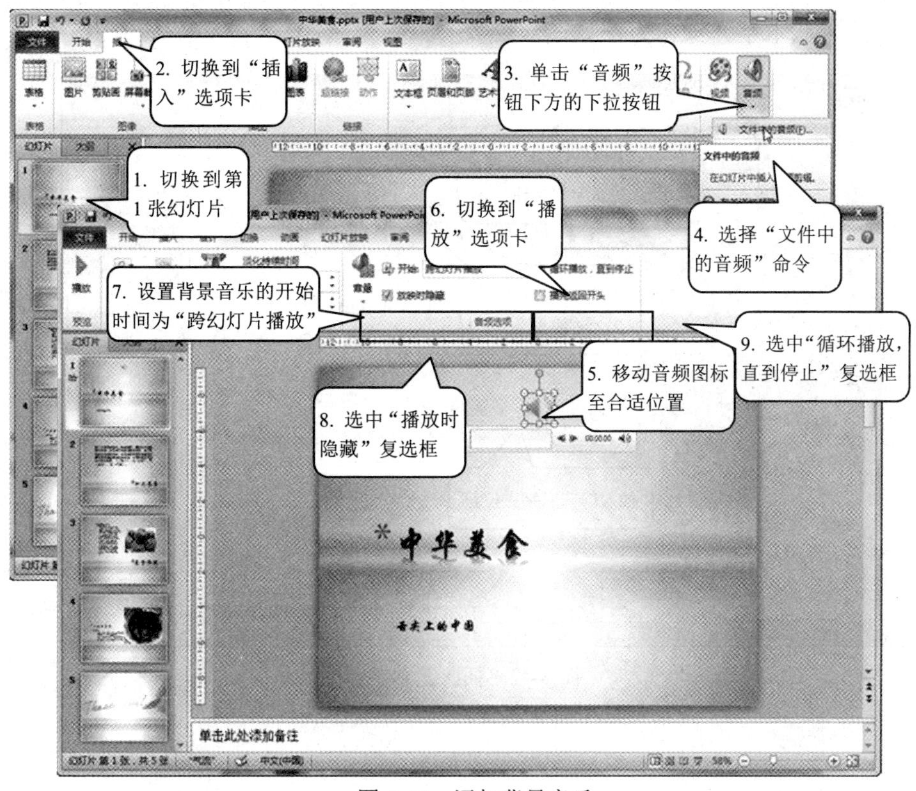

图 5-40　添加背景音乐

3. 在幻灯片中使用艺术字

在"中华美食.pptx"演示文稿的最后一张幻灯片中添加艺术字，如图5-41所示。

图 5-41 在幻灯片中使用艺术字

操作方法：

（1） 插入艺术字。操作方法如图5-42所示。

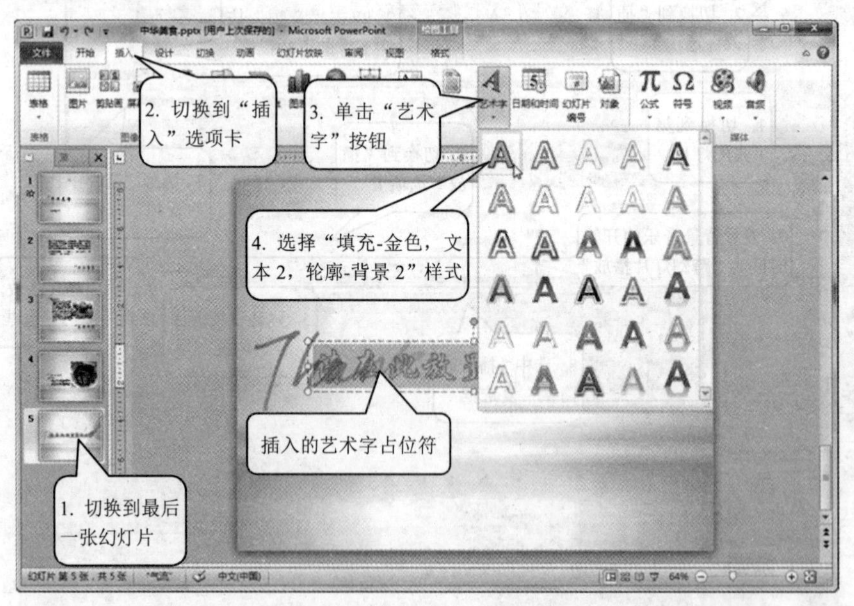

图 5-42 插入艺术字

（2） 设置艺术字文字格式。操作方法如图5-43所示。

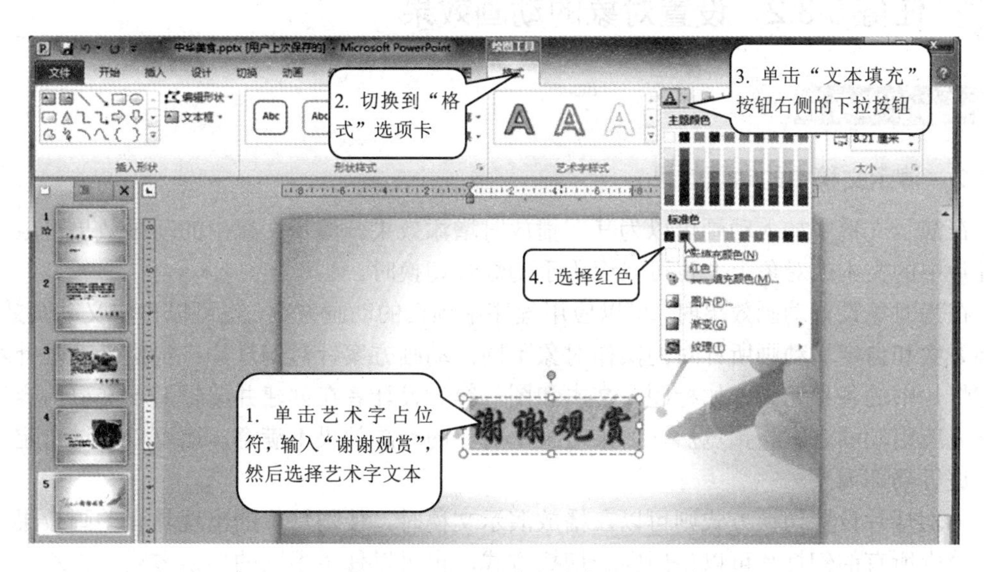

图 5-43　设置艺术字文字格式

（3） 设置艺术字文字大小。操作方法如图5-44所示。

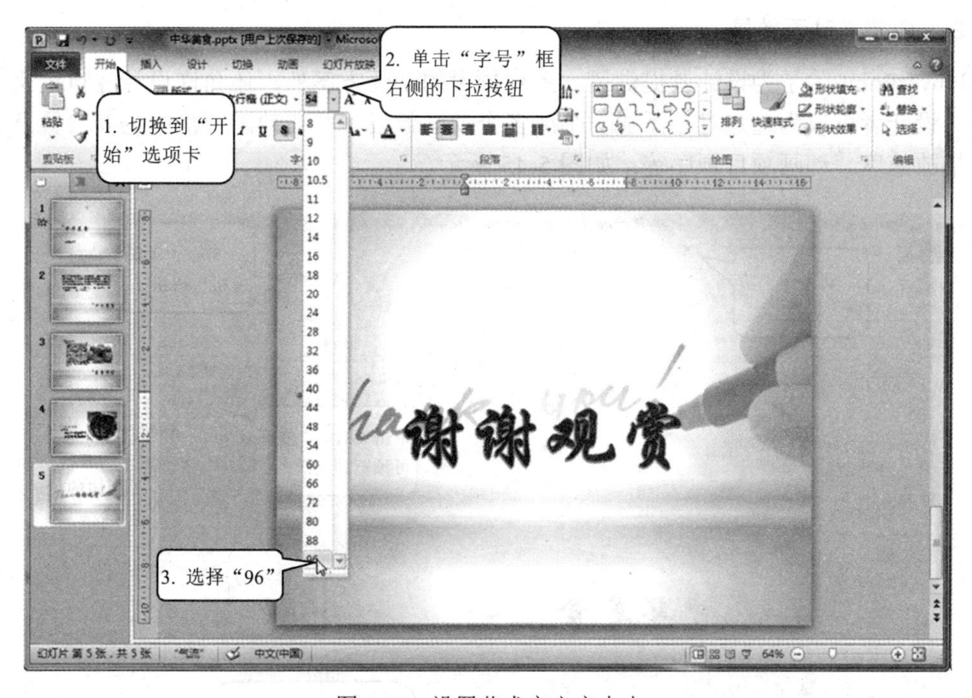

图 5-44　设置艺术字文字大小

【拓展任务】——创建“我的家乡相册”PPT 文档

新建一个空白演示文稿，设计制作一份自己家乡风景的相册或者制作介绍自己家庭的相册。要求幻灯片不少于四张。

任务 5.3.2 设置对象的动画效果

【知识准备】

1. 演示文稿中的动画效果

在演示文稿中加入动画可以为其在播放时增添效果。演示文稿中的动画效果可应用于幻灯片中的文本或对象上，也可以应用于幻灯片切换时。

在为对象设置动画效果时，可以应用程序中预设的动画方案，也可以自定义动画效果。动画方案和自定义动画所针对的操作对象不同：动画方案针对幻灯片；自定义动画针对的是幻灯片中的各种元素，如标题、文本和图片等。设计者在创建并编辑演示文稿内容后，通常先应用动画方案。预览后，如果对某个对象的动画效果不满意，还可以通过自定义动画来进行局部调整。

为幻灯片设置切换方式则可以在播放演示文稿时，使幻灯片的出现具有动画效果。演示文稿中所有的幻灯片可以使用同一切换方式，也可以使用不同的切换方式。为幻灯片添加切换效果最好在幻灯片浏览视图中进行，因为在浏览视图中设计者可以看到演示文稿中所有的幻灯片，并且可以非常方便地选择要添加切换效果的幻灯片。

2. 自定义动画效果

PowerPoint 除了为设计者提供了一系列预设的动画方案外，还允许设计者自定义动画效果。设计者可以为选定对象添加一个或多个动画效果，并在动画窗格中为其设置开始时间、播放速度、动画项目顺序等，如图 5-45 所示。

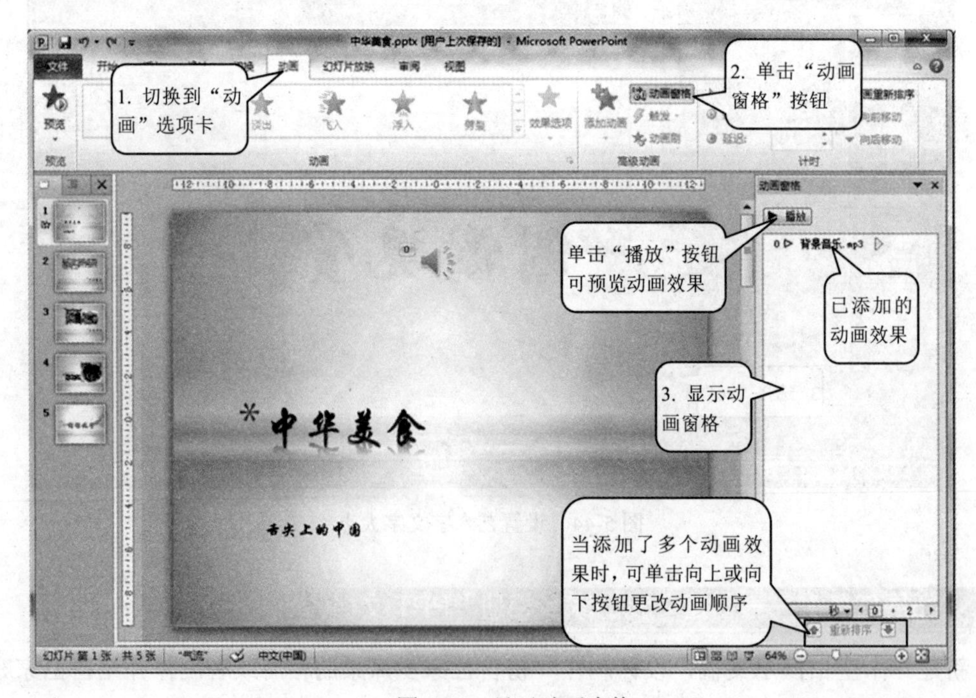

图 5-45　显示动画窗格

【任务操作】

1. 设置幻灯片中对象的动画效果

打开“中华美食.pptx”演示文稿，为文本对象添加淡出效果，为图片对象添加飞入效果。

操作方法：

（1） 为第一张幻灯片中的第一个文本对象添加动画效果。操作方法如图5-46所示。

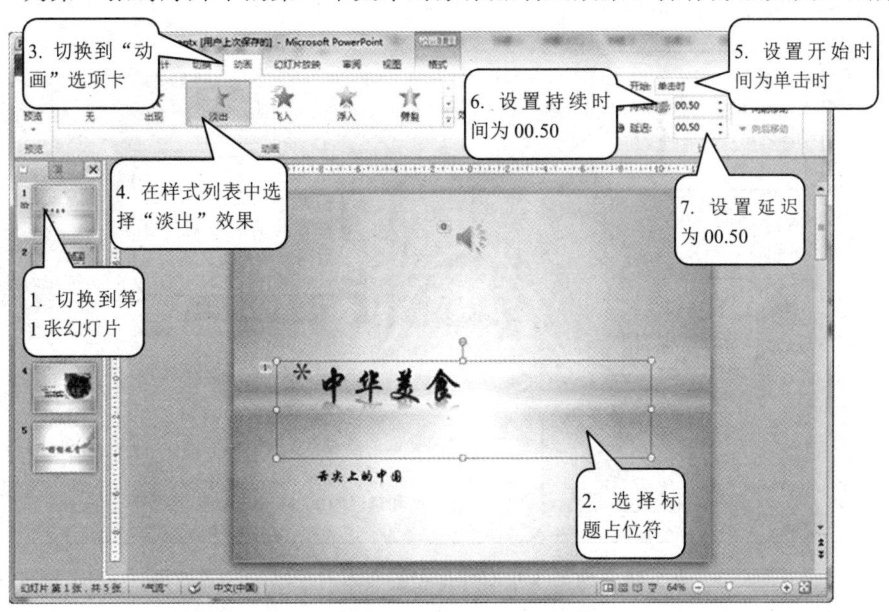

图 5-46　为第一个文本对象添加动画效果

（2） 为第一张幻灯片中的第二个文本对象添加动画效果。操作方法如图5-47所示。

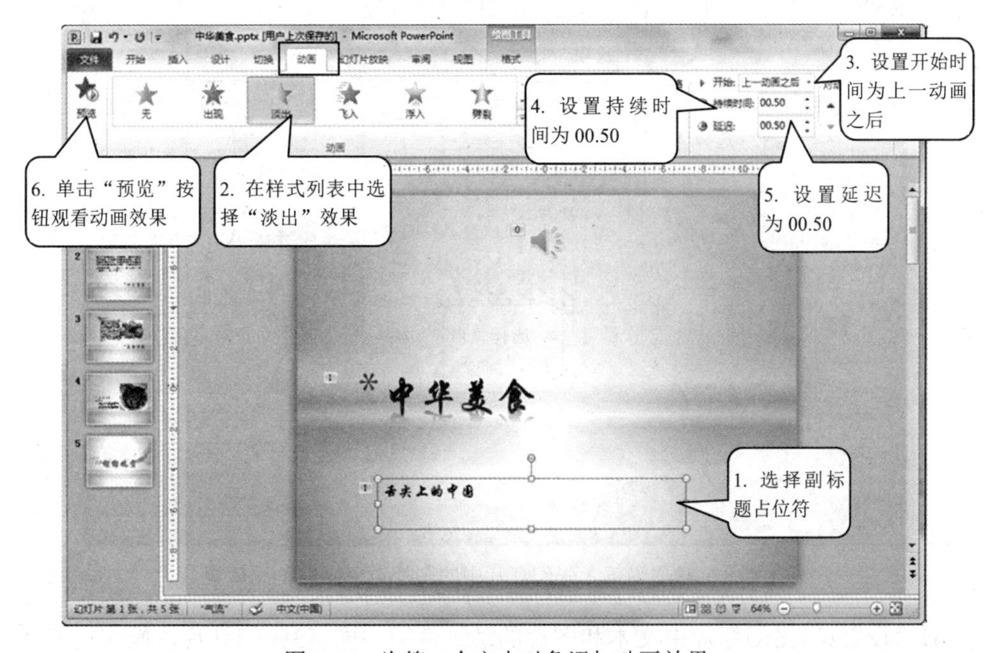

图 5-47　为第二个文本对象添加动画效果

（3） 参照步骤（1）～（2）设置第2张幻灯片中标题文本和正文文本的淡出效果，其中标题文本的动画开始时间为“上一动画之后”。操作方法略。

（4） 设置第3张幻灯片中标题文本、一级正文文本和二级正文文本的淡出效果，操作方法如图5-48所示。

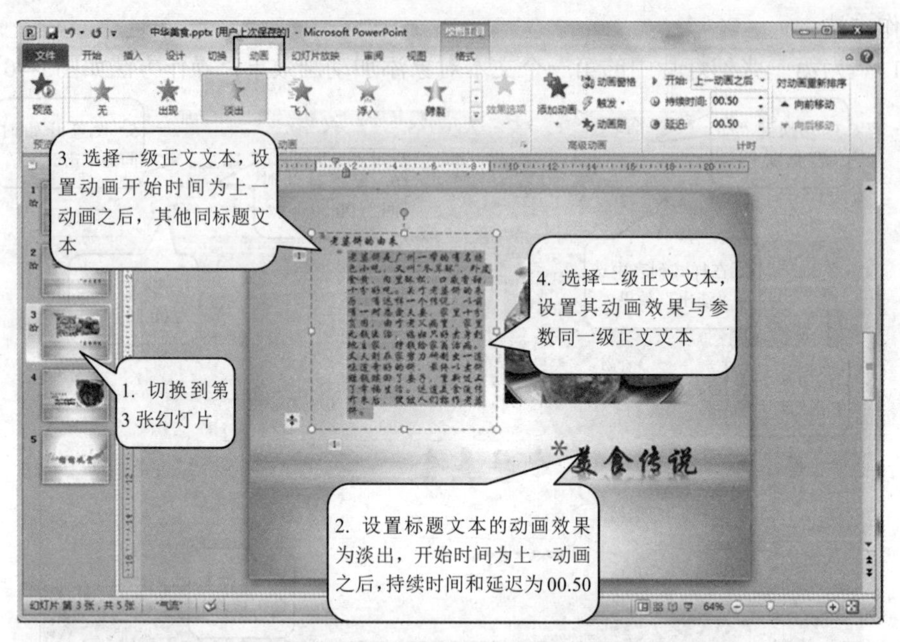

图 5-48　为第 3 张幻灯片中的文本对象添加动画效果

（5） 设置第3张幻灯片中图片的飞入效果，操作方法如图5-49所示。

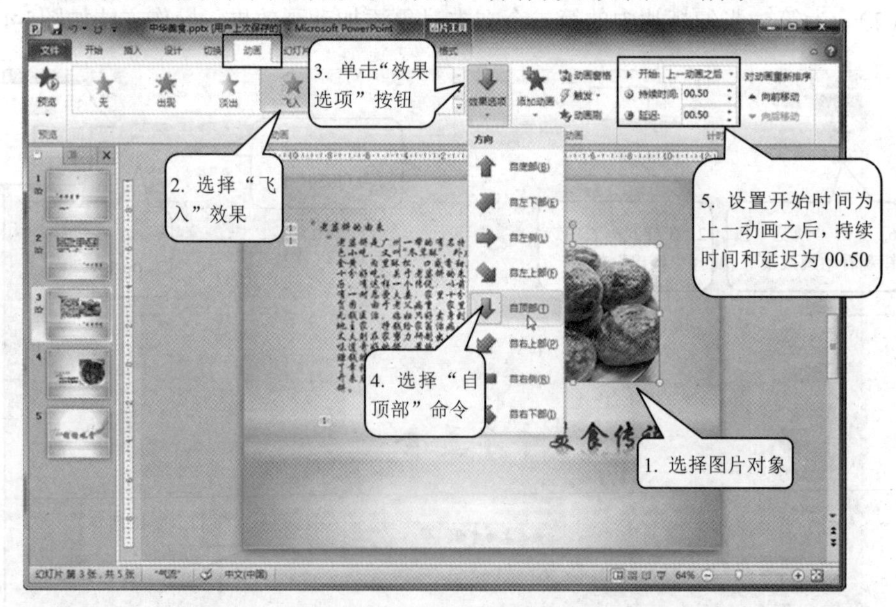

图 5-49　为第 3 张幻灯片中的图片对象添加动画效果

（6） 设置第4张幻灯片中文本和图片的动画效果。同第3张幻灯片，操作方法略。

（7） 设置第5张幻灯片中艺术字的浮入效果，操作方法如图5-50所示。

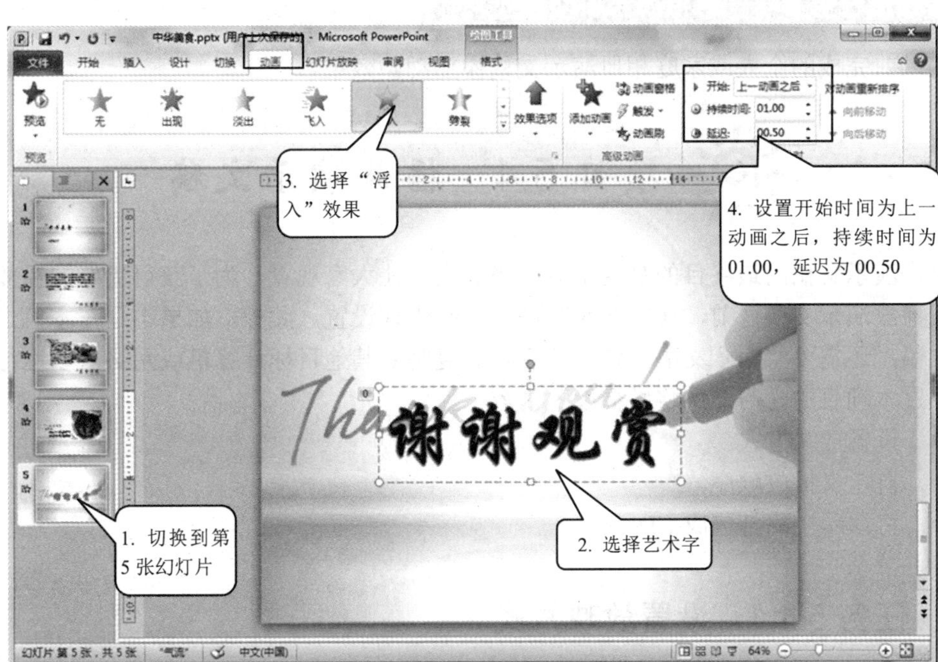

图 5-50 为第 5 张幻灯片的艺术字添加动画效果

2. 设置幻灯片切换效果

打开“中华美食.pptx”演示文稿，切换到幻灯片浏览视图，为幻灯片添加随机切换效果。操作方法如图5-51所示。

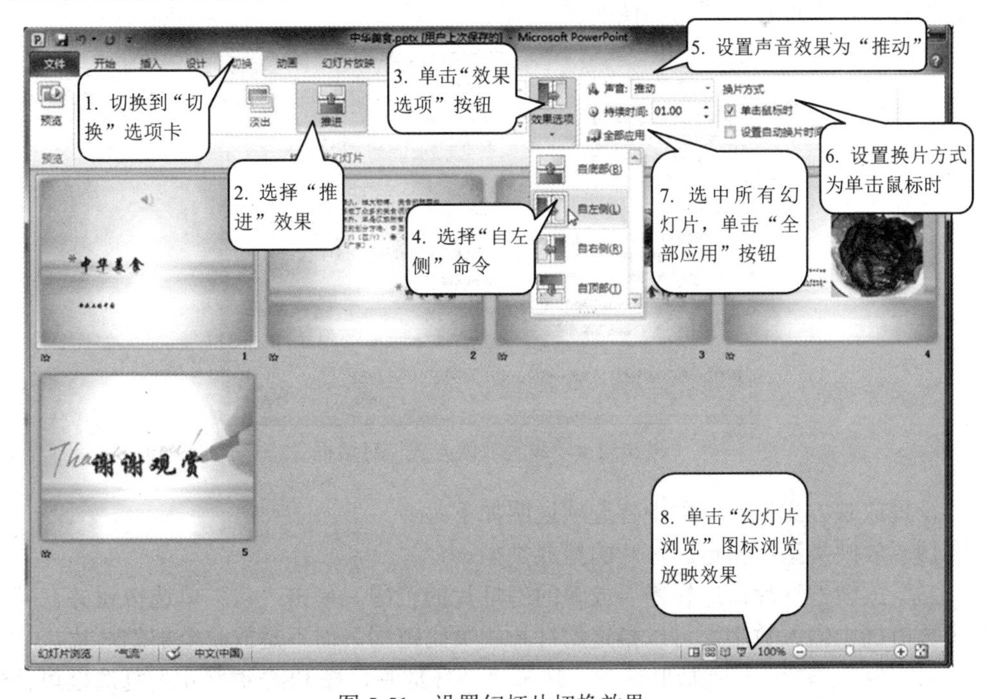

图 5-51 设置幻灯片切换效果

【拓展任务】——为相册添加动画效果

为以前完成的个人或家庭相册演示文稿添加动画效果。

项目 5.4 播放演示文稿

制作演示文稿的最终目的是为了将它播放出来让大家观看，为了获得更好的播放效果，在正式播放演示文稿之前，还需要对其进行一些先期设置。此外，如果不是在本机上播放演示文稿，还需要将演示文稿打包，然后将其复制到其他目标计算机或网络上以运行它。

通过本项目的学习，您将掌握以下内容：

◆ 设置放映方式。

◆ 自定义播放顺序。

◆ 将演示文稿打包成CD。

任务 5.4.1 设置放映方式

【知识准备】

1. 放映方式设置选项

放映方式的设置选项有放映类型、放映范围和换片方式等，这些参数可以从“设置放映方式”对话框中进行设置，如图5-52所示。

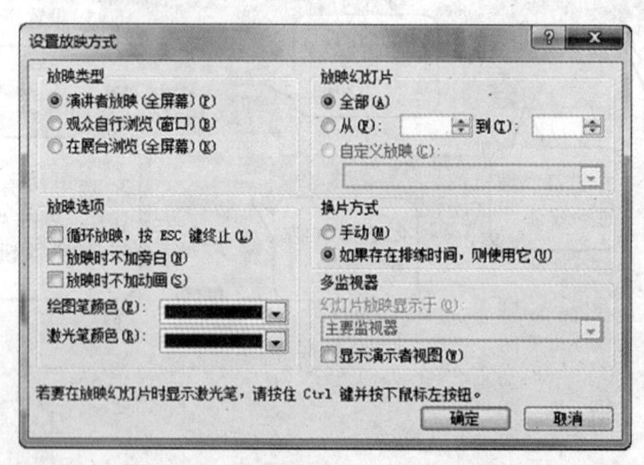

图5-52 “设置放映方式”对话框

“设置放映方式”对话框中各选项说明如下：

（1） 放映类型：指定幻灯片的播放类型。

（2） 放映幻灯片：选择需要放映的幻灯片的范围。单击“从”单选按钮并在其右侧的两个数值框中输入数字，可以指定幻灯片的页码范围，而不是放映全部幻灯片。

（3） 放映选项：设置放映选项。选择“循环放映，按ESC键终止”复选框可使幻灯片不停地循环播放，直到按下 Esc 键时才停止；选择“放映时不加旁白”复选框可在放映时不播放旁白；选择“放映时不加动画”复选框可在放映时不使用动画方案。

（4） 绘图笔颜色：选择绘图笔的颜色。

（5） 换片方式：指定幻灯片的切换方式。单击“如果存在排练时间，则使用它”单选按钮可使幻灯片按照事先设置好的切换顺序自动切换；若单击“手动”单选按钮则需要单击鼠标或按键盘上的按钮才能切换到下一个幻灯片。

（6） 多监视器：当使用多台监视器时，指定在哪台监视器上放映幻灯片。

2. 自定义播放顺序

在默认情况下播放演示文稿时，幻灯片是按照在演示文稿中的先后顺序从前到后进行播放的，如果需要给特定的观众放映演示文稿的特定部分，可以自己定义幻灯片的播放顺序和播放范围，将演示文稿中的幻灯片结组放映。自定义了播放顺序后，该自定义放映的名称将显示在“幻灯片放映”选项卡的“自定义幻灯片放映”弹出菜单中。

自定义播放顺序的操作方法如图 5-53 所示。

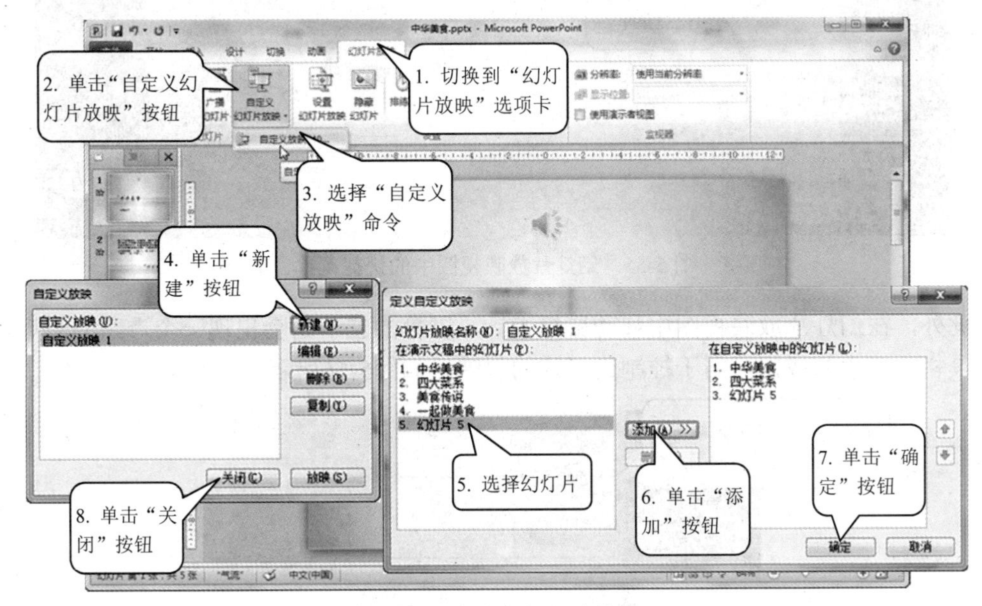

图 5-53　自定义幻灯片放映

3. 播放演示文稿

使用“幻灯片放映”选项卡“开始放映幻灯片”组中的工具可以播放演示文稿，如图 5-54所示。

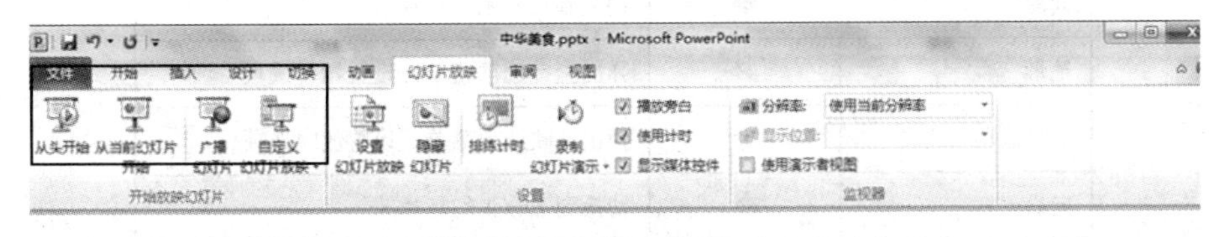

图 5-54　自定义幻灯片放映

在放映幻灯片时，如果将幻灯片的切换方式设置为“自动”，幻灯片将会按照事先设置好的自动顺序切换；如果将切换方式设置为“手动”，则需用户单击鼠标或按键盘上的按钮才能切换到下一张幻灯片。

在放映幻灯片的过程中，右击幻灯片会弹出快捷菜单，通过其中的命令可以控制幻灯片的切换、查看演讲者备注、进行会议记录、设置指针选项和退出演示等操作，如图5-55所示。

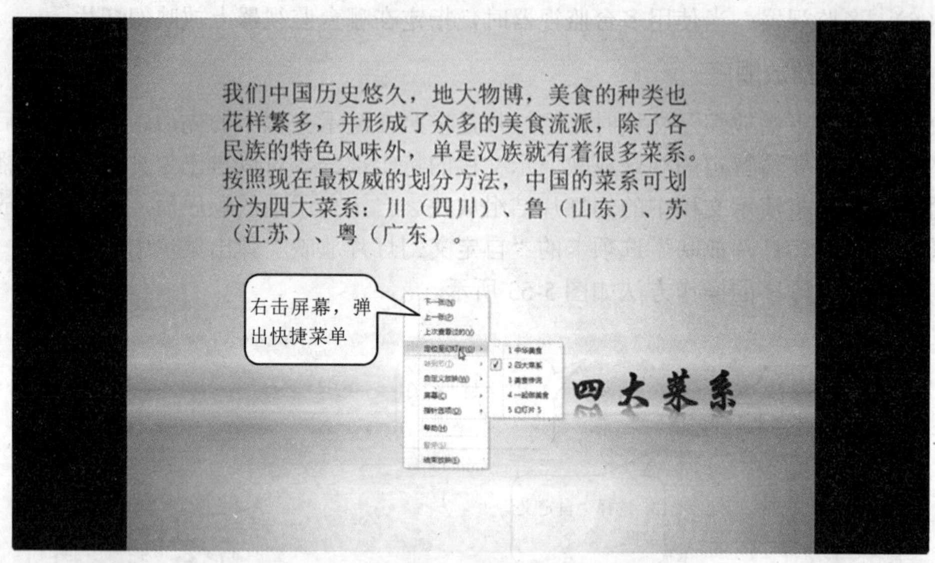

图5-55　幻灯片放映视图中的快捷菜单

此外，在幻灯片放映视图中移动鼠标指针，屏幕的左下角会出现一个透明的幻灯片放映工具栏，其中的按钮可用于控制幻灯片的放映，如图5-56所示。

图5-56　幻灯片放映工具栏

表5-1列出了幻灯片放映工具栏中各按钮的功能。

表5-1　幻灯片放映工具栏中各按钮的功能

名　称	图　标	功　能
向前	⬅	切换到上一张幻灯片
笔形	✎	弹出指针选项菜单，设置指针选项
放映选项	▤	弹出放映选项菜单，设置放映选项
向后	➡	切换到下一张幻灯片

幻灯片放映结束后，将会出现黑屏，并提示“放映结束，单击鼠标结束”，单击鼠标即可退出播放状态。如果播放中间要终止播放，可以按下 Esc 键。

【任务操作】

打开“中华美食.pptx”演示文稿，设置自动放映选项，使之循环放映，然后从头放映幻灯片。

操作方法：

（1） 排练计时。操作方法如图 5-57 所示。

图 5-57　排练计时

（2） 设置放映方式。操作方法如图5-58所示。

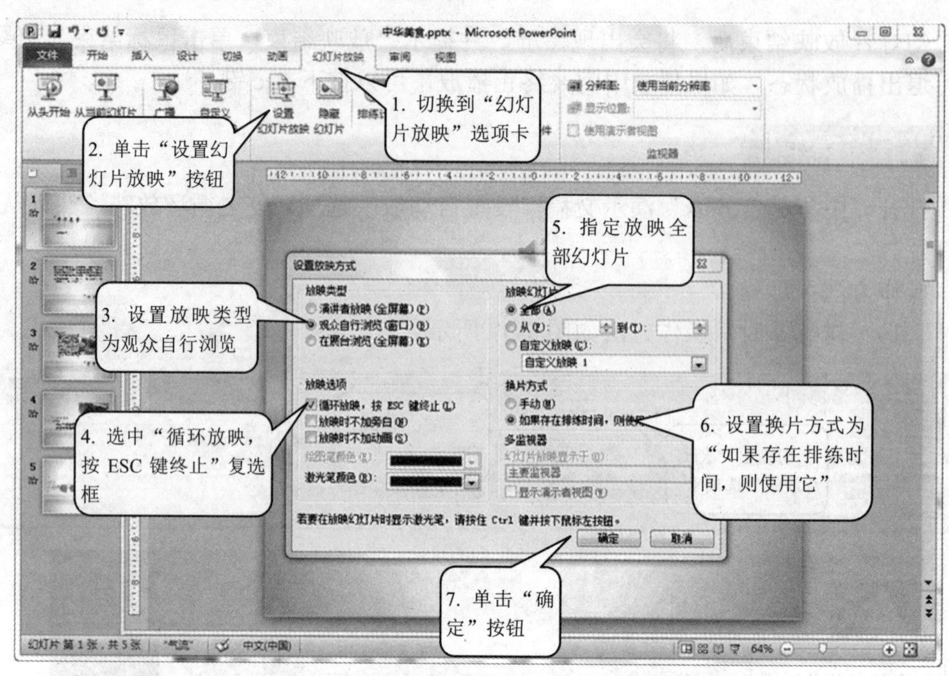

图 5-58　设置放映方式

（3）　播放演示文稿。操作方法如图5-59所示。

图 5-59　自动播放演示文稿

任务 5.4.2　打包演示文稿

【知识准备】

使用PowerPoint提供的“将演示文稿打包成CD”功能可以将所有需要打包的文件放到一个文件夹中，并将该文件复制到磁盘或网络位置上，然后将该文件解包到目标计算机或网络上并运行该演示文稿。使用这种方式，即使另一台用于放映演示文稿的计算机中没有安装PowerPoint 2010，也能正常得以播放。

【任务操作】

将“中华美食.pptx”演示文稿打包到“我的文档”，并将打包内容保存在“中华美食”文件夹中。操作方法如图5-60所示。

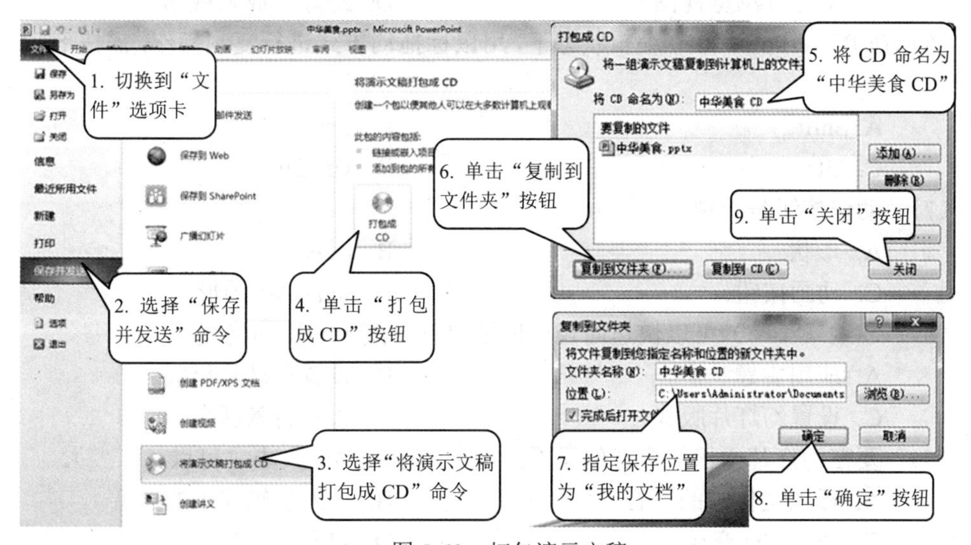

图 5-60　打包演示文稿

思考与练习

1.　选择题

（1）　PowerPoint 2010 演示文稿的默认扩展名是（　　）。

A. PTT　　B. PTTX

C. PPT　　D. PPTX

（2）　创建空白演示文稿的快捷键是（　　）。

A. Ctrl+P　　B. Ctrl+S

C. Ctrl+X　　D. Ctrl+N

（3） 要修改幻灯片中文本框内的内容，应该（　　）。

A. 首先删除文本框，然后再重新插入一个文本框

B. 选择该文本框所要修改的内容，然后重新输入文字

C. 重新选择带有文本框的版式，然后再向文本框中输入文字

D. 用新插入的文本框覆盖原文本框

（4） 在演示文稿中按 End 键可以（　　）。

A. 将鼠标指针移动到一行文本最后

B. 将鼠标指针移动到最后一张幻灯片中

C. 切换至下一张幻灯片

D. 切换到最后一张幻灯片

（5） 想要查看整个演示文稿的内容，可使用（　　）。

A. 普通视图　　B. 大纲视图

C. 幻灯片浏览视图　　D. 幻灯片放映视图

（6） 在 PowerPoint 2010 编辑状态下，用鼠标拖动方式进行复制操作，需按下（　　）键。

A. Shift　　B. Ctrl

C. Alt　　D. Alt+Ctrl

（7） 动作按钮是一种（　　）。

A. 形状　　B. 图片

C. 动画按钮　　D. SmartArt 图形

（8） 通过（　　）可以快速而轻松地设置整个演示文稿的格式。

A. 应用主题　　B. 设置幻灯片母版

C. 设置幻灯片版式　　D. 设置背景颜色

（9） 要在幻灯片中播放声音但又不想增加演示文稿的大小，可以（　　）。

A. 插入文件中的声音　　B. 插入剪辑库中的声音

C. 插入 CD 音乐　　D. 自己录制声音

（10）（　　）不是幻灯片母版的格式。

A. 大纲母版　　B. 幻灯片母版

C. 标题母版　　D. 备注母版

（11） 要在切换幻灯片时发出声音，应（　　）。

A. 在幻灯片中插入声音　　B. 设置幻灯片切换声音

C. 设置幻灯片切换效果　　D. 设置声音动作

（12） 要从头播放演示文稿，可按（　　）键。

A. F5　　B. Shift+F5

C. Ctrl+F5　　D. Alt+F5

（13） 在 PowerPoint 2010（　　）视图环境下，不可以对幻灯片内容进行编辑。

A. 幻灯片　　B. 幻灯片浏览

C. 幻灯片放映　　D. 黑白

（14） 如果要从一张幻灯片切换到下一张幻灯片，应执行（　　）操作。

A. 动作设置　　B. 预设动画

C. 幻灯片切换　　D. 自定义动画

（15） 将演示文稿进行打包后，可以把该演示文稿（　　）。

A. 装起来带走

B. 发布到网上

C. 在没有安装 PowerPoint 的电脑中放映

D. 刻成 CD

2. 填空题

（1） 默认状态下，新演示文稿的第 1 张幻灯片是____________版式，通过单击“新建幻灯片”按钮插入的幻灯片是____________版式。

（2） 在文本占位符中输入文本时，要在段落中换行，应按___________键。

（3） 默认情况下，标题和副标题占位符中的文本__________对齐，内容占位符中的文本_________对齐。

（4） 在 PowerPoint 2010 中控制幻灯片外观的方法有______________。

（5） 母版是指包含一定预设格式的模板。演示文稿中包括_________________3 种母版。

（6） 在打印讲义时，一张纸上最多可以打印________张幻灯片。

（7） 默认情况下，内容占位符中的文本带有项目符号，若想取消当前行的项目符号，可按_________键。

（8） 演示文稿中包括标题在内一共可以使用_________级大纲文字。

（9） 在插入________对象时，当选择相应命令后，整个窗口会暂时变得模糊，拖动鼠标选择___________，___________将清晰显示。

（10） 在设置幻灯片中元素的动画效果时，如果需要让该幻灯片中的各元素依次自动播放，应将其开始时间设置为____________。

3. 判断题

（1） 在 PowerPoint 中，隐藏幻灯片是指幻灯片在放映时不出现。（　　）

（2） 在 PowerPoint 中的插入对象操作只能在“幻灯片大纲视图”中完成。（　　）

（3） 在 PowerPoint 中，只能插入 Word、Excel 等 Office 组件创建的对象，不能插入其他程序创建的对象。（　　）

（4） 在幻灯片中插入声音成功，则在幻灯片中显示一个喇叭图标。（　　）

（5） 在 PowerPoint 中无法直接生成表格，只能借助其他软件完成。（　　）

（6） 在演示文稿设计中，一旦选中某个主题，则所有幻灯片均采用此设计。（　　）

（7） 绘制形状时，选择图形样式以后单击幻灯片视图中的任意位置，即可插入图形。（　　）

（8） 幻灯片的编辑只能在普通视图中进行。（　　）

（9） 在幻灯片窗格中单击缩略图可以切换到相应幻灯片。（　　）

（10） 在 PowerPoint 2010 中可以直接插入 Word 文档中的文本，并且每个段落都成为单个幻灯片的标题。（　　）

（11） 在幻灯片中按 Tab 键可取消项目符号。（　　）

（12） 单击“文本框”按钮后，在幻灯片中拖动鼠标指针可以插入一个单行横排文本框。（　　）

（13） 在 PowerPoint 2010 中可以直接将已有文本转换成艺术字。（　　）

（14） 在 PowerPoint 2010 中可以设置占位符的形状样式。（　　）

（15） 幻灯片背景中的图片或图形是不可隐藏的，因此在母版中插入图形时需谨慎。（　　）

4. 简答题

（1） 简述向幻灯片中添加文本内容的几种方法。

（2） 如何将 CD 音乐作为幻灯片的背景音乐？

（3）灰度视图和黑白视图的作用是什么？

（4）如何自定义幻灯片的播放顺序？

（5） 如何将演示文稿打包成 CD？

模块 6

多媒体软件的应用

多媒体技术的发展使计算机开启了数字媒体应用的新时代，各种多媒体应用软件为计算机用户提供了更加丰富多彩的效果体验，我们不但可以享受他人带来的视觉盛宴，也可以充分发挥自己的想象力制作多媒体作品同他人一起分享。

项目 6.1　获取多媒体素材

要制作多媒体作品，首先要准备多媒体素材。多媒体素材的来源可以从网上获取，也可以自己采集，例如，可以使用文本编辑工具编辑文本，使用照相机或摄像机拍摄图像，使用录音机录制声音文件等。

通过本项目的学习，您将掌握以下内容：

- 了解多媒体的概念及其应用。
- 了解常见的多媒体输入/输出设备。
- 了解常见的多媒体文件的格式。
- 掌握多媒体素材的获取渠道和方法。

任务　多媒体素材的获取

【知识准备】

1. 多媒体与多媒体技术的概念

多媒体在计算机信息领域中是指文字、数据、图形、图像、动画、声音等一切信息载体，多媒体技术则是利用计算机技术同时对两种或两种媒体以上的媒体进行综合处理和管理。使用户可以通过多种感官与计算机进行实时交互的技术。

2. 常见的多媒体文件格式

常见的多媒体文件格式及其特点如表 6-1 所示。

表 6-1　常见的多媒体文件格式和特点

文件类型	特　点	主要用途
BMP	Windows 标准图像文件格式。有压缩和不压缩两种形式。BMP 以独立于设备的方法描述位图，可以有黑白 16 色、256 色和真彩色几种形式，能够被多种 Windows 应用程序所支持	适合保存原始图像素材
JPG/JPEG	24 位图像文件格式，用有损压缩方式获得高压缩率。	主要用于处理照片图像
GIF	Web 上最早得到支持的图像文件格式，采用无损压缩，文件容量小，支持动态图像、单色透明效果和渐显方式	适合网络传输，通常用来减少转换时间
PDF	便携式文档格式。PDF 文件以 PostScript 语言图像模型为基础，无论在哪种打印机上都可保证精确的颜色和准确的打印效果，即 PDF 会忠实地再现原稿的每一个字符、颜色以及图像	通常用来制作电子图书、产品说明、公司文告、网络资料等
PNG	压缩比高，生成文件体积小，兼有 GIF 和 JPEG 的色彩模式，显示速度快，支持透明图像的制作	一般应用于 JAVA 程序、网页或 S60 程序中

3. 多媒体技术的应用领域

多媒体技术的常见应用领域如表 6-2 所示。

表 6-2　常见的多媒体技术应用领域

应用领域	说　明
休闲娱乐、教育、医疗	如阅读电子书、看视频、听音乐、玩游戏、多媒体教学、远程教育、远程诊断，远程手术等
平面设计	如数码照片处理、包装设计、商标设计、广告设计、装潢设计、网页设计、插画设计等
动画设计、影视制作	如动画创意、影视广告、宣传片设计、MTV 制作、特技制作、影视混编、影视剪辑等
人工智能模拟	如生物形态模拟、生物智能模拟、人类行为智能模拟等

4. 多媒体素材的获取渠道

获取多媒体素材的渠道通常有以下几种：

（1）文本素材的获取渠道：网络搜索；直接在文字处理软件中编辑；用扫描仪扫描文本图像，然后用文字识别软件将文本图像转换为文本；将 PDF 文件转换为文本文件等。

（2）图像素材的获取渠道：网络下载；用照相机采集然后上传到计算机；使用计算机软件捕获图像或截取屏幕图像。

（3）音频素材的获取渠道：网络下载；用录音设备录制；从 CD、VCD 中获取。

（4）视频素材的获取渠道：网络下载；用数码摄像机录制视频然后上传到计算机；使用录屏软件从计算机屏幕抓取动态操作过程；从视频素材文件中截取视频片断。

【任务操作】

1. 常见的多媒体输入/输出设备

将表 6-3 中的常见多媒体输入/输出设备的名称填写到正确的位置上。

表 6-3　常见的多媒体文件格式和特点

名　　称	输入/输出	名　　称	输入/输出

2.　从网上获取文本素材

互联网是一个巨大的资料宝库，我们可以充分利用它来寻找、获取我们所需要的各类资源，例如，当我们需要引用一首诗词却忘记其中的词句时，就可以通过网络搜索来找到它，并将其复制下来，如图 6-1 所示。

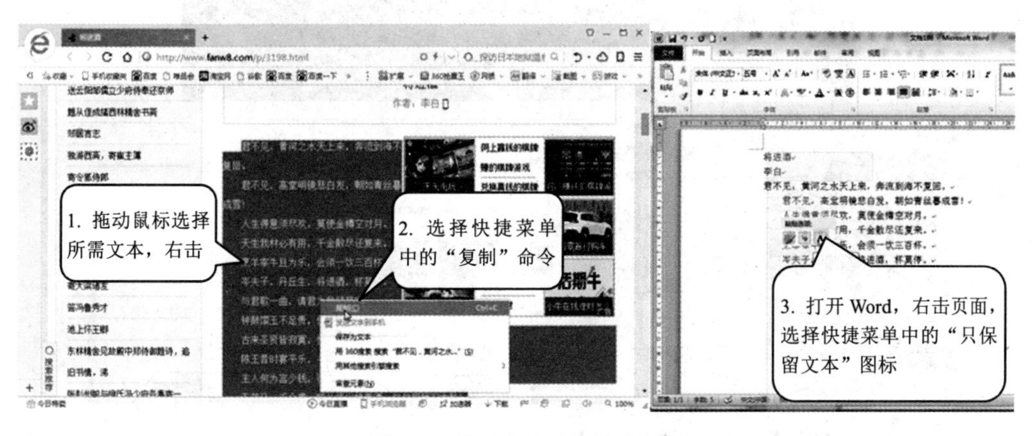

图 6-1　从网上获取文本素材

3.　用抓图软件抓取屏幕图像

以 HyperSnap 为例，这是一款非常好用的屏幕抓图工具，不但可以抓获全屏，也可以抓获区域、窗口、控件、按钮等局部区域，还可以抓取带鼠标光标的图像。在 HyperSnap 中可以使用菜单命令来执行抓图操作，也可以定义快捷键来便捷地执行抓图操作，如图 6-2 所示。

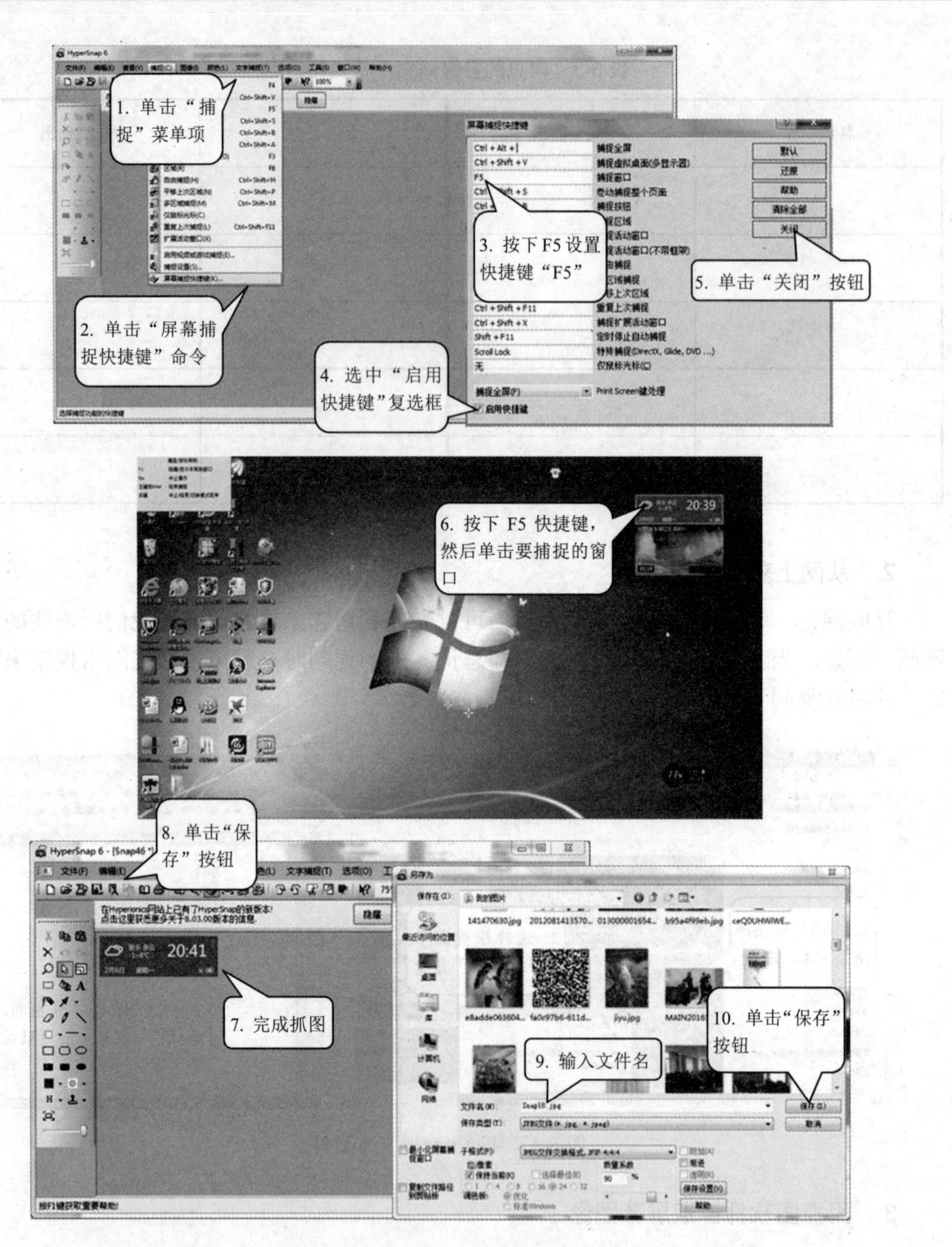

图 6-2 在 HyperSnap 中定义快捷键并抓图

4. 用录音机录制声音文件

Windows 自带了“录音机”软件，可以让用户通过麦克风录制外界的声音，并将其保存为音频文件。连接好麦克风，单击“开始”按钮，在“开始”菜单中选择“所有程序”——“附件”——“录音机”命令，启动“录音机”程序，录制声音文件的方法如图 6-3 所示。

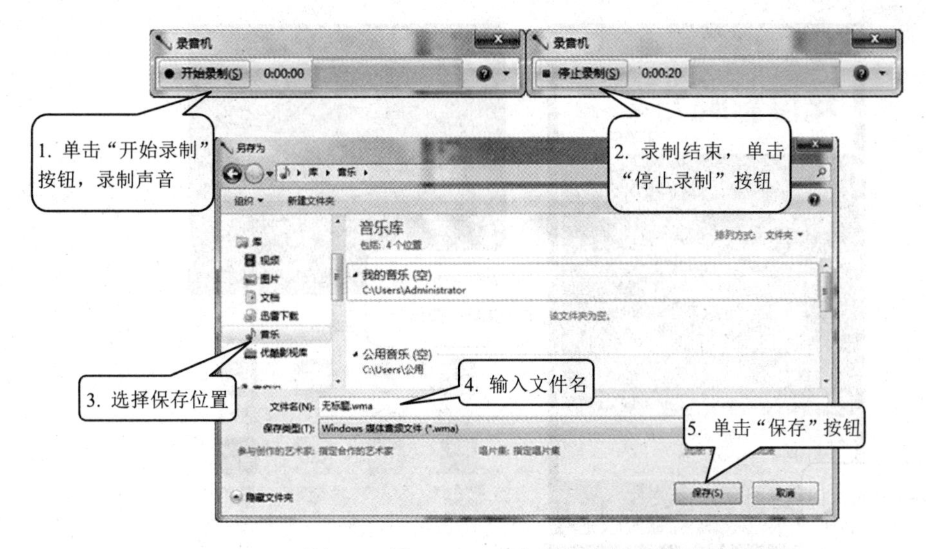

图 6-3　用 Windows 自带的“录音机”录制声音

5.　将手机拍摄的照片和视频上传到计算机中

以前要把手机中的照片传输到电脑上时，需要用数据线连接手机和电脑，Windows 操作系统会自动检测到手机并将其作为一个移动存储设备。然后可以像操作本地硬盘一样，将拍摄的照片复制出来。而现在，随着手机社交软件的发展，手机与电脑之间的数据交流变得日益简单，比如，我们可以使用腾讯 QQ 轻而易举地将手机里拍的照片、视频或者截图发送到电脑上。

以小米手机为例，在连通网络且手机 QQ 在线的状态下，在手机上打开图片库，选择一张照片，轻触照片使之全屏，屏幕下方会显示一行按钮，点击其中的“发送”按钮，即会显示“发送”界面，点击其中的“发送到我的电脑”图标，电脑上即会出现一个“XX 的 Android 手机”对话框，右击从手机上发来的图片，从快捷菜单中选择“另存为”命令，即可将图片保存到电脑中。若要批量将手机中的图片导入到电脑中，则可单击对话框顶部的“导出手机相册”图标进行操作，如图 6-4 所示。

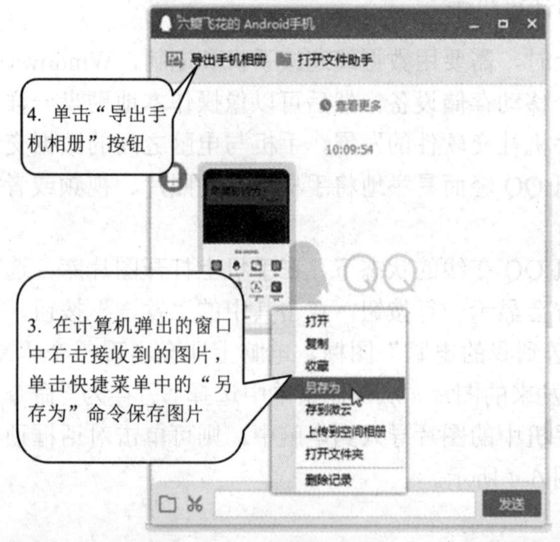

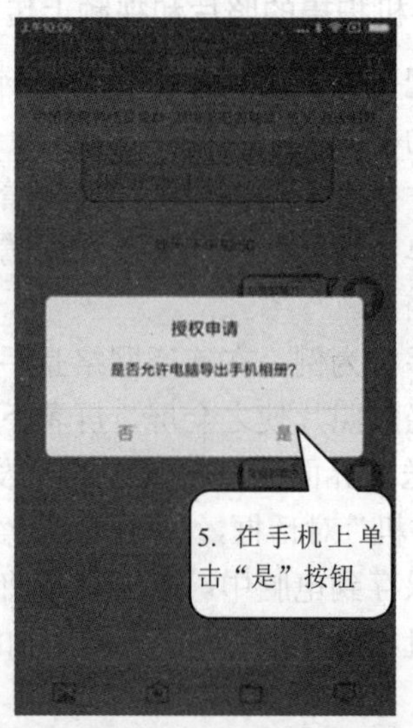

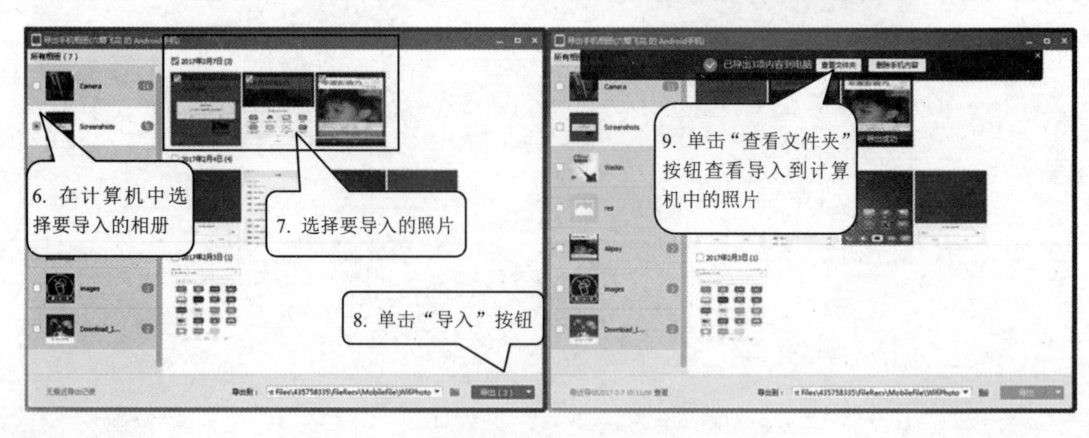

图 6-4　将手机上的照片和视频上传到计算机

【拓展任务】——拍摄和上传照片与视频

用手机拍摄一些校园日常生活的照片和视频，将其上传到计算机中。

项目 6.2　加工处理图像

采集的原始照片常常不会完全合乎需要，使用前经常还需要对其进行修改，如对过大的图像进行压缩，对多余的图像区域进行裁剪，以及更改色调、设置特殊效果等。目前有很多专业的图像加工处理软件，如 Photoshop、美图秀秀等，可以支持不同专业度的人群使用。

通过本项目的学习，您将掌握以下内容：

◆ 了解位图和矢量图的区别。
◆ 了解常用的图像处理软件。
◆ 掌握美图秀秀的使用方法。

任务　图像的处理与编辑

【知识准备】

1. 位图和矢量图

计算机以矢量图或位图这两种格式来显示图形。其中位图又称为点阵图，矢量图又称为向量图。

（1） 位图

位图图像在技术上称作栅格图像，使用图片元素的矩形网格即像素来表现图像。每个像素都分配有特定的位置和颜色值，非常类似于用镶嵌的方式来创建图像，当把一幅位图放大时就可以看到，图像似乎是由一个个具有特定位置和颜色值的方格构成的，如图 6-5 所示。

我们在处理位图图像时，所编辑的是像素而不是对象或者形状。位图图像是连续色调图像（如照片或数字绘画）最常用的电子媒介，因为它们可以更有效地表现阴影和颜色的细微层次。位图图像与分辨率有关，也就是说，它们包含固定数量的像素。因此，如果在屏幕上以高缩放比率对它们进行缩放或以低于创建时的分辨率来打印它们，将会丢失其中的细节，并会呈现出锯齿。

位图图像有时需要占用大量的存储空间，在某些 Creative Suite 组件中使用位图图像时，通常需要对其进行压缩以减小文件大小。例如，将图像文件导入布局之前，应先在其原始应用程序中压缩该文件。

（2） 矢量图

矢量图形又被称作矢量形状或者矢量对象，它是以数学的矢量方式记录图像内容，以一系列的线段或其他造型描述一幅图像，内容以线条和色块为主，通常它以一组指令的形式存在，这些指令描绘图中所包含的每个直线、圆、弧线和矩形的大小及形状。例如，如图 6-6 所示的图像可以由创建青蛙轮廓的线条所经过的点来描述；青蛙的颜色由轮廓的颜色和轮廓所包围区域的颜色决定。

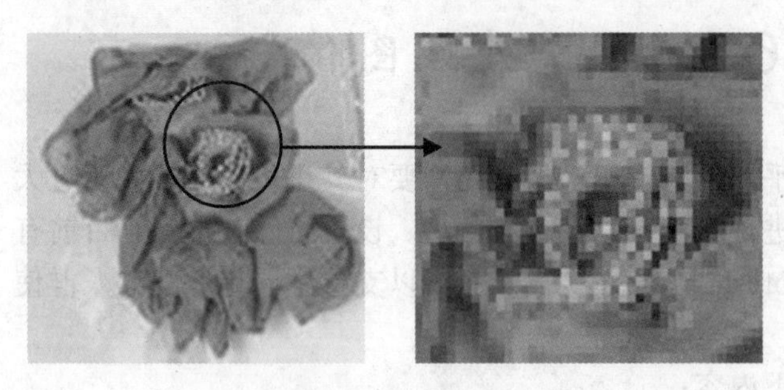

图 6-5　放大位图

图 6-6　矢量图

用户可以任意移动或修改矢量图形，而不会丢失细节或影响清晰度，因为矢量图形与分辨率无关。无论用户是调整矢量图形的大小、将矢量图形打印到 PostScript 打印机、在 PDF 文件中保存矢量图形，还是将矢量图形导入到基于矢量的图形应用程序中，矢量图形都会保持清晰的边缘。因此，对于将在各种输出媒体中按照不同大小使用的图稿（如徽标），矢量图形是最佳选择。

矢量图文件占的容量相对较小，并且不会失真，精确度较高，可以制作 3D 图像。但是，矢量图不宜制作色调丰富或者色彩变化太多的图像，而且绘制出来的图形不是很逼真，无法像照片一样精确地描写自然界的景象，最适合制作一些由线条或色块构成的图形，如色彩简单的图像，或者像卡通形象一类的夸张造型。

2. Photoshop

Photoshop 是一款专业的图像处理软件，具有强大的图形绘制和图像设计功能，尤其是在平面设计方面非常实用，使用它可以修改图像、改变图像的视觉效果、调整图像的色彩和亮度、改变图像的大小等，而且可以对多幅图像进行合并增加特殊效果，能够把现实生活中很难遇见的景像十分逼真地展现出来。Photoshop 可应用于很多领域，常见的如修饰照片、广告制作、封面设计等，平时我们所说的 PS 照片原本指的就是用 Photoshop 修改或者重组照片，不过现在这一概念已扩展到了使用任何图像处理软件来修改图片。

3. 美图秀秀

美图秀秀是一款深受青少年喜爱的图片处理软件，使用它可以非常轻松地对图片进行美化、修饰、拼图或者添加各种特效，并可以对图片进行批量处理。

【任务操作】

1. 在美图秀秀中打开图片

在美图秀秀中打开图片的操作方法如图 6-7 所示。

图 6-7　在美图秀秀 4.0.1 中打开图片

2. 用局部彩色笔工具美化图片

使用局部彩色笔可以让照片更具有艺术感。打开图片后，在窗口左下方单击“局部彩色笔”按钮，进入局部彩色笔编辑窗口，图片会变成黑白效果，用局部彩色笔工具在需要保留原色彩的区域中拖动，露出其本来的色彩即可。中途可以更改画笔大小和用橡皮擦工具进行修改，修改完毕，单击“应用”按钮即可应用美化效果，具体操作方法如图 6-8 所示。

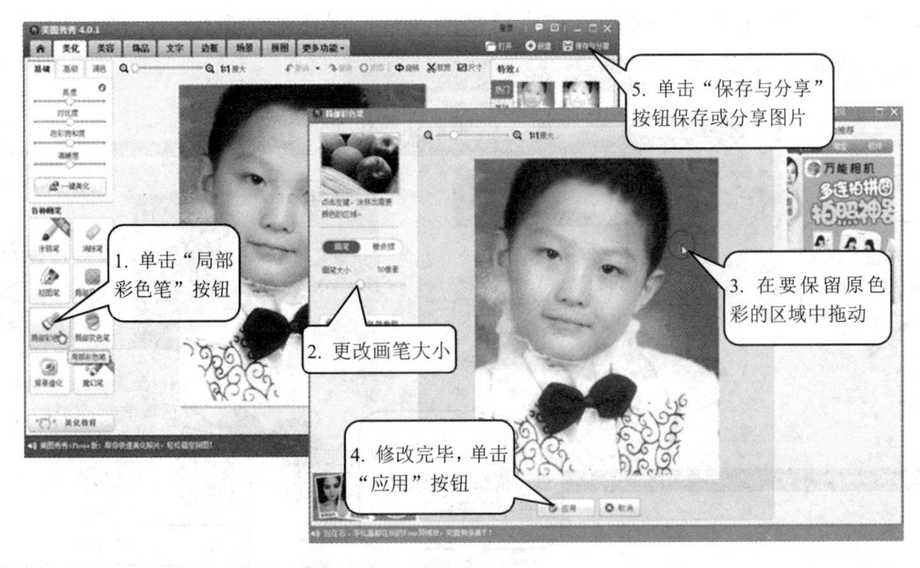

图 6-8　更改图片局部色彩

3. 给照片打马赛克

我们在看媒体节目的时候有时会发现为了保护隐私，一些人或物体上被打上了马赛克，这个功能是非常实用的，比如我们很想把某张照片分享到朋友圈或论坛里，但是照片中有些地方又不想被别人看到，就可以在这里地方打上马赛克，既保护隐私，又增添了一份神秘感。

用美图秀秀打开一张照片后，单击“美化”窗口左下方的“局部马赛克”按钮，即可在所需区域添加马赛克效果，如图 6-9 所示。

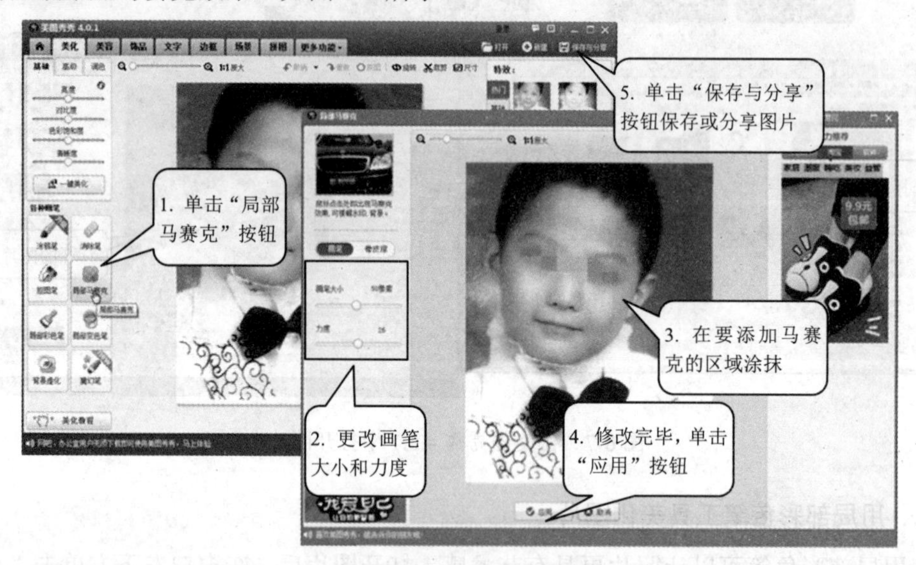

图 6-9　为图片添加马赛克效果

4. 局部变色

很多时尚青少年喜欢制作一些炫风格酷炫、色彩鲜明的图片，传统的制作方式是使用 Photoshop 一类专业的图形图像制作程序来做，过程比较复杂，而现在，我们可以利用美图秀秀的“局部变色笔”工具来制作炫彩风格的图片，操作非常简单，如图 6-10 所示。

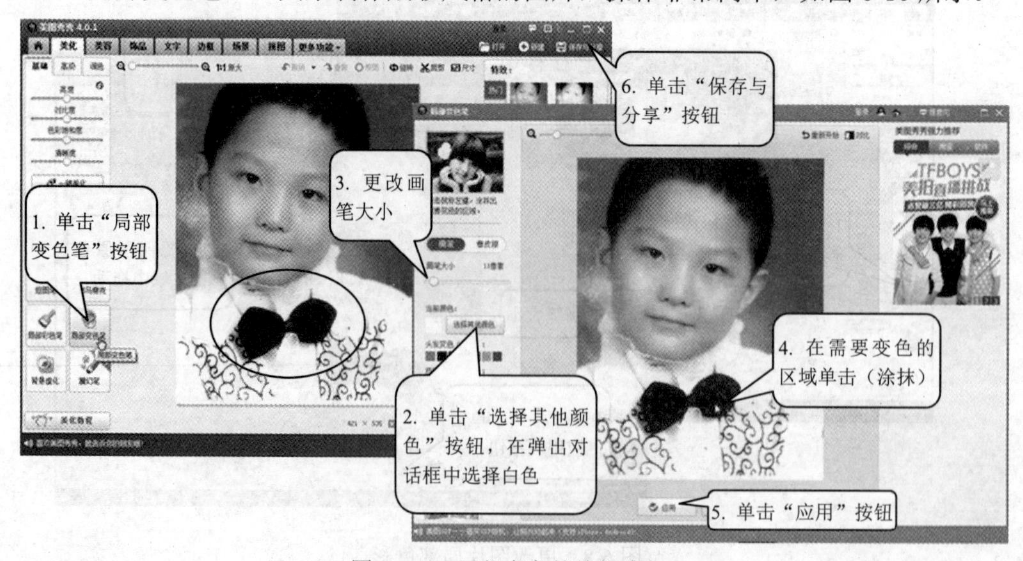

图 6-10　局部变色笔编辑窗口

5. 消除多余的部分

使用消除笔可以把图片中多余的不想要的部分统统抹掉，具体操作方法如图 6-11 所示。

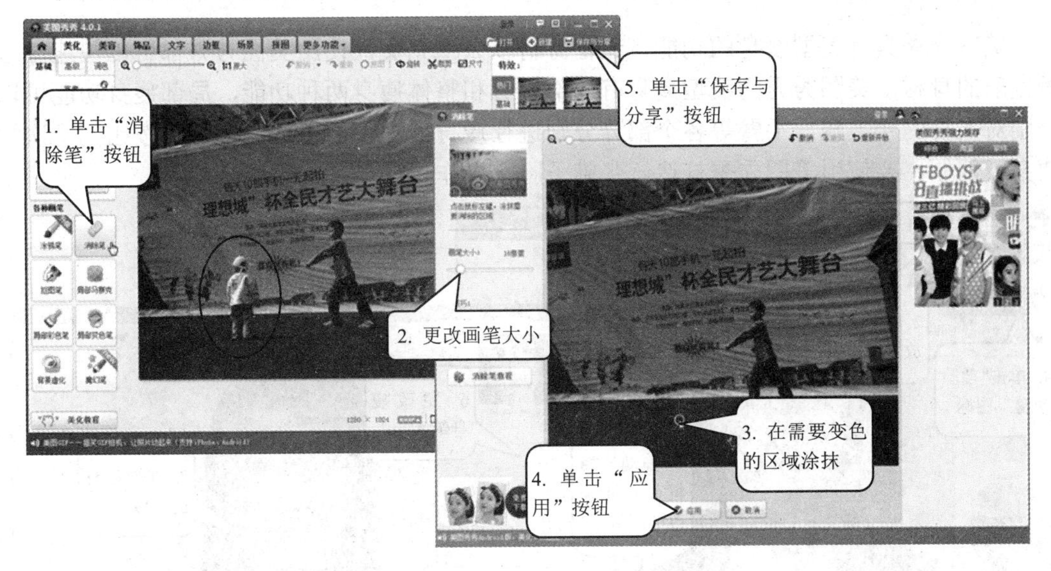

图 6-11　消除多余的部分

6. 制造魔幻效果

魔幻笔是美图秀秀 4.0.1 的新功能，使用该工具可以为图片制造各种魔幻效果，如星星、飘雪、爱心、花瓣等。魔幻笔的使用方法如图 6-12 所示。

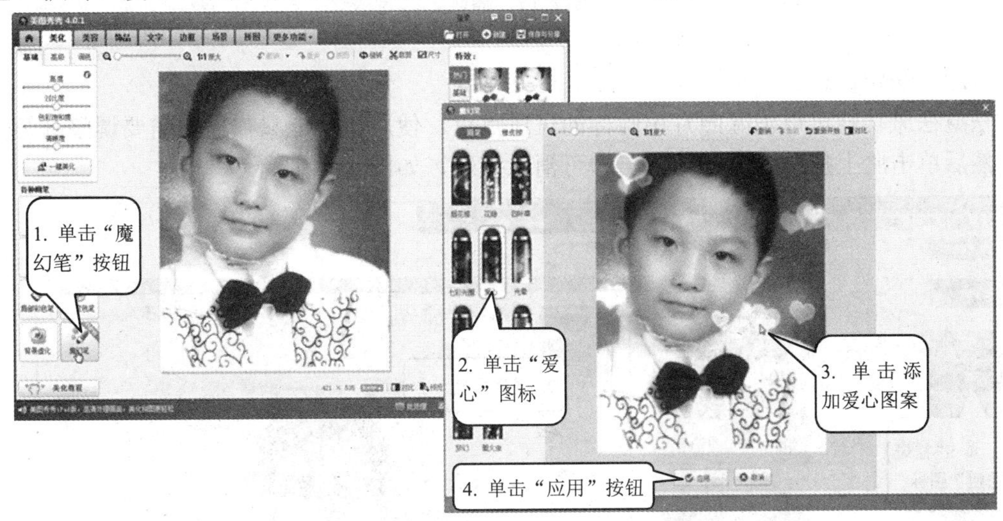

图 6-12　飘雪魔幻效果

7. 人像美容

在这个人人爱自拍的时代，美图秀秀对喜欢晒美照的人群非常有吸引力，因为它提供了功能强大的人像美容功能，瘦脸瘦身、磨皮怯痘、皮肤美白、消除黑眼圈、眼睛放大、眼睛变色、染发、纹身……没有美图秀秀搞不定的。在美图秀秀的欢迎界面中单击“人像美容”按钮，或者打开图片后在程序主界面中单击“美容”标签，即可进行人像美容。

（1） 瘦脸瘦身

美图秀秀具有美型瘦身的功能，无论身材多么不完美，使用美图秀秀都可以快速打造魔鬼般的身材。美图秀秀的美型瘦身有局部瘦身和整体瘦身两种功能，局部瘦身功能可以分别对人物的腰、腿、手臂等各个部分分别进行瘦身处理，而整体瘦身则可按比例一次性瘦身。例如，要使用美图秀秀打造一张锥子脸，操作方法如图 6-13 所示。

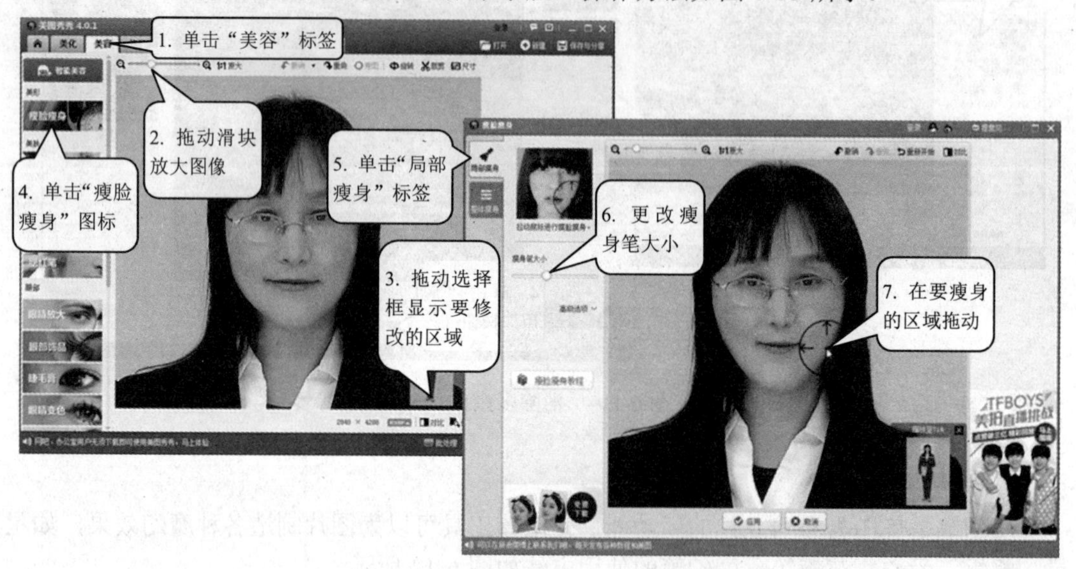

图 6-13　瘦脸

（2） 祛痘祛斑

祛痘祛斑功能可以消除照片中脸部的斑斑点点，使用该功能只需根据需要调整画笔大小，然后单击脸上痘斑明显的地方，即可消除痘斑，如图 6-14 所示。

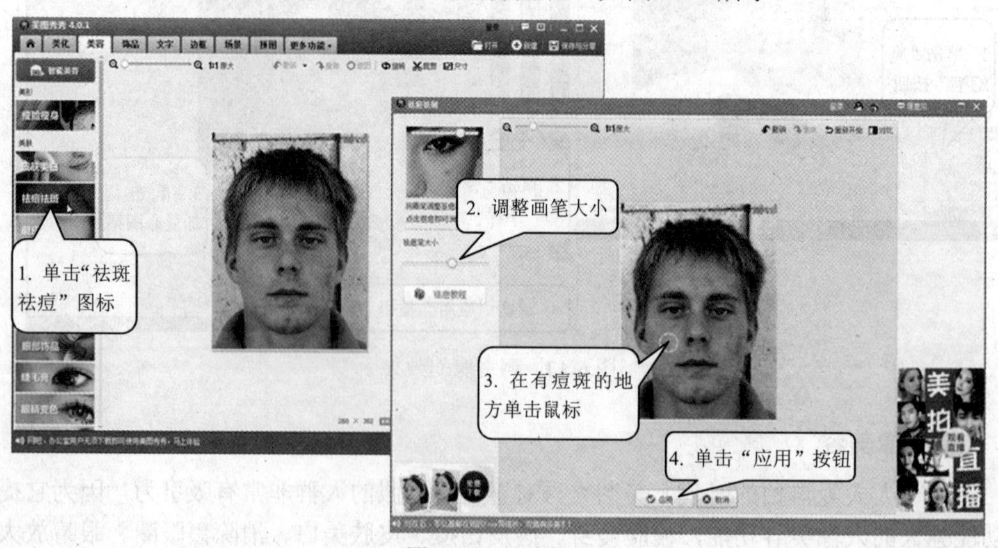

图 6-14　祛痘祛斑

（3）　磨皮

磨皮功能可以使人物面部变得光滑白皙。美图秀秀可对皮肤进行整体磨皮和局部磨皮，如图 6-15 所示。

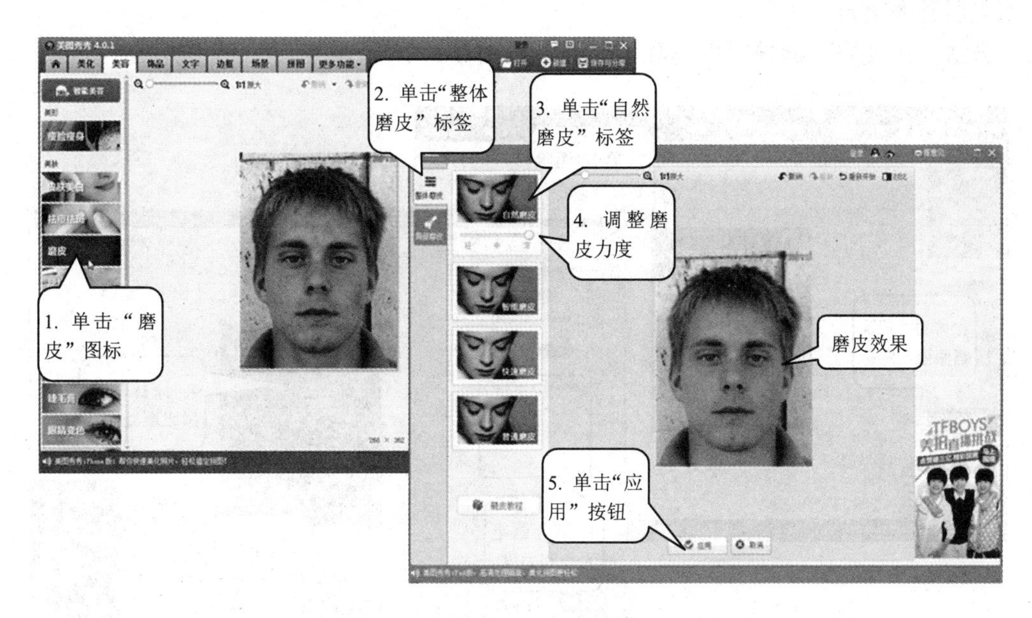

图 6-15　磨皮效果

（4）　皮肤美白

皮肤美白有两种方法：一是整体美白，二是局部美白，在“皮肤美白”编辑窗口中选择整体美白力度的肤色，可一键完成美白效果；如果要局部美白，则可在“局部美白”选项卡中调整合适的画笔大小和肤色，然后涂抹需要美白的部位即可，如图 6-16 所示。

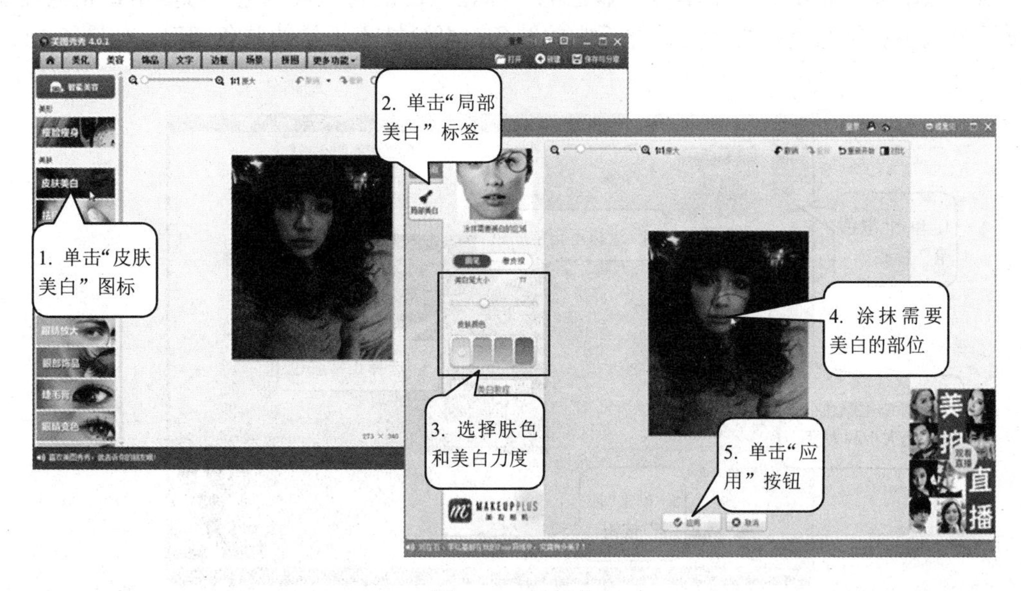

图 6-16　局部美白

（5） 消除黑眼圈

现代人喜欢熬夜，所以很多青少年都有黑眼圈的问题，这不但影响健康还影响美观。生活中要消除黑眼圈需要进行一段时间的调理，但对于照片上的黑眼圈，则只消几秒钟即可用美图秀秀搞定。

方法一：使用“涂抹笔”消除黑眼圈，如图6-17所示。

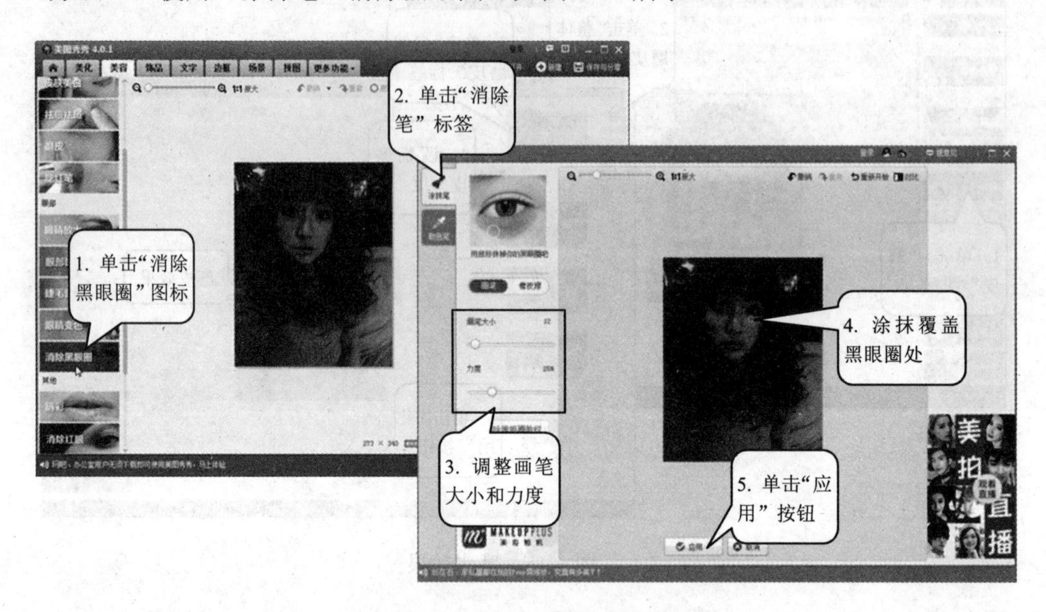

图6-17 用涂抹笔消除黑眼圈

方法二：使用“取色笔”消除黑眼圈，如图6-18所示。

此外，用户还可以通过在原图上取色来平衡黑眼圈的色彩以达到消除黑眼圈的目的。在“消除黑眼圈”编辑窗口中单击“取色笔”标签，切换到“取色笔”选项卡，根据需要设置画笔大小和透明度，然后先选择正常的肤色，再涂抹不正常的肤色即可，如图6-18所示。

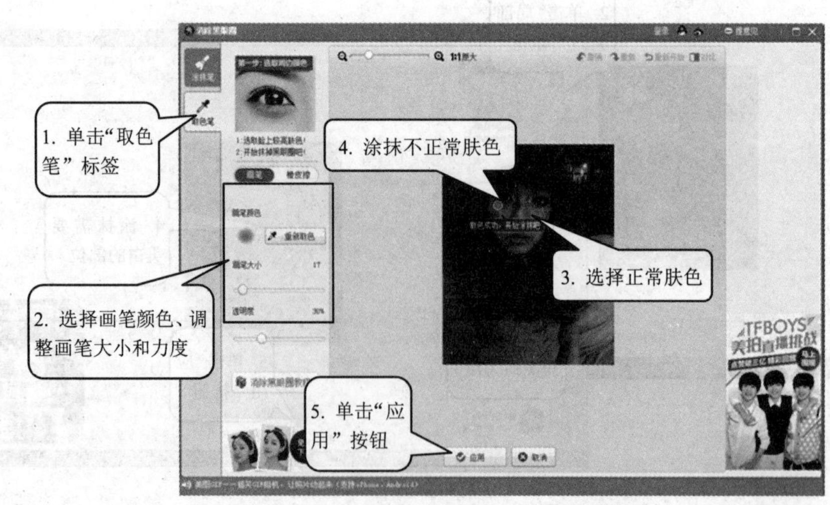

图6-18 用取色笔消除黑眼圈

（6）　消除红眼

红眼是拍照时经常遇到的一件恼人事，在美图秀秀中可以使用“消除红眼”功能 5 秒钟轻松解决红眼烦恼，如图 6-19 所示。

图 6-19　消除红眼

（7）　染发

在美图秀秀中可以随心所欲地变换发色。要充分显示自己的个性，就要配合服饰和妆容来改变头发的颜色，可是频繁染发不但伤头发还不一定适合，使用“美图秀秀”的染发功能可以快速预览适合自己的发色。在“美化”编辑窗口中单击“智能美容”窗格中的“染发”按钮，切换到“染发”编辑窗口，调整画笔大小并挑选一个喜欢的颜色，在头发区域涂抹即可更改发色，如图 6-20 所示。

图 6-20　染发

8. 拼图

美图秀秀 4.0.1 提供了 4 种拼图方式：自由拼图、模板拼图、海报拼图和照片拼接。通过这些拼图方式可以得到具有艺术特色的照片效果，然后我们可以将它用作电脑桌面、艺术海报等。在拼图时需要进入“拼图”界面，并打开要拼接的多张图片，然后选择拼接方式，并具体设置拼图样式，如图 6-21 所示。

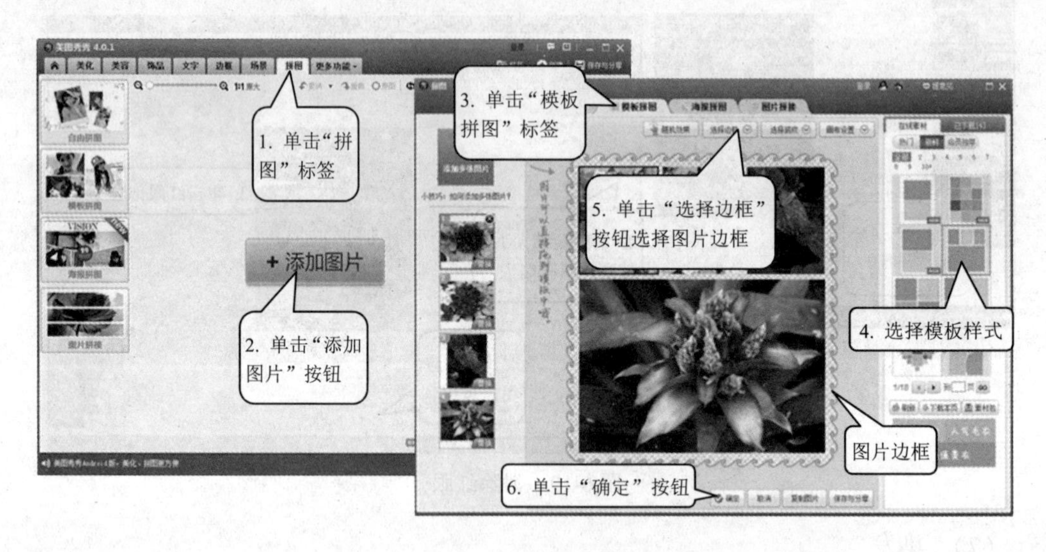

图 6-21 模板拼图

9. 抠图换背景

抠图是指将图片中的一部分从其他部分中脱离，然后将这一部分图片保存为单独的图片。抠图的使用频率很高，通过抠图可以将图像中主要的部分抠出来，然后配以其他的背景，做成各种艺术照片。美图秀秀提供了 3 种抠图方式。

（1） 自动抠图

自动抠图适合色彩反差较大的图片。使用这种抠图方法，只需要在图像上拖动，即可自动将所需部分抠出。在抠图的同时，还可以选择美图秀秀提供的背景模板，为抠出的图像应用各种艺术背景，如图 6-22 所示。

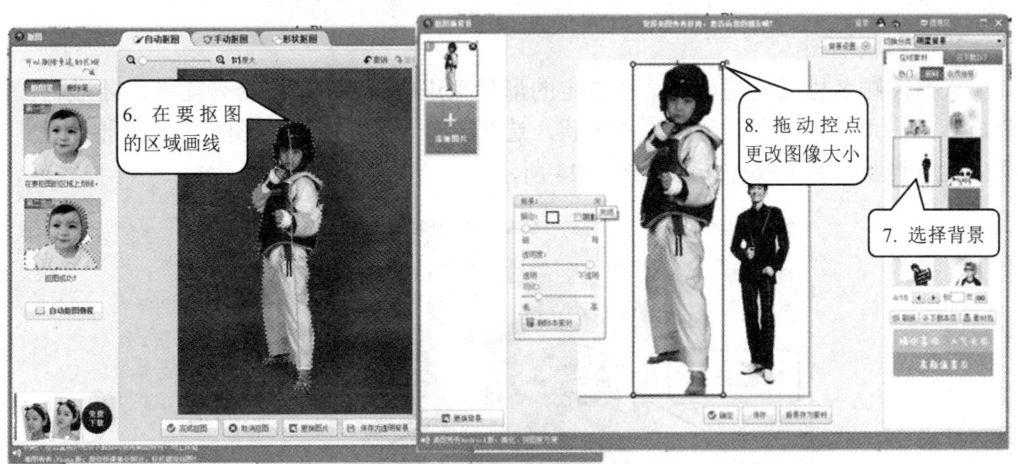

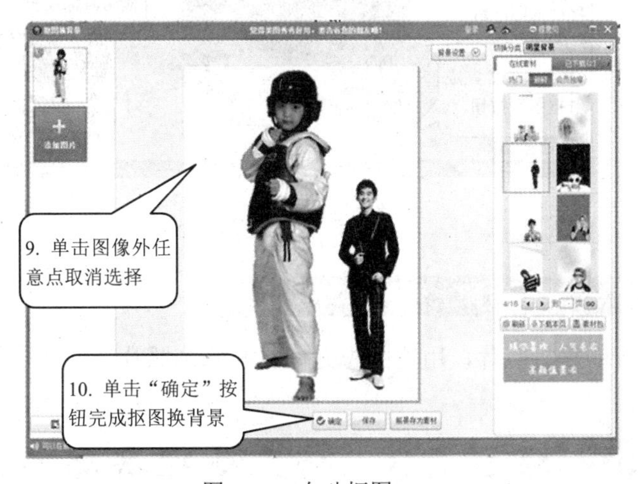

图 6-22　自动抠图

（2） 手动抠图

如果图片中要抠图的区域与其他区域色有极大反差，自动抠图有难度，这时就需要手动抠图。手动抠图时可按照需要用抠图笔圈出需要抠图的部分，如图 6-23 所示。

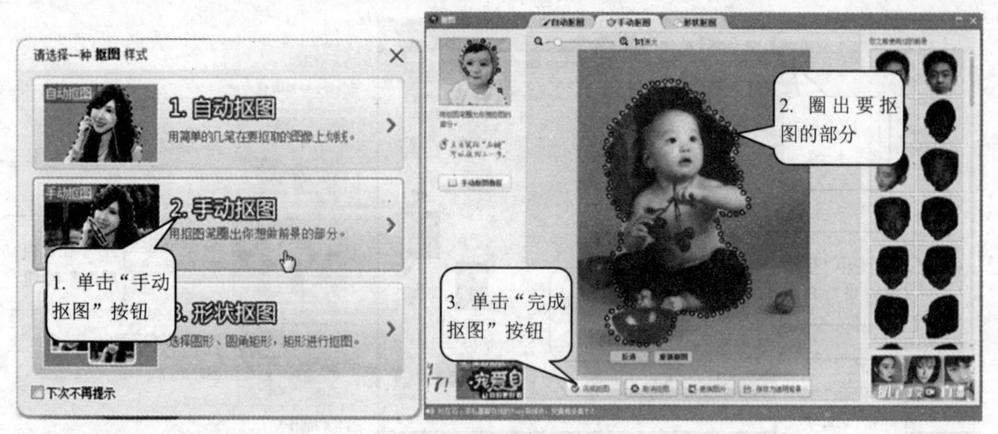

图 6-23　手动抠图

（3） 形状抠图

形状抠图顾名思义就是按照某种特定的形状来进行抠图。美图秀秀提供了圆形、矩形、圆角矩形、三角形、心型、星形 6 种形状，选择某一形状，然后在图片上拖动抠图笔，即可绘出相应形状，具体操作方法如图 6-24 所示。

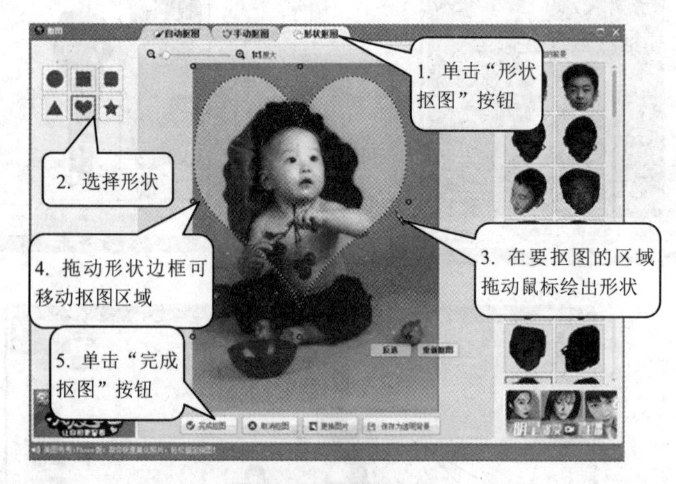

图 6-24　形状抠图

【拓展任务】——拍摄和上传照片与视频

检查自己上传的手机照片，用美图秀秀修复和修饰照片。

项目 6.3　加工处理音频与视频

在多媒体作品中，音频和视频也是常用的素材，但是我们从外界获取的素材可能并不完全符合需求，还需要对进行再加工，如截取部分声音或视频、合成音乐、制作影视作品等，这时就需要使用专业的软件对其进行加工处理。

通过本项目的学习，您将掌握以下内容：

◆ 音频、视频格式的转换。

◆ 用 Adobe Audition 加工处理音频。

◆ 视频处理软件“爱剪辑”的使用。

任务 6.3.1　音频、视频的格式转换

【知识准备】

1. 常见的音频文件格式

常见的音频文件格式及其特点和用途如表 6-4 所示。

表 6-4　常见的音频文件格式及其特点和用途

文件类型	特　点	主要用途
WAV	未经过压缩，文件较大	适合保存原始音频素材
MID/MIDI	音乐数据文件，用来记录声音的信息，文件较小	适合乐曲创作等
MP3	压缩率较高，音质稍次于 CD 格式或 WAV 格式，文件较小	适合网络应用、移动存储设备使用
WMA	压缩率高，音质高于 MP3 格式，但文件小于 MP3 格式	适合网络在线播放

2. 常见的视频文件格式

常见的视频文件格式及其特点和用途如表 6-5 所示。

表 6-5　常见的视频文件格式及其特点和用途

文件类型	特　点	主要用途
AVI	微软公司的标准视频文件格式，把视频和音频编码混合在一起储存，使用有损压缩方法，压缩率较高	在多媒体中应用较广
MPEG/MPG	采用 MPEG 有损压缩标准，压缩率很高	视频电影的主要格式
MP4	一种非常流行的视频格式，在任何媒体播放器上都能流畅播放	手机视频、网络电影等
MOV	美国 Apple 公司开发的一种视频格式，压缩率较高，视频清晰度高	支持 Mac OS 和 Windows 系列操作系统
ASF	微软公司推出的一种视频文件格式，使用 MPEG-4 压缩算法，压缩率和图像质量较高	适于通过网络发送多媒体流，或者在本地播放
WMV	微软公司推出的一种流视频文件格式，体积非常小	适合在网上播放和传输
RM	RealNetworks 公司开发的一种流媒体视频文件格式，文件小，但画质仍能保持的相对良好	适合用于在线播放
DAT	VCD 使用的视频文件格式，采用 MOEG 标准压缩而成	主要用于 VCD 光盘制作

3. 视频转换大师（Windows Video Convert）

由于音视频文件格式和媒体播放器众多，一种媒体格式不可能适用所有的播放器，一款播放器也不可能支持所有的媒体格式，因此有时候可能需要对媒体文件格式进行转换。支持音、视频文件格式转换的软件很多，如视频转换大师、格式工厂、视频转换精灵等。其中视频转换大师（Windows Video Convert）的默认程序界面及其中元素功能如图 6-25 所示。

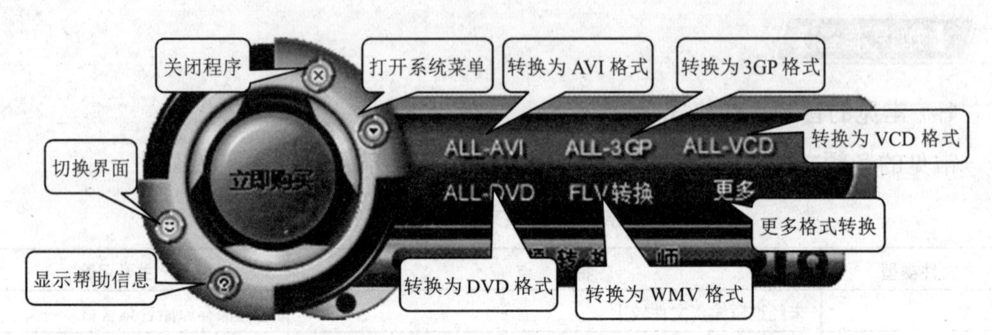

图 6-25 视频转换大师（Windows Video Convert）程序界面

【任务操作】

1. 音频文件格式转换

以将一首 MP3 音乐文件转换为 AVI 格式为例，使用视频转换大师转换音频文件格式的方法如图 6-26 所示。

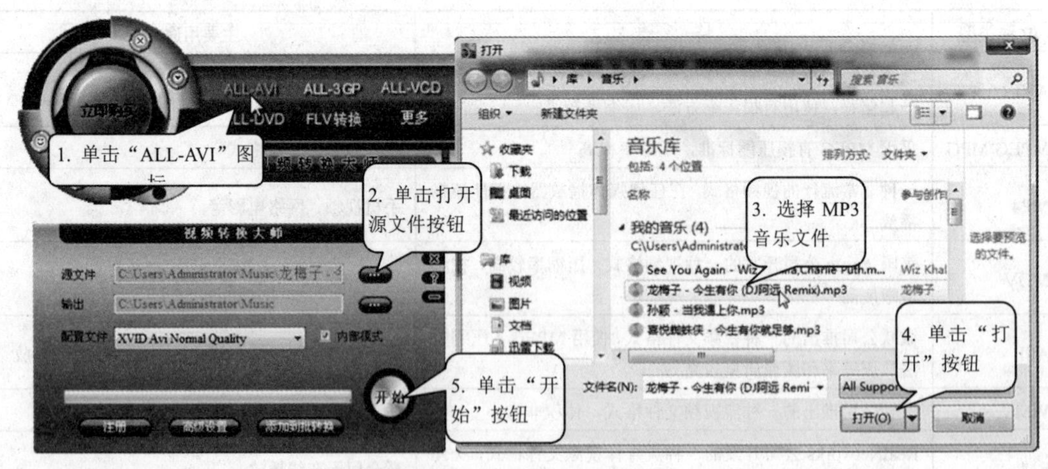

图 6-26 将 MP3 音乐文件转换为 AVI 格式

2. 视频文件格式转换

使用视频转换大师转换视频文件格式的方法与转换音频文件格式的方法基本相同，如图 6-27 所示。

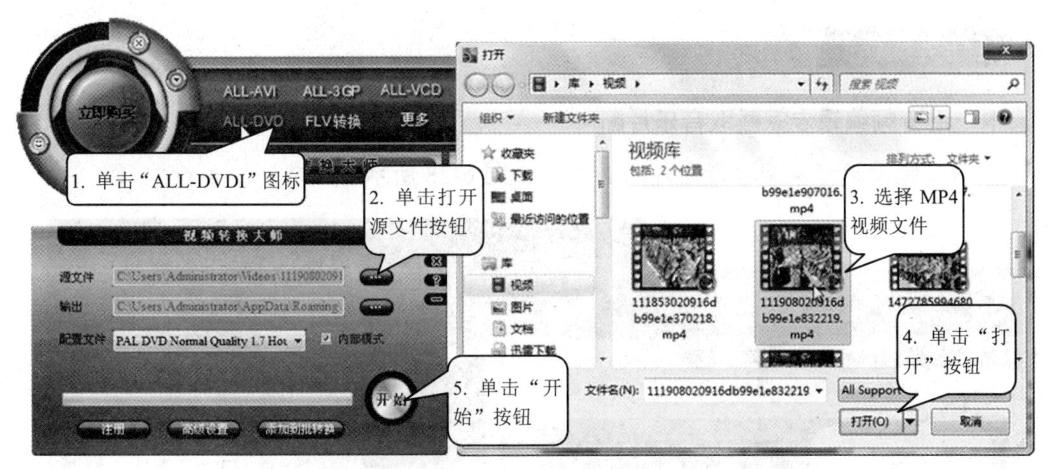

图 6-27　将 MP4 视频文件转换为 DVD 格式

任务 6.3.2　音频的编辑

【知识准备】

1. 音频编辑软件

当前的音频编辑软件很多，如 Cool Edit Pro 2.1 简体中文版、混录天王、adobe audition 3.0 中文版、mp3 splitter（mp3 剪切器）等。不同的音频编辑软件有其不同的特点，例如，使用 Cool Edit 可以记录自己的音乐、把音频烧制成 CD；使用混录天王可以无限制式多格式录音、音乐重混音录制、文件混音功能等；使用 Adobe audition 3.0 中文版可以创建音乐、录制和混合项目、制作广播点、整理音频与声音等；而 mp3 splitter 则是一款免费的 mp3 铃声剪切器，可以让由用户依据 mp3 文件大小和时长做为标准切割 mp3 文件。

2. 音频编辑专家

音频编辑专家是一款操作简单，功能强大的音频编辑软件，它是涵盖了音频格式转换、音频合并、音频截取、音量调整、铃声制作等功能的超级音频工具合集。

音频编辑专家具有以下功能：

（1） 音乐格式转换：可以在 MP3、WAV、WMA、AAC、AU、AIF、APE、VOC、FLAC、M4A、OGG 等主流音频格式之间任意转换。

（2） 音乐分割：把一个音乐文件分割成若干个小音乐文件，支持按照时间长度、尺寸大小、平均分配手动和自动等多种方式进行分割。

（3） 音乐截取：从一段音频中提取出需要收藏的部分，制作成一个音频文件。

（4） 音乐合并：把多个不同或相同的音乐格式文件合并成一个音乐文件。

（5） Iphone 铃声制作：专门制作 Iphone 手机铃声。

（6） MP3 音量调整：在没有任何音质损失的前提下，调节 MP3 歌曲的音量。能够在刻录音乐光盘前或者拷贝歌曲到手机前，将所有 MP3 歌曲的音量分析并调整到相同大小，欣赏歌曲的时候就再也不必经常调节播放器的音量了。

【任务操作】

1. 用音频编辑专家截取音乐片断

使用音频编辑专家截取音乐片断的方法如图 6-28 所示。

图 6-28　截取音乐片断

2. 分割音乐文件

使用音频编辑专家的音乐分割功能分为自动分割和手动分割两种，自动分割时只需指定平均分割的文件个数即可，手动分割则需要设置每个文件的大小，如图 6-29 所示。

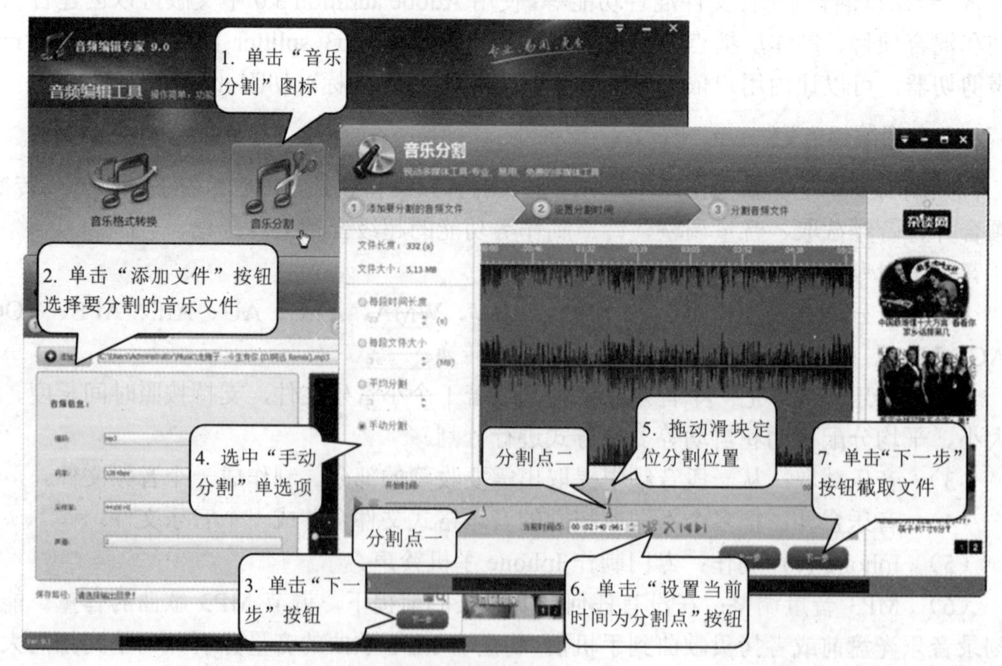

图 6-29　截取音乐片断

3.　合并音乐

使用音频编辑专家截取音乐片断的方法如图 6-30 所示。

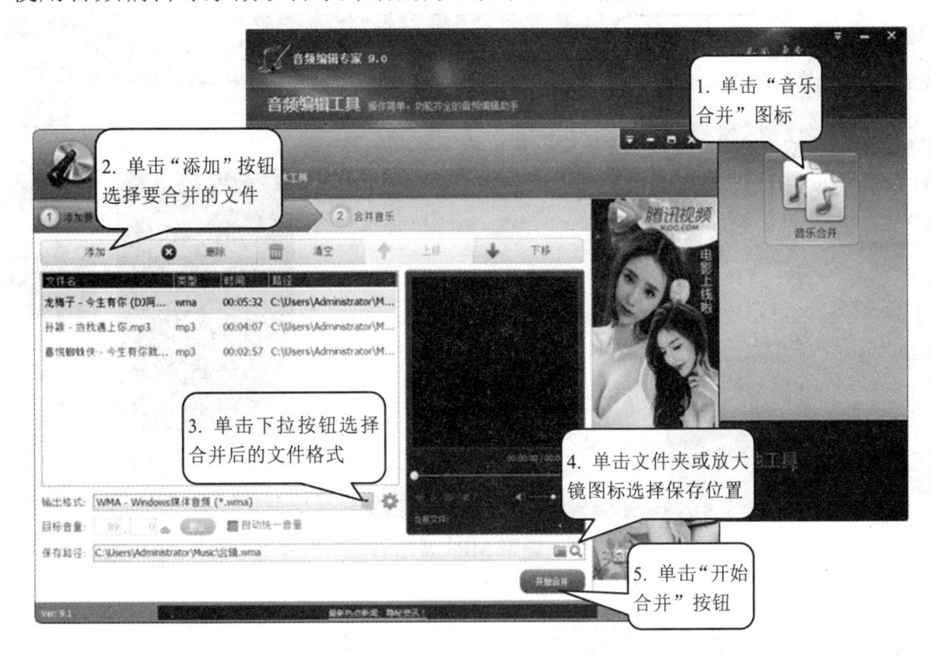

图 6-30　截取音乐片断

4.　制作 Iphone 铃声

使用音频编辑专家制作 Iphone 铃声的方法如图 6-31 所示。

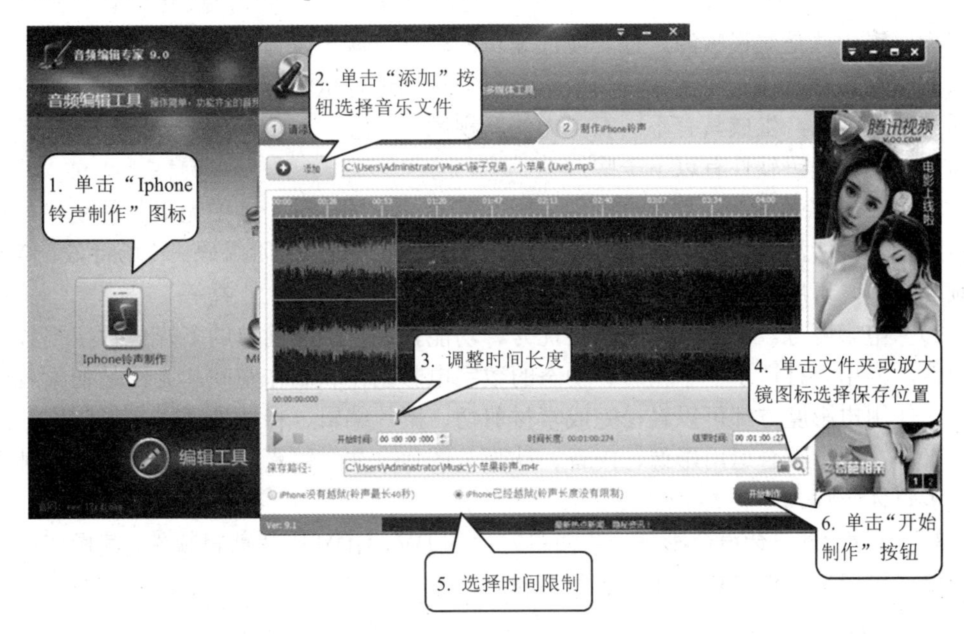

图 6-31　制作 Iphone 铃声

5. 调整 MP3 音乐音量

使用音频编辑专家调整 MP3 音乐文件音量的方法如图 6-32 所示。

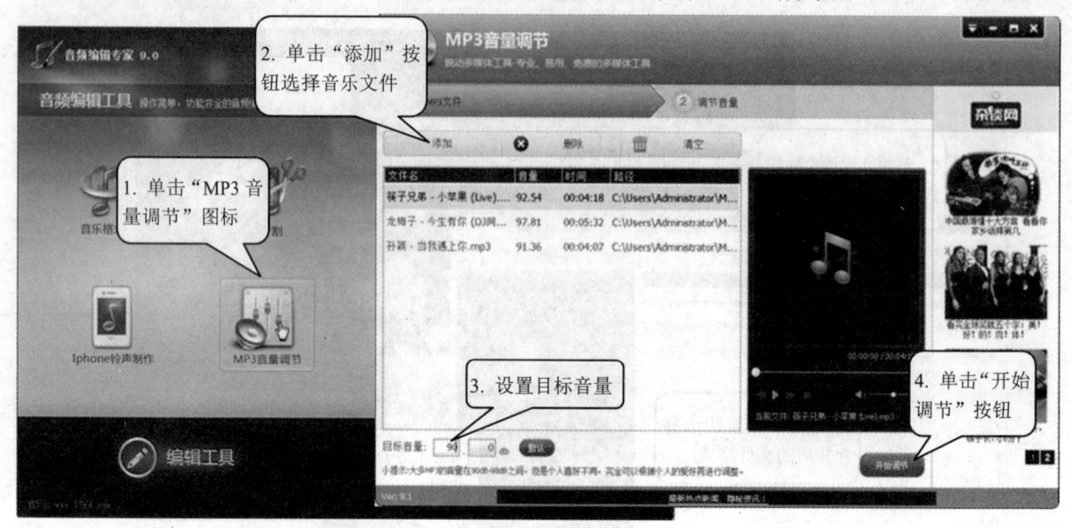

图 6-32　调整 MP3 音乐音量

任务 6.3.3　视频的编辑

【知识准备】

1. 视频编辑软件

视频剪辑软件是对视频源进行非线性编辑的软件，属多媒体制作软件范畴。软件通过对加入的图片、背景音乐、特效、场景等素材与视频进行重混合，对视频源进行切割、合并，通过二次编码，生成具有不同表现力的新视频。

常见的视频编码软件有以下一些：

（1） Sony Vegasv。一款整合影像编辑与声音编辑的软件，其中无限制的视轨与音轨是其他影音软件所没有的特性。在效益上更提供了视讯合成、进阶编码、转场特效、修剪、及动画控制等，可用于制作数位影像、串流视讯、多媒体简报、广播等。

（2） 电影魔方。电影魔方是品质优秀、功能强大、操作简单的多媒体数字视频编辑工具软件，为用户打造了一个精彩、动态的数字电影创作和制作空间。无论是初学者或资深用户，使用电影魔方都可以轻松完成素材剪切、影片编辑、特技处理、字幕创作、效果合成等工作，通过综合运用影像、声音、动画、图片、文字等素材资料，创作出各种不同用途的多媒体影片。

（3） 会声会影。会声会影是一款简单好用的 DV、HDV 影片剪辑软件，其操作简单、功能强悍，可用来制作 DV、HDV 影片剪辑。

2. 爱剪辑

爱剪辑是梦幻科技推出的一款免费国产视频处理软件，功能强大，简单易用，特效、字幕、素材、转场动画应有尽有。爱剪辑可以说是一款颠覆性的视频剪辑软件，其创新的人性化界面使得导入音视频的工作变得超乎简单，并且它几乎支持所有的视频格式，同时该软件不像其他视频处理软件那样对电脑硬件要求很高，如果电脑硬件性能不好，制作视频时会卡得要命。

爱剪辑提供了很多十分好用的功能，如随时能将一个视频分割 N 段，并快速踩点的“超级剪刀手”功能；如无限复制视频片段以实现鬼畜效果，无限复制贴图、字幕等参数，随意移动贴图、字幕到任意时间段的“复制”、“剪切”和“粘贴”功能；如视频一键美颜和一键调色功能；如水墨、风沙、火焰等各种炫酷的动态场景特效等等。

爱剪辑的界面直观清新，设计得非常贴心，其流程化引导会让用户感到非常亲切且容易上手。爱剪辑的程序界面与传统视频剪辑软件的雷同化界面设计有所不同，爱剪辑将时间轴变革到视频预览框，采用了更直观的所见即所得的编辑视频方式，淡化了传统视频编辑软件的时间轴设计，这一颠覆性的设计对于传统软件用户来说可能一时会不习惯，但对于新手与喜欢傻瓜式操作的用户来说，反而更容易上手。

爱剪辑核心功能的设计理念是“默认捆绑”，即当用户在某一段视频中的某一秒加入素材或声音等特效后，这个素材就会一直跟这一秒的视频绑定，无论移动这一段视频到哪个位置，这个特效都不会改变。这设计理念的好处是，用户再也不用因为剪掉了前面一段视频而导致后面的素材全都错位了。

爱剪辑有 5 个核心功能：添加视频并裁剪、字幕、素材、特效以及剪切、复制和粘贴。

【任务操作】

1.　使用爱剪辑新建视频文档

安装爱剪辑后，双击桌面上的“爱剪辑”快捷图标，即可打开程序界面，并同时打开一个“新建”对话框，在该对话框中输入所需信息和参数，即可新建一个视频文档，如图 6-33 所示。

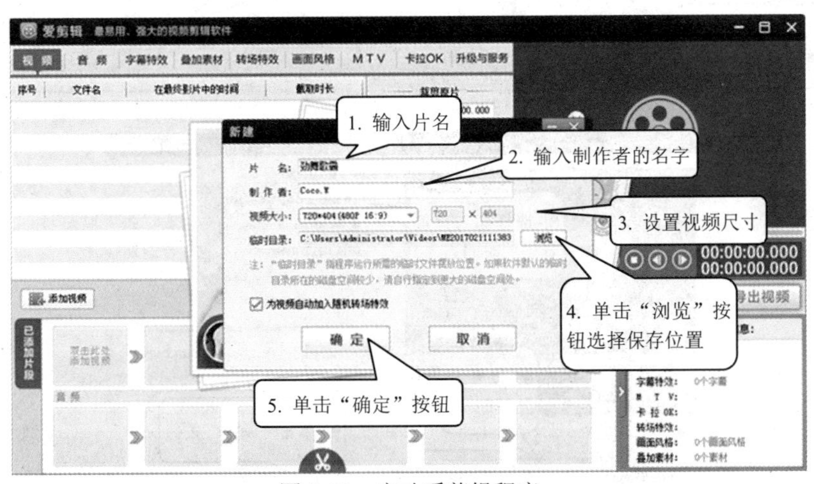

图 6-33　启动爱剪辑程序

2.　在爱剪辑中添加和剪辑视频

在爱剪辑中可以通过直接拖动的方法添加视频素材，如图 6-34 所示。

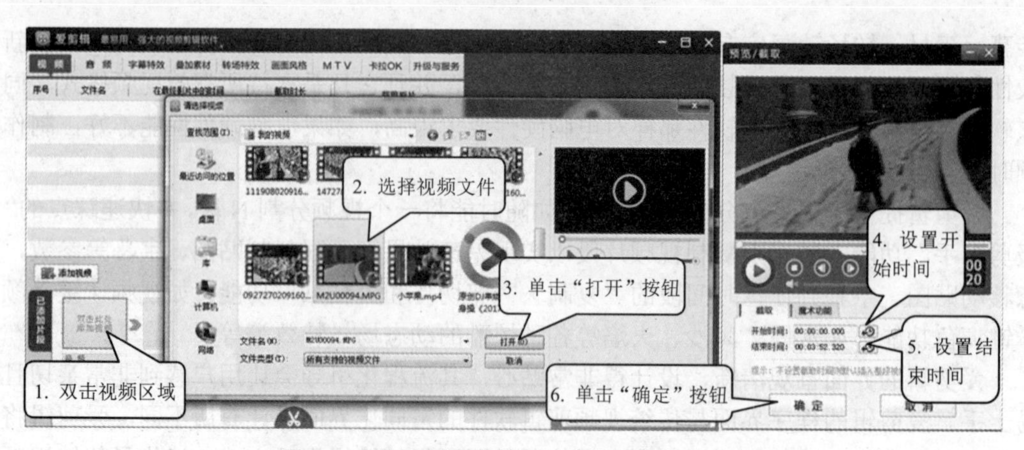

图 6-34　将视频文件拖到爱剪辑程序窗口中

3. 在爱剪辑中添加和剪辑音频

在爱剪辑中可添加的音频有音效和背景音乐，它们可以有效地烘托气氛，是影片中不可或缺的元素。添加音效和背景音乐的方法与添加视频相似，只是多了一个选择插入点的选项。例如，要为插入的视频文件添加背景音乐，操作方法如图 6-35 所示。

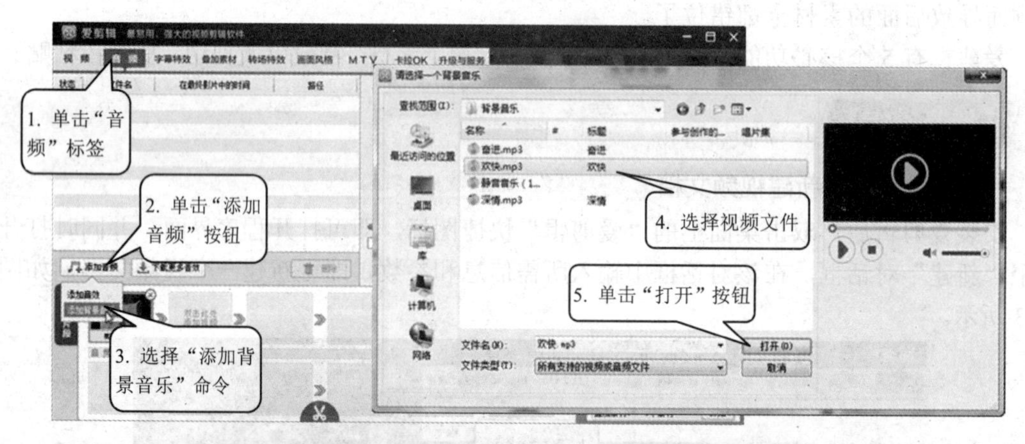

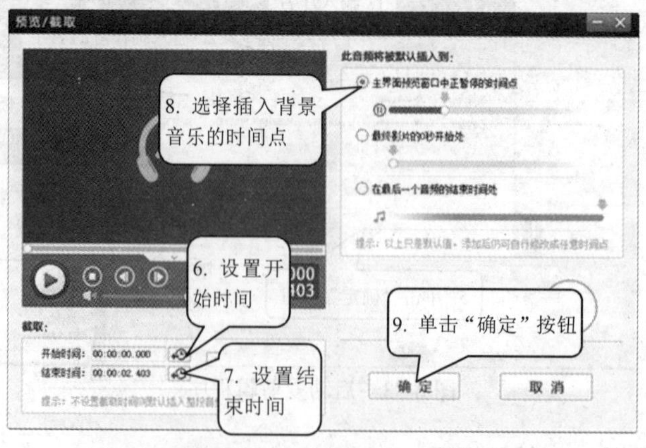

图 6-35　将视频文件拖到爱剪辑程序窗口中

4. 制作字幕

在爱剪辑不但可以非常容易地添加字幕，还可以设置各种字幕特效，包括字幕的出现特效、停留特效、消失特效等，爱剪辑捆绑设计理念的优点在这里可以完全体现出来，在某一时间或某一帧添加字幕后，该字幕将跟着这一秒这一帧走，绝对不会因为把这段视频挪动到其他地方就导致错位。在爱剪辑中制作字幕及设置字幕特效的操作方法如图 6-36 所示。

图 6-36　制作字幕

5. 设置画面风格

在爱剪辑中可以简单方便地设置视频的画面风格，它的这个功能非常实用，比如我们在使用手机拍视频时，有时可能不太注意手握方向，导致拍出来的视频传输到电脑上后方向是倒立或者躺着的，这时就可以使用爱剪辑的旋转画面功能让它瞬间旋转，且任意角度随意选。不但如此，爱剪辑的设置画面风格功能还可以在视频中添加各种趣味生动的艺术化创意效果，甚至可以为视频中的人物美容。

（1）　为单个视频片段应用画面风格

在爱剪辑中可以为单个视频片段一键应用画面风格，也可以为整个影片或影片中某一时间段添加画面风格。为单个视频片段应用画面风格的操作方法如图 6-37 所示。

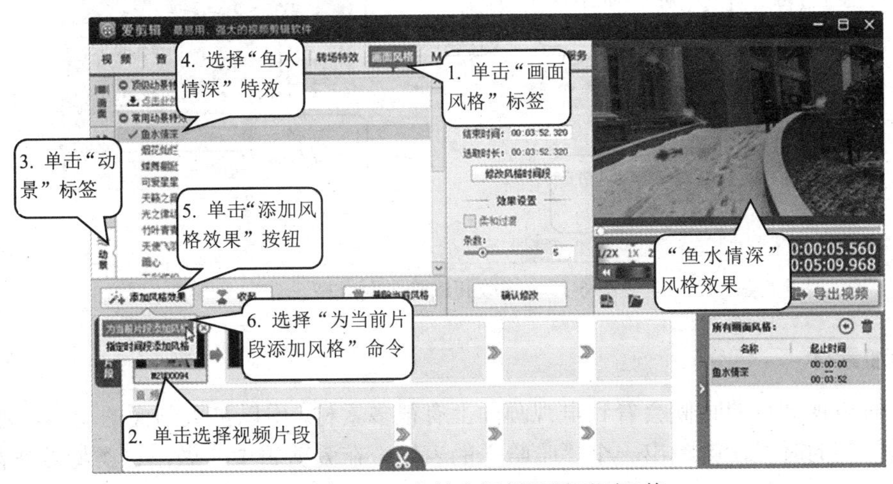

图 6-37　为单个视频设置画面风格

（2） 为整个影片或影片中某一时间段添加画面风格

在爱剪辑中还可以为整个影片或影片中某一时间段设置画面风格，在为影片中某一时间段添加画面风格时，需要设置开始时间和结束时间，如图 6-38 所示。

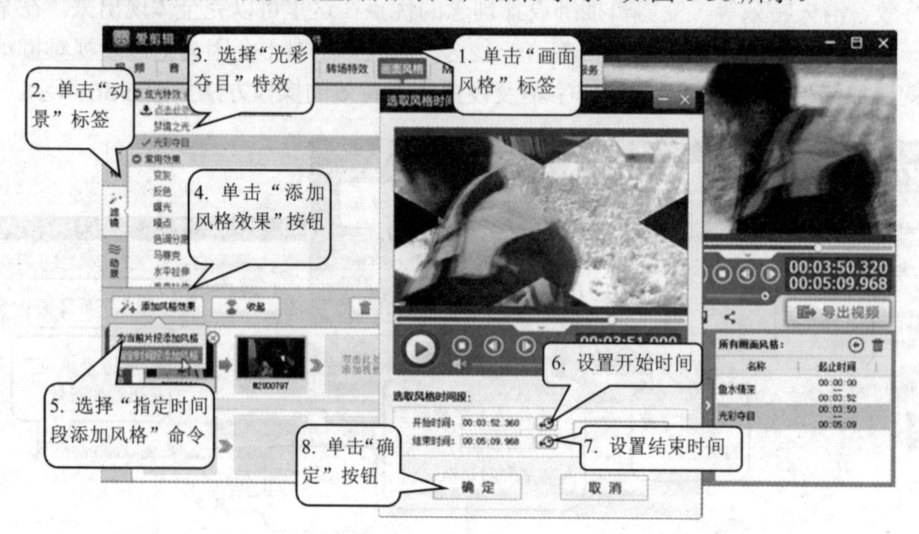

图 6-38 为影片中的一段时间设置画面风格

（3） 修改和删除已添加的画面风格

由于画面风格特效众多，我们在进行编辑时需要不断尝试，如果感觉已设置的画面风格不满意，就对其进行修改或将其删除。修改和删除已添加的画面风格的方法如图 6-39 所示。

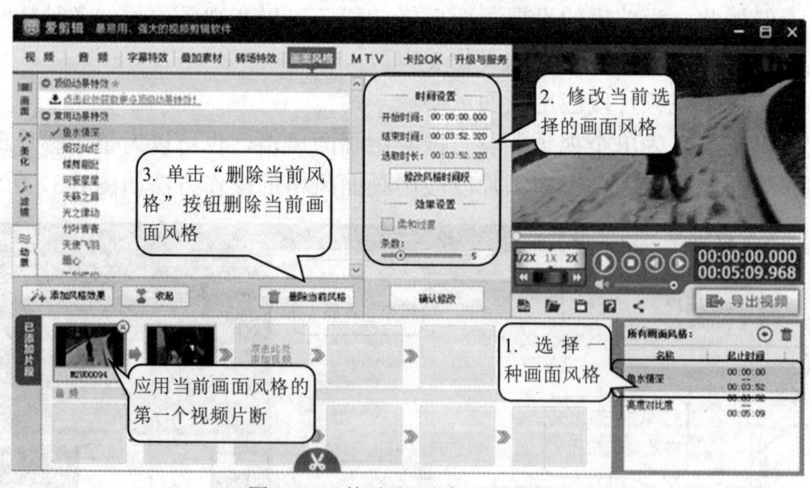

图 6-39 修改和删除画面风格

6. 叠加素材

我们在看电视节目的时候会看到电视画面上有很多素材，用以扩大画面的动感，例如，当某人哈哈大笑的时候，就蹦出一个“哈哈”的表情。在爱剪辑中，做出这类特效非常容易，如图 6-40 所示。

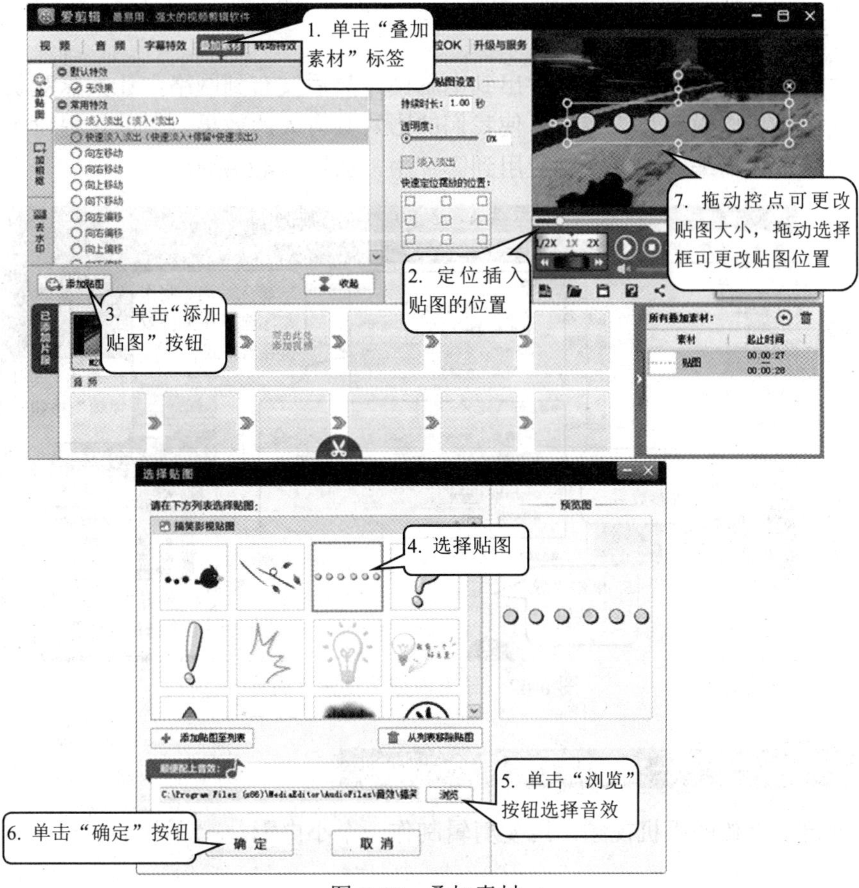

图 6-40　叠加素材

7. 设置转场特效

恰到好处的转场特效能够使不同场景之间的视频片段过渡更加自然，并能实现一些特殊的视觉效果，爱剪辑的转场效果不仅好看，而且应用起来更加简单快速，只需一键应用，无需进行复杂设置，如图 6-41 所示。

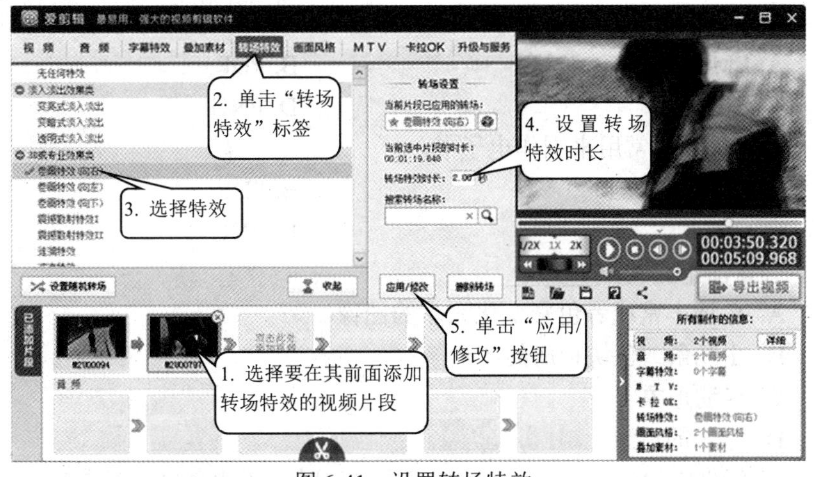

图 6-41　设置转场特效

8. 导出视频并设置片头特效

影片制作好后，就可以将其导出到电脑中，然后发布到网络，让大家观赏了。在导出视频时我们还可以设置片头特效，使我们的影片具有大片效果。爱剪辑提供了大量大片级的片头特效，无需编辑即可一键应用到影片中，如图 6-42 所示。

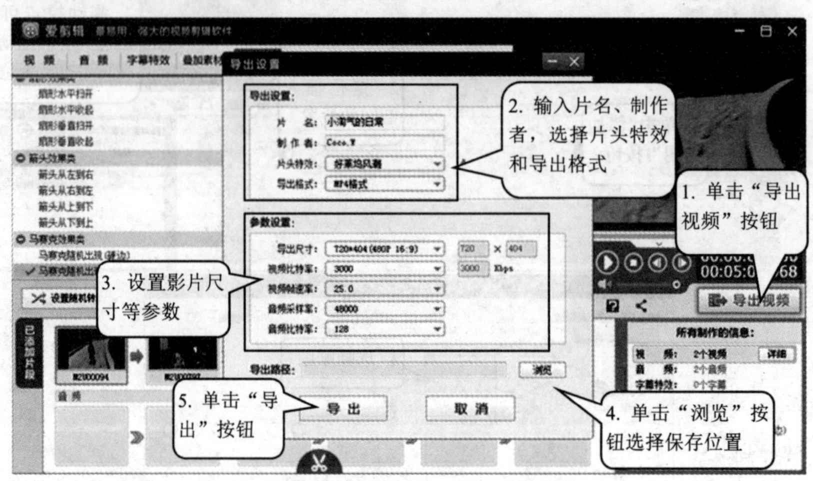

图 6-42　导出视频并设置片头特效

【拓展任务】——拍摄和上传照片与视频

检查自己上传的手机视频，用爱剪辑制作一个小电影。

思考与练习

1. 选择题

（1）________是 Windows 标准图像文件格式，BMP 以独立于设备的方法描述位图。

A. BMP　　B. PDF

C. GIF　　D. PNG

（2）________通常用来制作电子书。

A. BMP　　B. PDF

C. GIF　　D. PNG

（3）矢量图不宜制作__________。

A. 色调丰富或者色彩变化太多的图像

B. 由线条或色块构成的图形

C. 卡通形象

D. 夸张的造型

（4）在美图秀秀中进入__________编辑窗口时，图片会变成黑白效果。

A. 局部变色笔　　B. 消除笔

C. 局部彩色笔　　D. 魔幻笔

（5） 要使用美图秀秀消除照片中脸部的斑斑点点，可以使用________功能。

A. 磨皮　　B. 染色

C. 皮肤美白　　D. 祛痘祛斑

（6） 使用美图秀秀的取色笔可以________。

A. 染发　　B. 化妆

C. 消除黑眼圈　　D. 消除红眼

（7） ________文件未经过压缩，文件较大，适合保存原始音频素材。

A. WMA　　B. WAV

C. MP3　　D. MID

（8） 微软公司的标准视频文件格式是________。

A. WMV　　B. ASF

C. MP4　　D. AVI

（9） 爱剪辑捆绑设计理念的优点在_________时可以完全体现出来，在某一时间或某一帧添加该元素后，该元素将跟着这一秒这一帧走，绝对不会因为把这段视频挪动到其他地方就导致错位。

A. 添加音频　　B. 添加视频

C. 设置画面风格　　D. 制作字幕

（10） 在将手机拍摄的视频传输到电脑上时，如果发现视频方向是倒立或者躺着的，可以___________。

A. 重拍

B. 使用其他软件旋转视频方向

C. 使用爱剪辑的旋转画面功能让它瞬间旋转

D. 就让它倒立或者躺着吧

2. 填空题

（1） __________在计算机信息领域中是指文字、数据、图形、图像、动画、声音等一切信息载体，_________则是利用计算机技术同时对两种或两种媒体以上的媒体进行综合处理和管理。

（2） 计算机以__________或_________这两种格式来显示图形。。

（3） ___________以____________方式记录图像内容，以一系列的线段或其他造型描述一幅图像，内容以线条和色块为主。

（4） 在美图秀秀中抠图时，如果图片中要抠图的区域与其他区域色有极反差不大，需要__________。

（5） 爱剪辑核心功能的设计理念是________。

（6） 爱剪辑的 5 个核心功能是_______；_______；_______；_______；________。

（7） 在爱剪辑中为影片中某一时间段添加画面风格时，需要设置__________。

（8） 转场特效是指不同场景之间视频片段的_______效果。

（9） Windows 自带的________软件可以让用户通过麦克风录制外界的声音，并将其保存为音频文件。

（10）______格式的图像压缩比高，生成文件体积小，兼有GIF和JPEG的色彩模式。。

3. 判断题

（1） 用数据线连接手机和电脑时，Windows 操作系统会自动检测到手机并将其作为一个移动存储设备。（　　）

（2） 手机和电脑只能通过数据线相互连接。（　　）

（3） 如果在屏幕上以高缩放比率对位图进行缩放或以低于创建时的分辨率来打印位图，将会丢失其中的细节，并会呈现出锯齿。（　　）

（4） 矢量图文件占的容量相对较小，并且不会失真，精确度较高，可以制作 3D 图像。（　　）

（5） 平时我们所说的 PS 照片特指用 Photoshop 修改或者重组照片。（　　）

（6） 在美图秀秀中可以单独瘦腰瘦腿，而其他部位保持不变。（　　）

（7） 使用美图秀秀的抠图功能可以制作透明背景的图像。（　　）

（8） WMV 文件是微软公司推出的一种流视频文件格式，体积非常小，适合在网上播放和传输。（　　）

（9） 通过转换媒体文件格式可以让一款媒体播放机能够播放所有格式的媒体文件。（　　）

（10） 爱剪辑中的画面风格一经添加便不可删除。（　　）

4. 简答题

（1） 获取多媒体素材的渠道通常有哪些？

（2） 怎样把手机拍摄的照片和录相传送到计算机中？

（3） 常见的多媒体输入/输出设备有哪些？

（4） 常见的音频和视频文件都有哪些？各有什么特点？

（5） 音频编辑专家都有哪些功能？

（6） 视频剪辑软件有什么作用？

模块 7 因特网的应用

因特网又称 Internet，是一个覆盖全世界的最大的计算机网络系统，由成千上万台计算机、网络和无数用户组成，是世界范围内的信息资源的大型联合体。随着网络技术的不断发展与普及，社会已进入信息时代，网络对人们的学习、生活产生着巨大的影响，成为人们获取信息和传递信息的重要功能。因此，掌握 Internet 实用技术已成为必备的技能。

项目 7.1 连接 Internet

要享受 Internet 服务，首先需要把计算机连接到 Internet，并在计算机中进行相应的设置，以保证计算机和 Internet 处于联通状态。

通过本项目的学习，您将掌握以下内容：

- 将计算机接入 Internet。
- 设置 IP 地址。
- 将手机设置为 WLAN 热点。

任务 7.1.1 接入互联网

【知识准备】

1. 常见的入网方式

（1） 电话拨号接入。这种方式曾经兴盛一时，它利用公用电话交换网通过 Modem（猫）拨号实现用户接入，速度慢、容易掉线，现在已基本被淘汰。

（2） ADSL 接入。ADSL 技术是利用普通电话线为传输介质，使用 ADSL 设备接入网络。ADSL 和固定电话使用同一条线路，上网、打电话两不误。

（3） 小区宽带接入。小区宽带采用光纤接入，上网速度快，多为社区所用。

（4） 无线上网。无线上网是近年来流行的一种上网方式，它利用无线电波作为传输数据的媒介，传输速率和传送距离不如有线上网，但使用方便，不受连接线限制，因此深受喜爱，并在加速发展中。

2. 入网申请

要想使用 Internet 服务，用户需要先向网络运营商（如电信、网通等）申请开通网络服务，目前个人用户开通的多为 ADSL 上网方式。申请成功后，运营商会负责上门安装相关设备和协议，并分配给用户一组专有账号和密码。在操作系统中建立拨号连接，就可以使用上网账号和密码连接上网了。

【任务操作】

1. 建立 ADSL 连接

打开“控制面板”，选择“网络和共享中心”选项，弹出相应窗口，单击“设置新的连接或网络”，即可建立 ADSL 连接，如图 7-1 所示。

2. 接入 Internet

建立了 ADSL 连接后，在“网络和共享中心”窗口中选择“更改适配器设置”选项，即可打开“网络连接”窗口，查看连接状态。如果显示“已连接”，表示已经接入 Internet，如果断网需要重新连接，可单击连接图标，在弹出的对话框中输入用户名和密码，重新连接上网，如图 7-2 所示。

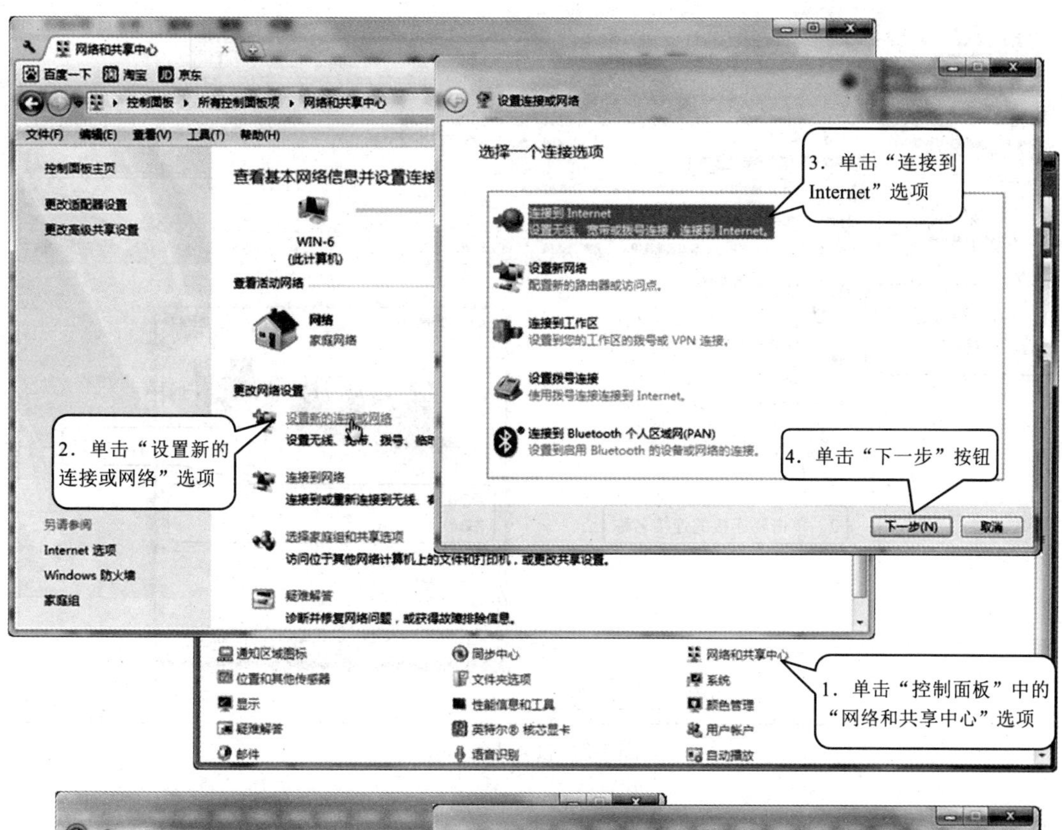

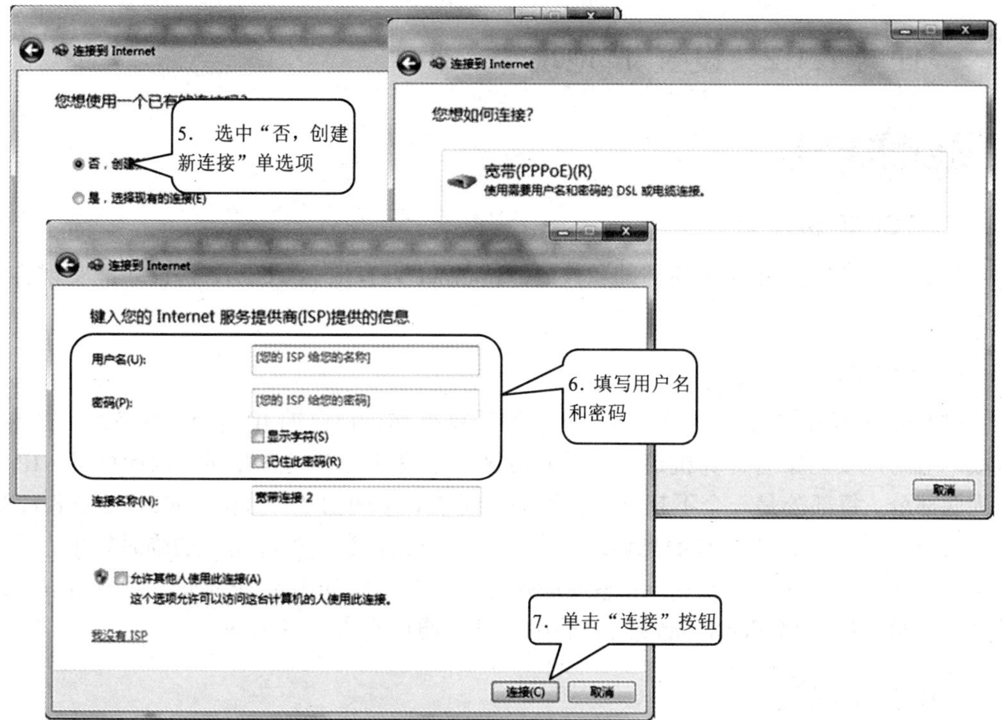

图 7-1　建立 ADSL 连接

图 7-2　接入 Internet

任务 7.1.2　设置 IP 地址

【知识准备】

1. TCP/IP 协议

TCP/IP 协议是 Internet 的基础和核心，Internet 只有依靠 TCP/IP 协议才能实现各种网络的互联。

2. IP 地址

IP 地址（网际协议）：每个 Internet 上的计算机都有自己的 IP 地址。由 32 位二进制数组成，当用户要与某台计算机连接，只要拨这个号码就可以找到并连接该计算机。IP 地址分为四部分，每部分是一个不超过三位数的十进制，中间由“.”分隔，如：192.168.128.1。

IP 地址分为动态地址和静态地址。动态地址是运营商分配给用户的临时地址，并且不固定，可能每次上网都会改变；静态地址则是运营商分配的固定 IP 地址，用户可以把这个地址分配给 ADSL Modem，局域网中的用户可以通过它来共享上网。

【任务操作】

打开“网络连接”窗口，配置 TCP/IP 协议参数，如图 7-3 所示。

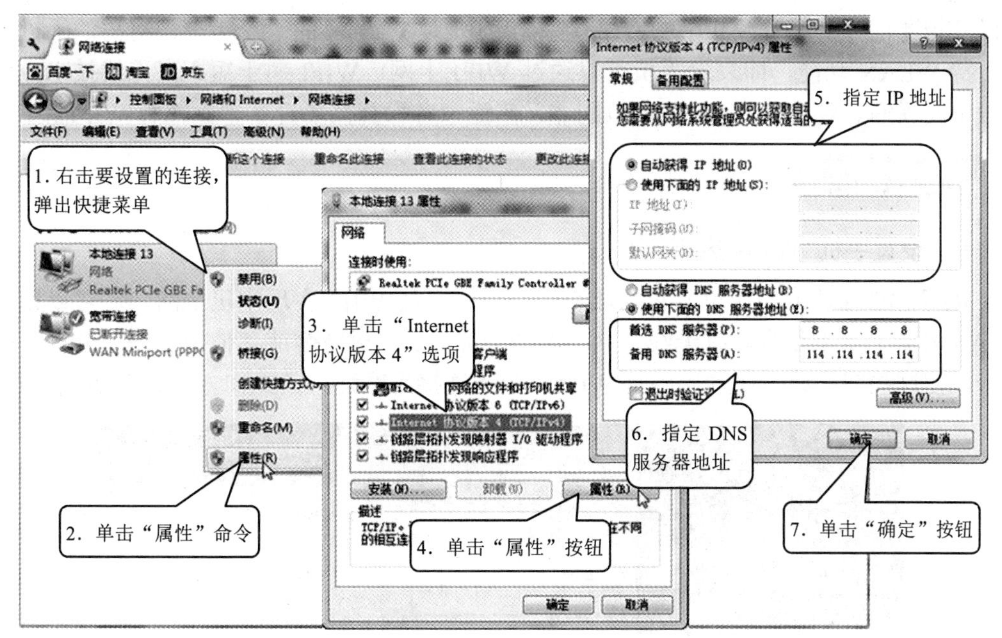

图 7-3　配置 TCP/IP 协议参数

任务 7.1.3　手机 WLAN

【知识准备】

1. 4G 和移动互联网

4G 是指第四代移动通信技术，现在常说的 4G 手机使用的就是 4G 技术，是在 3G 技术基础上的升级版。4G 技术与计算机网络融合建立了移动互联网。

移动互联网技术是指将移动通信技术和互联网技术结合起来，以宽带 IP 为技术核心，为智能手机、平板电脑等移动终端设备提供网络服务，其应用平台，如图 7-4 所示。

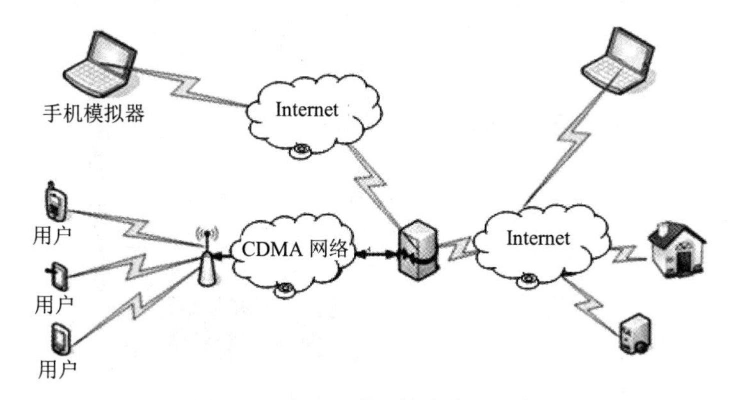

图 7-4　移动互联网技术应用平台

2. WLAN 和 WIFI

WLAN 的中文名称是无线局域网，是应用无线通信技术将计算机设备互联起来，构成可以互相通信和实现资源共享的网络体系。WIFI是WLAN的一个标准，目前的手机一般都支持WLAN功能，即表示手机可以通过WIFI上网。WIFI属于短距离无线技术，通过无线电波联网。目前WIFI的覆盖范围非常广泛，各种公共场合基本上都有WIFI接口。

【任务操作】

1. 设置手机WLAN热点

3G和4G手机具有上网功能，不仅可以通过无线WIFI实现本机上网，还可以设置为WLAN热点，用来作为具有无线上网功能的计算机、平板电脑或其他手机等智能设备的路由器。使这些智能设备通过该手机WLAN热点连接到网络。其操作方法如图7-5所示。

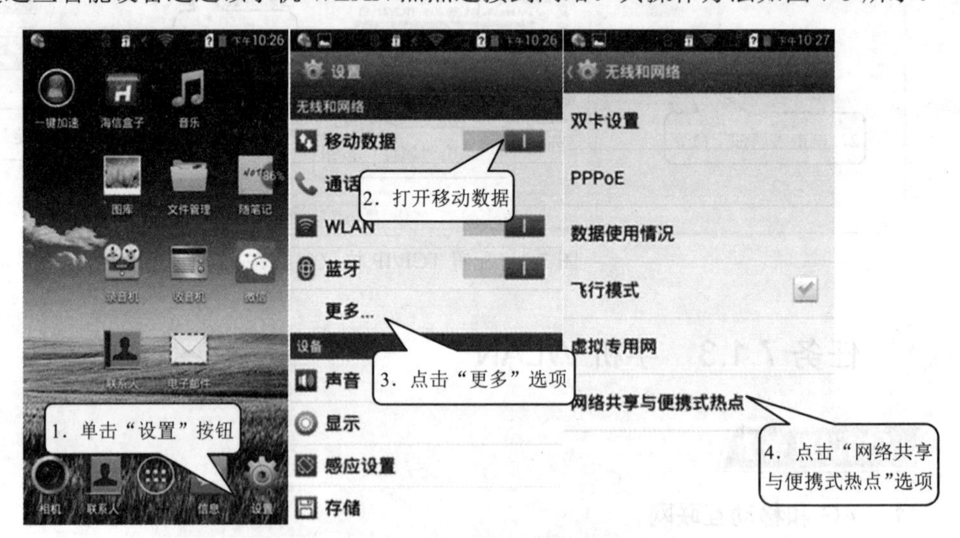

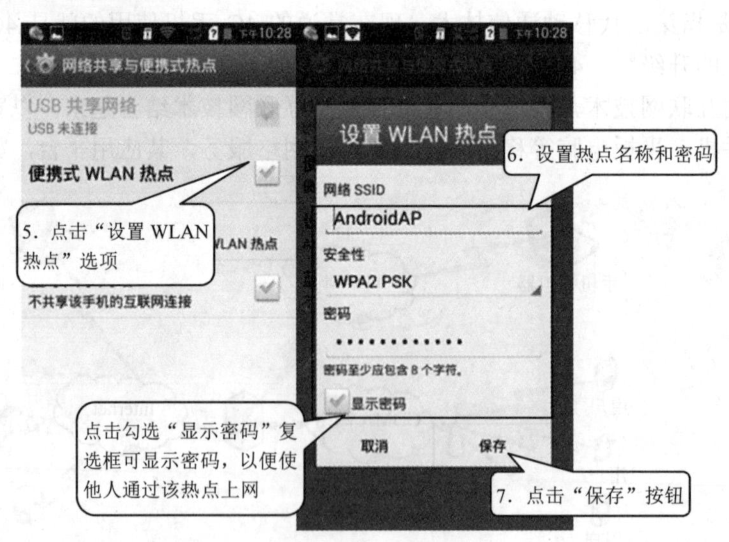

图7-5 设置手机WLAN热点

2. 连接其他智能手机

手机WLAN设置完成后，其他手机用户就可以通过该热点连接网络，操作方法如图

7-6 所示。

图 7-6　通过手机热点连接网络

【拓展任务】

搜索附近的免费热点，试试可否用自己的手机联上网络。注意不要轻易点开陌生链接。

项目 7.2　获取网络信息

互联网是一个巨大的信息宝库，其涵盖的内容五花八门，无所不包。我们可以从网络中搜索到很多想了解的信息。在获取网络信息时，我们经常需要用到两个重要的工具：浏览器和搜索引擎。前者是浏览信息的窗口，后者则是搜索工具。

通过本项目的学习，您将掌握以下内容：

- 用浏览器浏览网页。
- 保存网页或网页中的内容。
- 使用搜索引擎搜索信息。

任务 7.2.1　浏览器的使用

【知识准备】

1. 浏览器

浏览器是一种用来浏览网络信息的应用软件，目前常见的浏览器除了 Windows 自带的

IE 浏览器外，还有 360 浏览器、QQ 浏览器、谷歌浏览器、火狐浏览器等。

（1） Internet Explorer 浏览器

Internet Explorer 浏览器简称 IE，内置在 Windows 操作系统中，拥有广泛的用户群体。IE 内置了一些应用程序，具有浏览、发信、下载软件等多种网络功能。

在桌面上双击 Internet Explorer 图标即可启动 IE 浏览器，其窗口界面如图 7-7 所示。

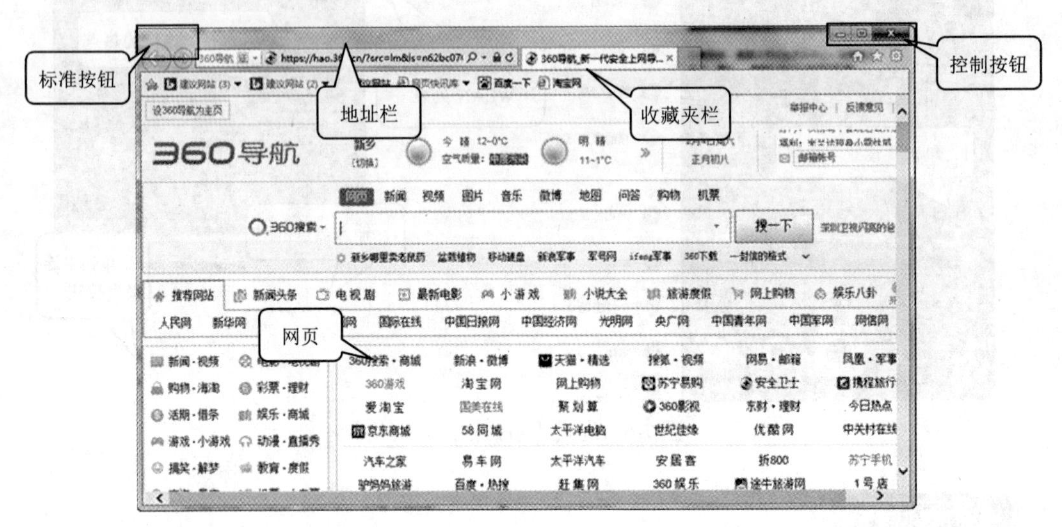

图 7-7　IE 窗口界面

标准按钮工具栏中主要按钮的功能如表 7-1 所示：

表 7-1　标准按钮工具栏中主要按钮的功能

按钮名称	图　　标	功　　能
后退、前进	后退	显示已浏览过的上一张（下一张）网页
停止		停止传送网页
刷新		重新整理画面的内容
主页		回到所设定的首页
搜索	搜索	在窗口左方出现搜寻画面
收藏夹	收藏夹	收藏自己喜欢的网站
历史		查看历史记录

（2） 其他浏览器

除了 IE 浏览器外，360 安全浏览器和 QQ 浏览器也是众多用户使用的网络浏览器。其中 360 安全浏览器是因特网上安全好用的新一代浏览器，拥有国内领先的恶意网址库，采用云查杀引擎，可自动拦截木马、欺诈、网银仿冒等恶意网址，其独创的“隔离模式”可以让用户在访问木马网站时也不会感染，无痕浏览功能则能够更大限度保护用户的上网隐私；QQ 浏览器则是一款采用 Trident 和 Webkit 双引擎的网页浏览器。

2. 网址

网址又称 URL，是统一资源定位器，用来描述网页的地址。所有网页都有一个网址，用来表示网页所在的主机名称及存放的路径。网址的格式为：访问协议：//〈主机.域〉[:端口号]/路径/文件名，如 http://www.sina.com.cn。

（1） 访问协议：是指获取信息的通信协议。http 代表超文本协议，表示要访问 WWW 服务器的资源。

（2） 主机.域：部分表示服务器名。它可以是域名，也可以是 IP 地址，如 sina.com.cn。字母不分大小写。

（3） 端口号：可选项，表示通信端口，通常不需要给出。

（4） 路径/文件名：为要查找主机上的网页所通过的目录路径和网页的文件名，通常不需要给出。

3. 网页文件的保存类型

（1） 网页。按网页原始格式保存显示网页时所需的所有文件，包括文字、图片、视频、框架等。

（2） Web 档案。把网页中的所有内容都保存在一个扩展名为.mht 的文件中。

（3） Web 页。只保存网面中的文字内容，扩展名为.html。

（4） 文本文件。将网页中的文本保息保存为扩展名为.txt 的文本文件中。

【任务操作】

1. 用 IE 浏览器浏览网上信息

在网络连通的状态下，打开 Internet Explorer 浏览器，在地址栏中输入网站的地址，就可以访问该网站了，单击网站首页中的超级链接，可以跳转至其他的网页，如图 7-8 所示。

图 7-8　用 IE 浏览器浏览网页

2. 收藏站点

收藏站点是指将网址保存在收藏夹中，以后需要浏览该站点时就可以从收藏夹中打开该站点。收藏站点的操作方法如图7-9所示。

图7-9 收藏站点

3. 保存图片

浏览网页时，如果对网页上某个图片感兴趣，可以单独将其保存到本地计算机中，如图7-10所示。

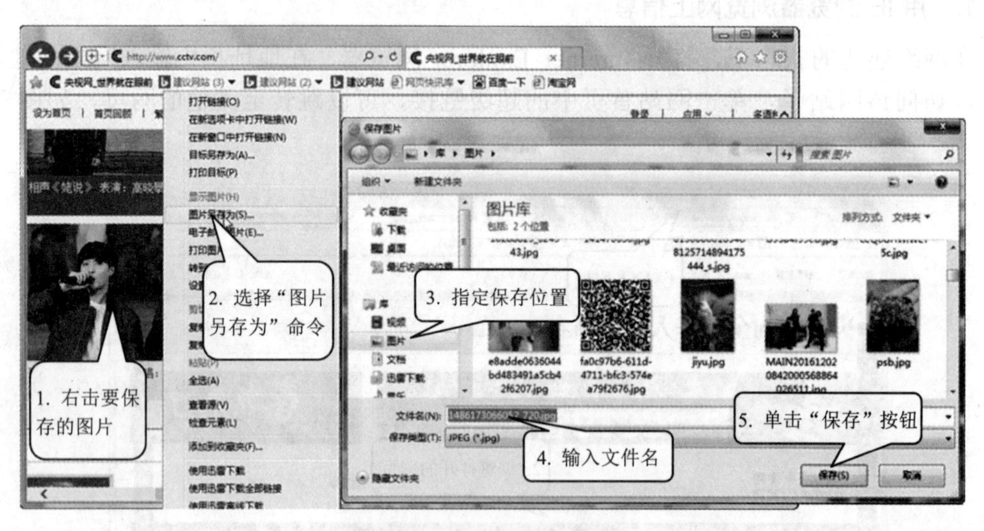

图7-10 保存网页中的图片

4. 下载音乐文件

网页中的音乐文件可以通过音乐播放软件下载到本地计算机或手机，例如，要用“QQ音乐”应用软件下载一首流行歌曲，首先要运行QQ音乐，然后执行下载操作，如图7-11所示。下载的音乐文件可以在“库\音乐”文件夹中找到。

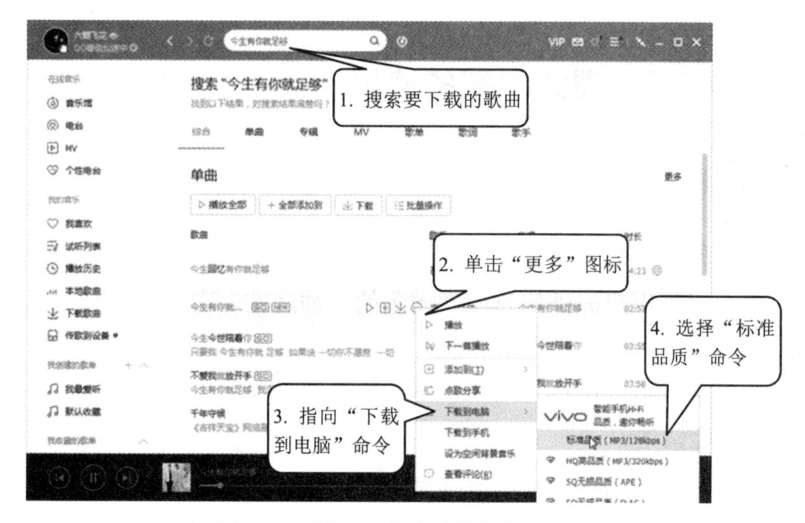

图 7-11　用 QQ 音乐下载歌曲

5. 下载视频文件

与下载音乐文件类似，网页中的视频文件可以通过视频播放器下载到本地计算机中。例如，想要下载优酷网上的某个视频文件，操作方法如图 7-12 所示。

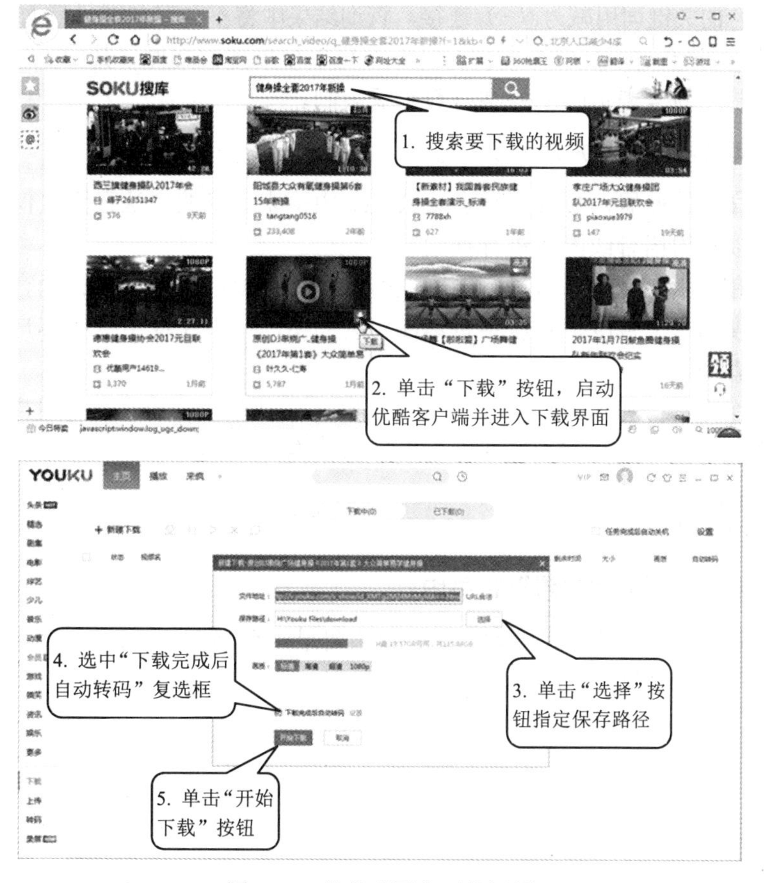

图 7-12　从优酷网上下载视频

任务 7.2.2　搜索引擎的使用

【知识准备】

1. 常用的搜索引擎

搜索引擎是指为用户提供信息检索服务的一种网站，它可以将网上的所有信息进行归类，以帮助用户迅速找到所需要的信息。目前常用的搜索引擎有百度、谷歌、搜狗等，常用的搜索方式则有关键词检索和分类目录式检索两种方式。

2. 关键词检索法

使用搜索引擎查找信息的常用方法是关键词检索，即在搜索框中输入关键词，搜索引擎即给出所有包含该关键词的网页链接。用户可以使用一定的逻辑组合方式设置关键词，关键词越严谨，给出的结果就越精确。

关键词的输入规则如下：

（1）给关键词加上半角双引号，可实现精确查找。

（2）组合的关键词用加号（+）连接，查询结果中将同时包含各个关键词。

（3）组合的关键词用减号（-）连接，查询结果中将不会存在减号后面的关键词内容。

（4）使用通配符星号（*）和问号（？）可以模糊搜索文件。其中星号表示匹配的字符数量不受限制；问号表示匹配的字符数量受限制。

3. 搜索网络资源的新方法

随着信息技术的发展，搜索引擎在 Internet 中检索信息的方法已不仅仅局限于文字搜索，用户还可以利用语音或图像进行搜索。

（1）语音搜索：使用语音进行检索或查询，如百度语音搜索以移动客户端为主要平台，内嵌于百度的掌上百度、百度手机地图等产品中，用户在使用这些客户端产品时就可以体验语音搜索功能。

（2）图像搜索：利用图片内容、透视和颜色等因素来搜索近似的图片。在谷歌浏览器中还可以直接将图片拖拽到浏览器中，快速搜索图片。

【任务操作】

1. 用 360 导航搜索“动漫”相关内容

360 导航是一个分类目录式检索网站，单击目录“动漫”，即可进入“动漫”对应的网站，浏览相关内容，如图 7-13 所示。

图 7-13　用 360 导航搜索“动漫”相关内容

2.　用百度搜索人物图片

在浏览器地址栏中输入“百度”或百度站点的地址 www.baidu.com，转到百度搜索引擎，选择“图片”选项并搜索“人物”，即会弹出搜索结果，如图 7-14 所示。

图 7-14　用百度搜索人物图片

3.　查找包含有文本“计算机知识”且文件类型为 DOC 的文件

文件类型搜索是在“搜索”框中以“关键词+空格键+filetype:文件扩展名”的形式进行搜索的，即搜索包含关键词的指定类型的文件。

打开百度搜索引擎，选取“网页”选项，在搜索框内输入搜索内容：计算机知识 filetype:doc，然后单击“百度一下”，即可查找到包含有文本“计算机知识”且文件类型为 DOC 的文件，如图 7-15 所示。

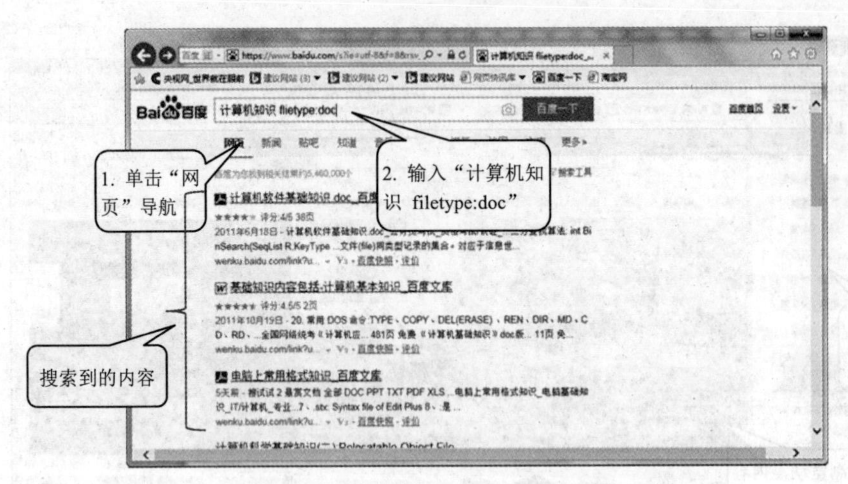

图 7-15　搜索包含关键词的指定类型的文件

【拓展任务】

1. 打开百度搜索：http://www.baidu.com/，按照本任务所述的方法，下载你喜欢的音乐、电子书和视频。

2. 在 Internet 上搜索并下载 QQ 最新版本软件。

3. 打开自己 QQ，上传你自己的照片到 QQ 空间。

项目 7.3　收发电子邮件

电子邮件又称 E-mail，是一种用电子手段提供信息交换的通信方式，是 Internet 应用最广的服务。通过网络的电子邮件系统，用户可以用非常低廉的价格和快速的方式，与世界上任何一个角落的网络用户联系，这些电子邮件可以是文字、图像、声音等各种方式。

通过本项目的学习，您将掌握以下内容：

- 申请免费电子邮箱。
- 发送和收取电子邮件。

任务　申请和使用免费邮箱

【知识准备】

1. 收发电子邮件的方式

收发电子邮件的方式有两种：一种是使用 IE 浏览器在网上收发电子邮件，另一种是使用客户端软件收发电子邮件。

2. 电子邮件地址的构成

电子邮箱是邮件服务器上的一块存储空间。收取电子邮件是从邮件服务器上把邮件“拿回”自己的计算机中，发送电子邮件则是把自己计算机上的邮件“投入”邮件服务器中。

电子邮件地址：由用户名和邮件服务器组成，之间用符号@隔开。用户名由字母、数字或字母与数字的组合，但中间不能有空格，如图 7-16 所示。

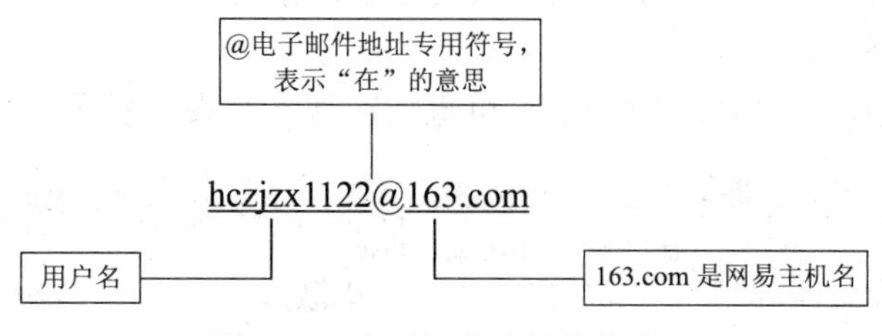

图 7-16　电子邮件地址的构成

【任务操作】

1. 申请 163 免费电子邮箱

（1） 双击桌面上的浏览器，在浏览器地址栏中输入：http://www.baidu.com，转到百度搜索引擎，搜索“163 邮箱注册”，在网页中即会出现“163 网易免费邮箱官方登录”链接，单击该链接下方的“注册邮箱”超链接文本，即可注册 163 免费邮箱，如图 7-17 所示。

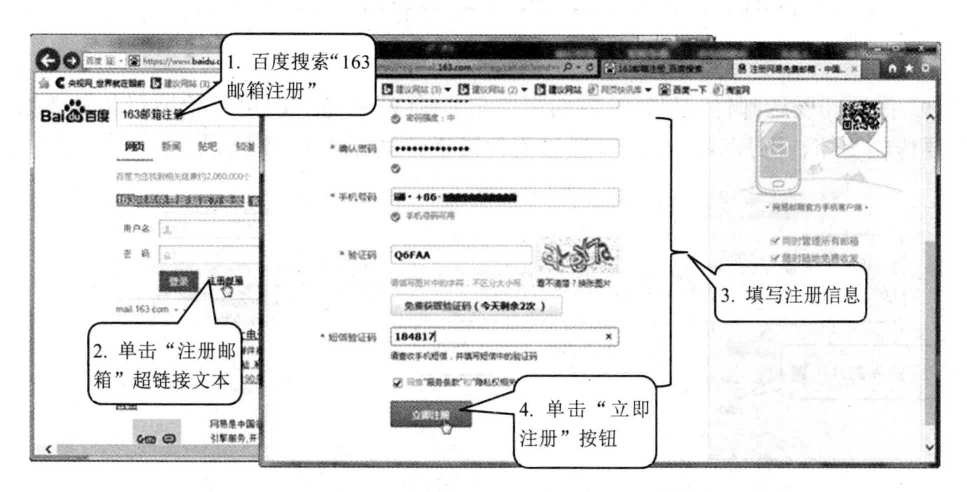

图 7-17　注册 163 免费邮箱

2. 用 IE 浏览器在网上收发电子邮件

申请到电子邮箱后，就可以使用它来给他人发送电子邮件了，同时也可以接收他们的来信。在给别人发邮件时，要先知道收信人的电子邮箱地址。用 IE 浏览器在网上收发电子邮件的操作方法如下：

（1） 登录邮箱。百度“163 邮箱”，可直接在搜索结果中登录邮箱，如图 7-18 所示。

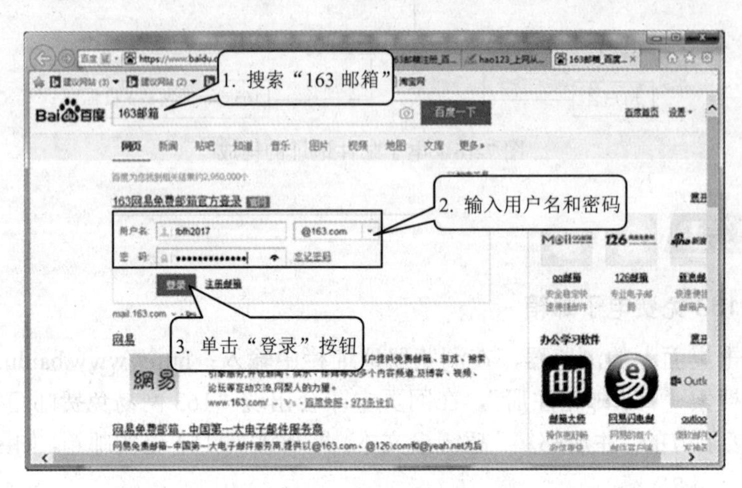

图 7-18　登录邮箱

（2） 撰写和发送邮件。在邮箱界面中单击“写信”按钮，即可开始撰写和发送邮件，如果需要传输文档、图片等文件，可通过附件发送，如图 7-19 所示。

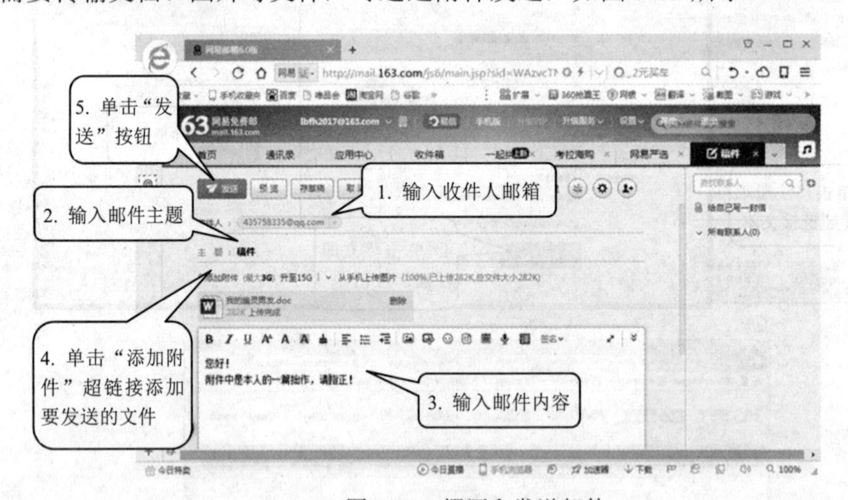

图 7-19　撰写和发送邮件

（3） 接收和阅读邮件。单击“收信”按钮，打开要阅读的邮件的“主题”，即可接收和阅读来信，如图 7-20 所示。

图 7-20　接收和阅读邮件

（4） 回复、转发和删除邮件。打开邮件，单击“回复”、“转发”或“删除”按钮可回复邮件、转发邮件或删除邮件，如图 7-21 所示。回复邮件时，系统会自动填写收件人的地址，其他操作与撰写、发送邮件一样。

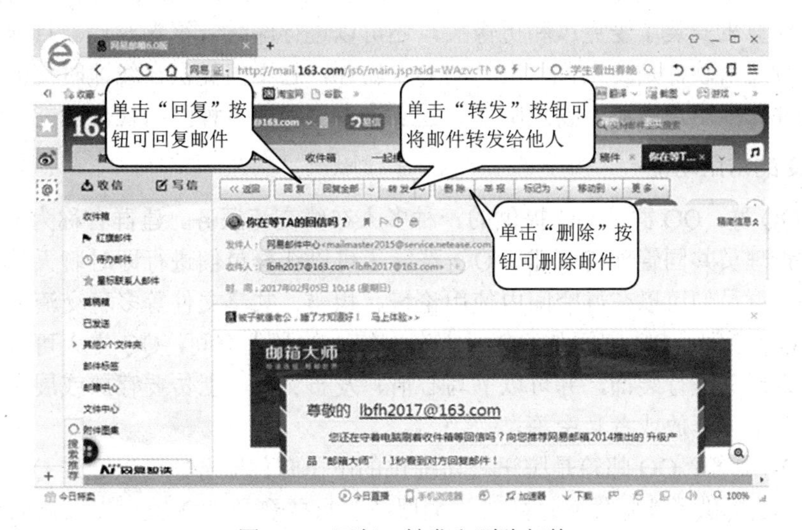

图 7-21　回复、转发和删除邮件

【拓展任务】

（1） 按照本任务申请邮箱的方法，到网易申请一个 163 免费邮箱。

（2） 登录你申请的邮箱，向你的朋友写一封信，把你在学校的情况告诉她并在附件里附上你的一张学校生活照。

（3） 打开自己的邮箱，接收电子邮件，阅读后回复发件人。

项目 7.4 使用网络服务

Internet 提供的服务非常丰富，除了浏览信息、收发电子邮件外，还可以在线聊天、网上购物、网上求职、拥有自己的网络空间等。

通过本项目的学习，您将掌握以下内容：

◆ 即时通信工具 QQ 的安装与使用。

◆ 博客与微博的开通与使用。

◆ 网上求职、网上购物等常用网络服务的使用。

任务 7.4.1 网络即时通信工具

【知识准备】

1. 即时通信软件

即时通信软件俗称网上聊天工具，它可以让世界各地的人成为好友并进行“面对面”交流，如果计算机安装了麦克风和摄像头，还可以进行即时音视频对话。目前在国内应用最火爆的即时通信软件是腾讯公司出品的 QQ 软件，它不但提供在线即时交流功能，还集成了传递文件、多用户交流、收发邮件、建立个人空间等多种网络社交功能。

2. QQ 的常用功能

（1） QQ 群：QQ 群是 QQ 提供的一种多人在线交流服务。建群者称为群主，群主可以设置多名管理员共同管理 QQ 群。QQ 群除了可以让群员们进行即时聊天外，还提供了群空间服务，群员们可以在群空间内使用论坛、相册、共享文件等多种交流方式。

（2） QQ 空间：QQ 空间是 QQ 主人在网络上的私人空间，QQ 主人可以根据自己的爱好和需要来对其进行装饰，并可以书写心情、发布文章、上传要存放或展示的内容，以及设置开放、部分开放或者私密等。

（3） QQ 邮箱：QQ 邮箱是腾讯公司提供的电子邮件服务，可以通过 QQ 面板直接登录。QQ 邮箱还提供了新邮件到达随时提醒服务，只要登录 QQ 就可以及时收到提醒并处理邮件。

（4） QQ 微云：微云是腾讯公司提供的一项智能云服务，用户可以通过微云及时在手机和计算机之间同步文件、共享照片或传输数据。当用户将文件上传到微云后，可以用任意一台计算机登录微云下载使用微云中存储的文件。

【任务操作】

1. QQ 的下载与安装

百度搜索“QQ 下载”，即可找到下载链接，单击“立即下载”按钮，即可下载腾讯 QQ，如图 7-22 所示。

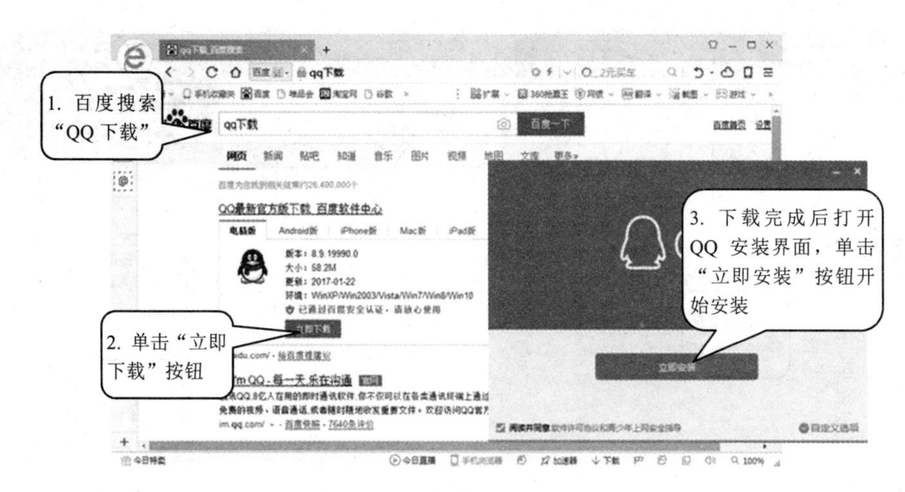

图 7-22　下载安装腾讯 QQ

2. 申请免费 QQ 号

QQ 号有免费的也有收费的，收费的 QQ 号一般为较为特殊的号码，如具有特殊意义的号码。对于一般用户来説，随机申请免费 QQ 号就完全可以。申请免费 QQ 号的方法如图 7-23 所示。

图 7-23　申请免费 QQ 号

3. 添加 QQ 好友

有了 QQ 号，还需要添加 QQ 好友才能与其聊天。可以通过对方的 QQ 号查找联系人，并将其添加为好友，如果对方设置申请验证，则需对方通过验证才能成为 QQ 好友，如图 7-24 所示。

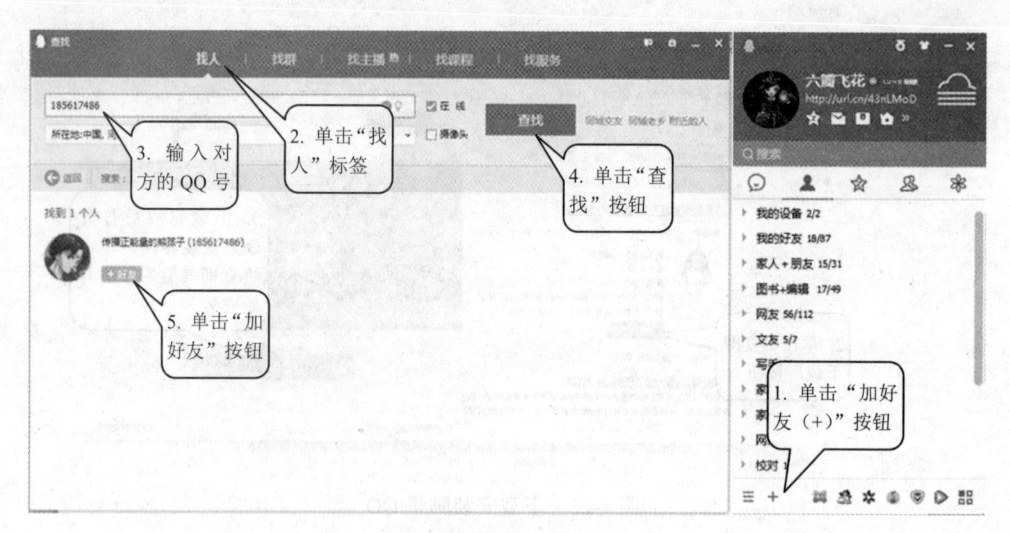

图 7-24　添加QQ好友

4. 即时聊天

添加了QQ好友后，如果双方同时在线，就可以进行即时聊天了。如果对方不在线，则可以留言，当其登录QQ时即可看到留言内容。登录QQ与QQ聊天的操作方法如图 7-25所示。

图 7-25　登录QQ与QQ聊天

【拓展任务】

（1） 按照本任务申请QQ号码的方法，申请一个免费QQ号。

（2） 向同学、朋友索要他们的QQ号码，登录QQ将其添加为QQ好友。

（3） 建立班级或朋友QQ群，与同学和朋友们进行多人聊天。

任务 7.4.2　开通博客与微博

【知识准备】

1. 博客

博客的英文名称为 blog，其功能和腾讯的 QQ 空间类似，用户开通博客后可以在上面发布文章、上传照片、关注好友等。用户可以利用博客充分展示自己，并与他人交流。目前国内有名的博客平台主要有新浪博客、网易博客、搜狐博客等。

博客从编辑形式上进行分类可以分为以下几个类型。

（1）个人博客：个人博主的私人空间，可以在法律法规允许的范围内发布任何兴趣的话题。

（2）小组博客：由小组成员共同完成博客日志。

（3）协作式博客：允许任何人参与、发表言论、讨论问题的博客日志。

（4）商业博客：通常为商业公司、企业的门户博客或广告型的博客，其管理方式类似于通常网站的 Web 广告管理。

（5）知识库博客：知识库博客给新闻机构、教育单位、商业企业和个人提供了一种重要的内部管理工具，从而可以有效地控制和管理那些原来只是部分工作人员拥有的、保存在文件档案或个人计算机中的信息资料。

2. 微博

微博又称微博客，是个人面向网络的一种即时广播，字数通常有限制，可以插入图片、视频、超级链接等多媒体元素。微博主可以拥有自己的粉丝，也可以关注他人的微博成为他人的粉丝，代表平台为新浪微博。

3. 微信

微信是腾讯公司基于移动互联网的客户端软件，主要用于手机或平板电脑，可通过微信号或手机号添加微信好友。微信好友间可以发送语音、视频、图片和文字，并可建立微信群进行多人聊天。微信还提供了朋友圈功能，其作用与微博类似。微信还有网页版，需要在计算机上模拟的 Android 环境中使用。

【任务操作】

1. 开通网易博客

（1）注册网易博客

前面我们申请了免费的网易邮箱，现在我们可以利用这个邮箱地址来非常简单方便地注册网易博客空间。百度搜索“网易博客注册”，然后单击相关链接转到网易博客登录页面，单击“去注册”超链接文本，即可转到相关页面激活网易博客，如图 7-26 所示。

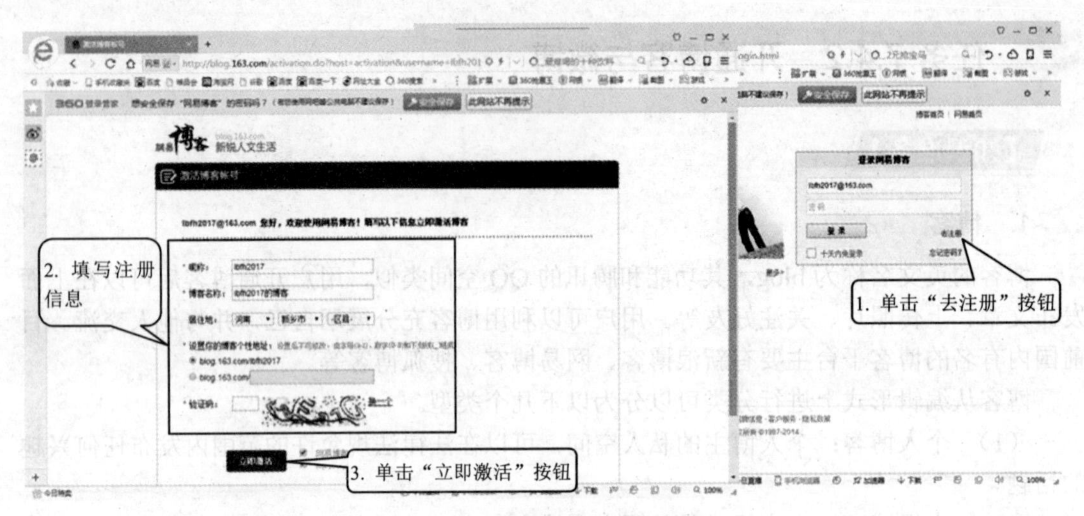

图 7-26　注册并激活网易博客

（2） 发布博客日志

在网易博客主页中单击“日志”按钮，即可撰写和发布博客文章，也称日志。日志中可以包含文字、图片、视频等各种多媒体内容，并且可以进行简单排版，如图 7-27 所示。

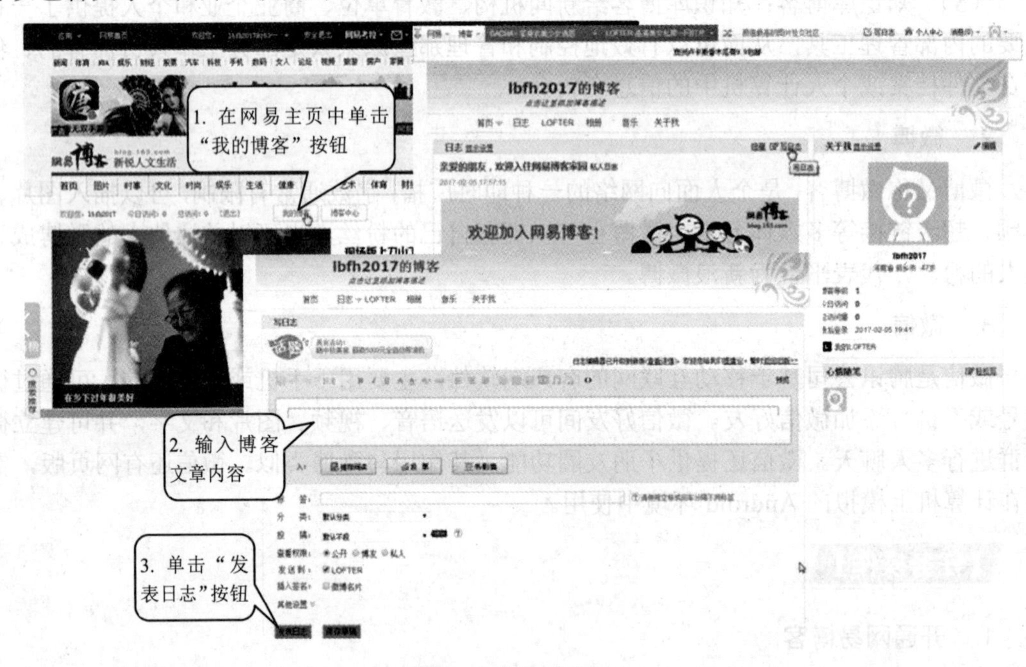

图 7-27　发布博客日志

2. 开通新浪微博

（1） 注册新浪微博

新浪微博是目前比较火的一个微博平台，百度搜索“新浪微博”，登录微博首页，然后在页面右上角的“账号登录”栏中单击“立即注册”按钮即可注册新浪微博，如图 7-28 所示。

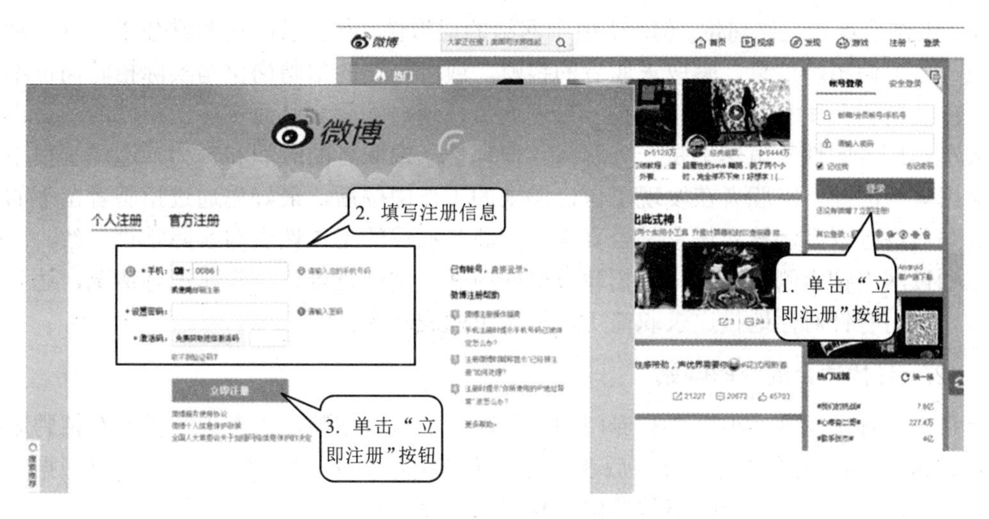

图 7-28　注册新浪微博

（2）　发布微博

在新浪微博界面中可以发布各种形式的信息，如文字、表情、图片、视频、文章等，如图 7-29 所示。

图 7-29　使用新浪微博

【拓展任务】

（1）　开通新浪微博，搜索本校官方微博，加关注。

（2）　为自己和父母开通微信，多与他们微信沟通。

任务 7.4.3　网上求职

【知识准备】

1.　网上求职的注意事项

网上求职简单方便，信息量大，求职者可以充分对比、筛选，选择最适合自己的工作单位、工作地点和工作岗位。但是，由于网络的虚拟性，网上求职也常常被不法分子利用，发布一些虚假招聘信息，骗取求职者的钱财，或者描述的招聘岗位与实际招聘岗位不符，例如一些销售公司常打着招聘内勤、管理人员、理财师等名义而实际上招聘的却是市场销售人员。后者的性质虽然不是十分恶劣，但耗费了求职者的时间和精力，造成了很不好的社会影响。因此，求职者在发现了自己渴求的工作岗位后，最好先通过招聘者留下的联系方式与其进行联系，核实信息是否真实，判断其描述的工作性质与实际是否一致，同时还可以通过网络搜索侧面了解一下招聘单位的口碑、文化背景、工作状况等情况，达到知己知彼，从而有针对性地投递求职简历，提高求职成功率。

2. 寻找适合的求职网站

目前各种求职网站很多，有专门的求职网站如智联招聘，也有中介类兼有招聘服务的网站如 58 同城，前者更加专业，后者则可以迅速浏览本地招聘信息。用户可以根据自己的情况选择适合的网站来查找招聘单位，投递求职简历。

【任务操作】

在智联招聘上求职，如图 7-30 所示。

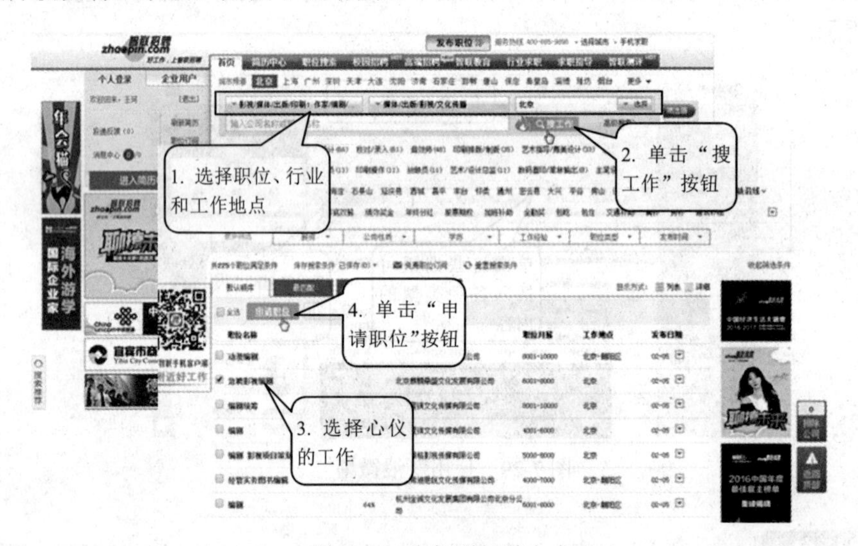

图 7-30　在智联招聘上求职

任务 7.4.4　网上购物

【知识准备】

1. 网上购物的注意事项

网上购物已成为现代人一个重要的购物渠道，从买家来说，网上购物价格透明、商品众多，可以买到本地买不到的东西；从卖家来说，网上销售不但节约成本，还扩大了销售范围。

在网上购物的时候，要注意一定要在正规的购物平台购买，且有第三方担保，如需退换货，也要通过平台官方渠道办理，不要轻易点击私人发来的不明链接，以避免不必要的损失。

2. 购物流程

网上购物的流程通常如图 7-31 所示。

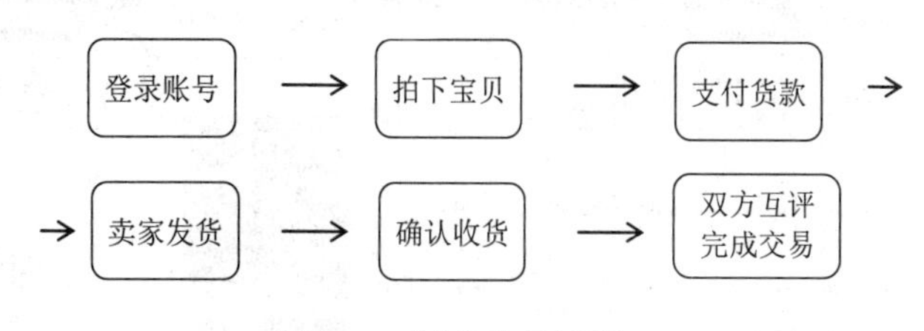

图 7-31　网上购物流程

【任务操作】

1. 注册淘宝账号

淘宝网是目前中国最火爆的购物网站，要在淘宝网上购物，首先需要注册一个淘宝账号。方法是打开淘宝网站 http://www.taobao.com/，在登录页注册，如图 7-32 所示。

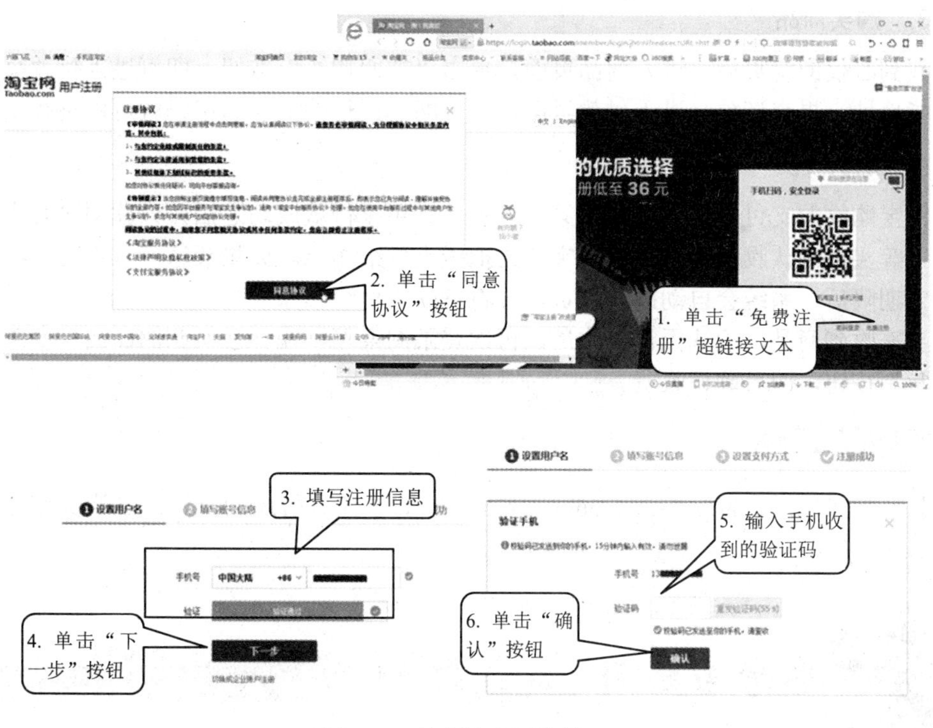

图 7-32　注册淘宝网账号

2. 搜索宝贝

淘宝网上商品众多，当需要在淘宝网上购物时，可在搜索栏中输入要搜索的宝贝，单击“搜索”按钮，要找的宝贝就会罗列出来。也可以通过人气、销量、信用、价格、总价等选项进行排序，缩小选择范围，如图 7-33 所示。

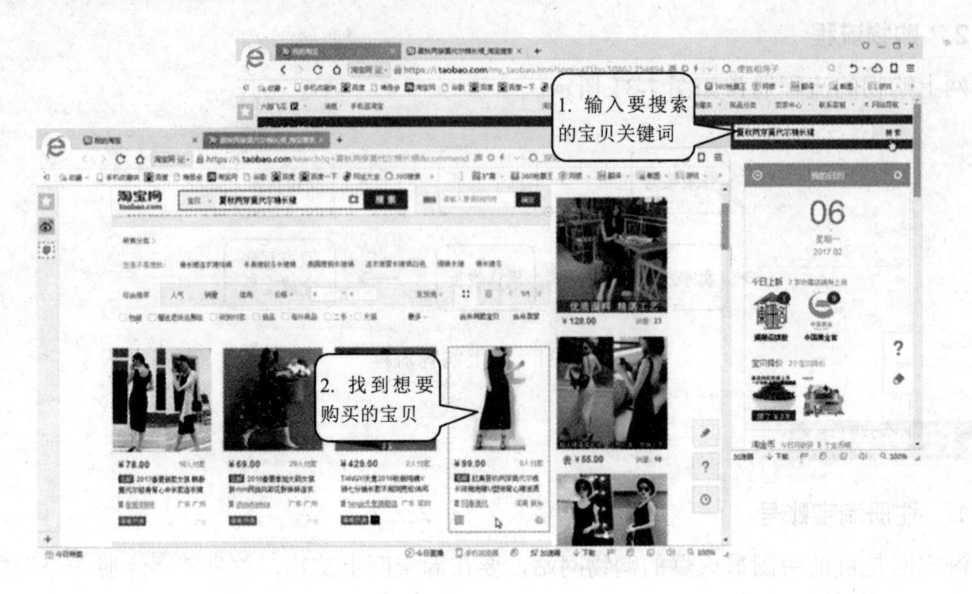

图 7-33　搜索宝贝

3. 购买商品

找到心仪的宝贝后，进入商品页面，单击“立即购买”按钮，即可进入付款页面，输入收货地址，提交订单，进入付款页面，输入网上银行的卡号和密码就可以进行支付了。

4. 确认收货

淘宝购物的支付平台支付宝是第三方平台，买家付款成功之后，该款项暂时由支付宝代管，等买家确认收货之后，支付宝才会把钱支付给卖家。如果买家一直不确认收货，则在一定期限后，系统会自动确认收货，并将货款支付给卖家。

买家收到商品，确认无误签收后，再次登录淘宝网，在“已买到的商品”中单击“确认收货”按钮，即可确认收货。

【拓展任务】

打开淘宝网站：http://www.taobao.com/，按照本任务所述的方法，试购买你喜欢的宝贝。

思考与练习

1. 选择题

（1）计算机网络是计算机技术与________技术紧密结合的产物。

A. 通信　　B. 电话　　C. Internet　　D. 卫星

（2）通信双方必须共同遵守的规则和约定称为网络________。

A. 合同　　B. 协议

C. 规范　　D. 文本

（3）__________是 Internet 的基础和核心，Internet 只有依靠它才能实现各种网络的互联。

A. FTP 协议　　B. TCP/IP 协议

C. Telnet 协议　　D. NFS 协议

（4）Internet 的中文标准译名为___________。

A. 因特网　　B. 万维网

C. 互联网　　D. 广域网

（5）______是一种专门用于定位和访问 Web 网页信息，获取用户希望得到资源的导航工具。

A. IE　　B. QQ

C. MSN　　D. 搜索引擎

（6）______是一种专门用于定位和访问 Web 网页信息，获取用户希望得到的资源的导航工具。

A. IE　　B. QQ

C. MSN　　D. 搜索引擎

（7）Web 页的扩展名为_______。

A. .mht　　B. .html

C. .com　　D. .txt

（8）以下电子邮件地址格式正确的是_______。

A. 185617486　　B. 185617486.qq.com

C. 185617486@qq.com　　D. 185617486-qq.com

（9）想通过社交平台进行一对一的私密交流，可以使用_______。

A. 博客　　B. 微博

C. 微信　　D. QQ 群

（10）在淘宝网上进行网购时，__________可以确认收货。

A. 付款后　　B. 卖家发货后

C. 物流信息到达后　　D. 确认无误签收后

（11）如果要将一封电子邮件发送给多人，应用__________符号分隔收件人的地址。

A. 英文逗号（,）　　B. 半角分号（;）

C. 英文句号（.）　　D. 半角单引号（'）

（12）要与某人用 QQ 进行联系，必须先__________。

A. 通知他上线　　B. 跟他成为好朋友

C. 将他添加为 QQ 好友　　D. 在 QQ 交友中心登记

2. 填空题

（1）移动互联网技术是指将__________和__________结合起来，以_________为技术核心，为智能手机、平板电脑等移动终端设备提供网络服务。

（2） Windows操作系统内置的浏览器是______________。

（3） 网址又称_______，是统一资源定位器用来描述网页的地址。

（4） 常用的搜索方式有__________和__________两种方式。

（5） 在搜索引擎中使用关键词搜索法时可以使用通配符_______和_______。

（6） 电子邮箱是______________________。

（7） 博客的英文名称为__________，开通后可以在上面发布文章、上传照片、关注好友等。

（8） 淘宝购物的支付平台_______是第三方平台，买家付款成功之后，该款项暂时由其代管，等买家确认收货之后，才会把钱支付给卖家。

（9） 组合的关键词用加号（+）连接，查询结果中将___________；组合的关键词用减号（-）连接，查询结果中将__________________。

（10） 收藏站点是指______________。

3. 判断题

（1） ADSL利用公用电话交换网通过Modem（猫）拨号实现用户接入，上网、打电话两不误。（　　）

（2） 计算机网络是通过外围设备和连线，将分布在不同地域的多台计算机连接在一起形成的集合。（　　）

（3） 想使用Internet服务，只需要买台计算机或者智能手机就可以。（　　）

（4） Internet的建立本来只是为了通信方便的，后来成为继报纸、杂志、广播、电视这4大媒体之后新兴起的一种信息载体。（　　）

（5） WLAN是WIFI的一个标准，目前的手机一般都支持WIFI功能，即表示手机可以通过WIFI上网。（　　）

（6） 如果想保存网页中的所有内容，可以选择保存类型为Web页。（　　）

（7） 组合的关键词用减号（-）连接可以模糊搜索文件。（　　）

（8） 文件类型搜索是在“搜索”框中以“关键词+空格键+filetype:文件扩展名”的形式进行搜索的，即搜索包含关键词的指定类型的文件。（　　）

（9） 微云是腾讯公司提供的一项智能云服务，用户可以对其设置开放、部分开放或者私密等。（　　）

（10） 微博主要用于手机或平板电脑，可通过添加好友来发送语音、视频、图片和文字。（　　）

4. 简答题

（1） 常见的入网方式有哪些？现在应用最广的入网方式是哪种？

（2） Internet的功能主要体现在哪几个方面？

（3） 在上网浏览信息时如何收藏喜欢的网页？

（4） QQ的常用功能有哪些？

（5） 微博和博客有什么区别？

（6） 网上求职时需要注意哪些事项？